污染土壤修复技术

主　编　王喜艳（辽宁生态工程职业学院）

　　　　邢献予（辽宁生态工程职业学院）

副主编　蒋绍妍（辽宁生态工程职业学院）

参　编　徐　毅（辽宁生态工程职业学院）

　　　　段婷婷（辽宁生态工程职业学院）

　　　　阎品初（辽宁生态工程职业学院）

　　　　季宏祥（辽宁石化职业技术学院）

　　　　佟　颖（辽宁华一环境咨询事务所有限公司）

北京理工大学出版社

BEIJING INSTITUTE OF TECHNOLOGY PRESS

内 容 提 要

本书旨在培养学生修复污染土壤的综合能力，为学生的职业生涯发展提供坚实基础。本书共3个模块、30个任务，包括污染土壤修复的准备工作、污染土壤修复、污染土壤修复工程实施与管理等内容。

本书可作为生态环境修复技术等环境保护类的专业用书，也可作为环保行业人员的参考用书。

图书在版编目(CIP)数据

污染土壤修复技术 / 王喜艳，邢献予主编. -- 北京：北京理工大学出版社，2024.10.

ISBN 978-7-5763-4545-2

Ⅰ. X53

中国国家版本馆CIP数据核字第2024EG8280号

责任编辑：阎少华　　**文案编辑**：阎少华

责任校对：周瑞红　　**责任印制**：王美丽

出版发行 / 北京理工大学出版社有限责任公司

社　址 / 北京市丰台区四合庄路6号

邮　编 / 100070

电　话 / (010) 68914026（教材售后服务热线）

(010) 63726648（课件资源服务热线）

网　址 / http：//www.bitpress.com.cn

版 印 次 / 2024年10月第1版第1次印刷

印　刷 / 河北鑫彩博图印刷有限公司

开　本 / 787 mm × 1092 mm　1/16

印　张 / 13.5

字　数 / 306千字

定　价 / 72.00元

前　言

近年来，有关生态环境修复类专业技能人才的需求不断增加，在教学中急需一本既介绍土壤性质、土壤污染物性质及迁移转化，又介绍污染土壤修复技术的教材。因此，编者编写了本书。

本书以习近平新时代中国特色社会主义思想为指导，贯彻落实党的二十大精神，在编写过程中，以培养环境保护人才为目标，突出知识、技能、素养的培养，重点介绍土壤污染物及污染土壤的修复技术，注重教材的理论与实际相联系。为方便教学，在每个任务的开头，均提出了知识目标、技能目标、素养目标的要求及与实际应用相结合的任务卡片。在每个任务结尾均设置了“反思评价”，可供学生及教师检验学习效果，部分章节还设置了“拓展阅读”内容，供读者参考。

本书分为3个模块。模块一通过土壤与污染土壤、认识土壤的性质与土壤生物、认识土壤中的污染物、认识土壤污染物的迁移与转化、检测土壤中的污染物5个项目，介绍了污染土壤修复的准备工作。模块二为本书的主要内容，介绍了污染土壤物理修复、污染土壤化学修复、污染土壤生物修复、污染土壤联合修复。模块三简述了污染土壤修复工程实施与管理，主要内容包括污染土壤修复技术筛选、污染土壤修复工程实施和污染土壤修复工程管理。

本书由辽宁生态工程职业学院王喜艳、邢献予担任主编，辽宁生态工程职业学院蒋绍妍担任副主编，辽宁生态工程职业学院徐毅、段婷婷、阎品初，辽宁石化职业技术学院季宏祥，辽宁华一环境咨询事务所有限公司佟颖参与编写。具体编写分工如下：王喜艳负责编写模块一的项目一任务一，项目二任务一～任务三，项目四任务二；邢献予负责编写模块一的项目五，模块二的项目一任务二～任务六，项目二；蒋绍妍负责编写模块一的项目一任务二、项目二任务五、项目三任务二，模块三的任务一；徐毅负责编写模块一的项目二任务四、项目三任务一、项目四任务一；段婷婷负责编写模块二的项目三；阎品初负责编写模块二的项目一任务一，项目四，模块三的任务二、任务三；季宏祥负责编写模块一中项目二任务五的拓展阅读；佟颖负责编写模块三任务一的拓展阅读。

本书在编写的过程中，学习借鉴了许多同类及相关专业专家的研究成果，引用了大量参考文献，在此对相关作者表示衷心的感谢!

由于编者的水平有限，书中难免存在不足之处，恳请读者批评指正。

编　者

目　录

模块一　污染土壤修复的准备工作

项目一　土壤与污染土壤……1

任务一　认识土壤……1

任务二　了解土壤污染概况……15

项目二　认识土壤的性质与土壤生物……24

任务一　了解土壤的形成与发育……24

任务二　认识土壤的物理性质……34

任务三　认识土壤的化学性质……43

任务四　认识土壤微生物……60

任务五　认识土壤动植物……68

项目三　认识土壤中的污染物……79

任务一　了解土壤污染物的来源……79

任务二　认识土壤污染物的种类……85

项目四　认识土壤污染物的迁移与转化……94

任务一　认识土壤污染物的迁移……94

任务二　认识土壤污染物的转化……101

项目五　检测土壤中的污染物……106

任务一　土壤污染调查……106

任务二　土壤样品的采集……110

任务三　土壤样品的处理及保存……113

模块二　污染土壤修复

项目一　污染土壤物理修复……117

任务一　气相抽提技术……117

任务二　热脱附技术……122

任务三　电动修复技术……127

任务四　固化/稳定化技术……135

任务五　水泥窑协同处置技术……142

任务六　其他修复技术……145

项目二　污染土壤化学修复……151

任务一　化学氧化还原技术……151

任务二　溶剂萃取技术……155

任务三　化学淋洗技术……158

任务四　焚烧修复技术……164

项目三　污染土壤生物修复……167

任务一　植物修复……167

任务二　微生物修复……180

项目四　污染土壤联合修复……188

任务　认识联合修复技术……188

模块三　污染土壤修复工程实施与管理

任务一　污染土壤修复技术筛选……191

任务二　污染土壤修复工程实施……195

任务三　污染土壤修复工程管理……201

参考文献……208

模块一　污染土壤修复的准备工作

项目一　土壤与污染土壤

主要任务

土壤是万物之本，土壤作为自然界环境重要的组成部分，是人类赖以生存的自然资源。本项目主要内容包括土壤的基本物质组成、土壤在环境中的作用及土壤污染概况。

任务一　认识土壤

任务目标

知识目标

1. 了解土壤固相、液相和气相三相物质组成特点。

2. 了解土壤矿物质的类型，掌握土壤有机质的组成、性质、转化与作用和管理；熟悉土壤生物的种类及特点。

3. 掌握土壤水分类型和土壤水分的有效性与表示方法。

4. 掌握土壤空气的组成和特点，土壤空气和大气的交换方式及土壤通气性的表示方法。

技能目标

1. 具备土壤的基本知识，能够根据土壤的组成特点进行土壤改良和合理利用。

2. 明确土壤的深度开发及在环境中的功能开发，确立农业土壤的持续利用和科学管理的思维。

素养目标

1. 培养吃苦耐劳、刻苦钻研、团结合作的创新精神。

2. 具备分析问题、解决问题的能力。

3. 树立保护环境、护土爱土意识，培养践行生态文明、保护绿水青山的职业素质。

任务卡片

根据土壤三相物质的基本组成与性质，认识土壤三相物质对植物生长与土壤肥力的作用，运用所学知识进行土壤肥力因素的合理调节，培肥土壤。了解农业、林业、环境、园林等企业员工的工作经历和工作经验，能够与有关工作人员进行有效沟通，及时了解相关的知识和经验，为农民及企业提供合理利用土壤、保护土壤资源、改善土壤生态环境的合理建议。

知识准备

一、土壤

土壤是地球表层系统的重要组成部分，是人类生产和生活中不可缺少的一种重要的自然资源。《说文解字》中，对土壤的解说为“土者，吐也，吐生万物”。《管子》中说：“有土斯有财”。马克思在《资本论》中指出：“土壤是世代相传的，人类所不能转让的生存和再生产条件”。国际标准化组织(ISO)将土壤定义为具有矿物质、有机质、水分、空气和生命有机体的地球表层物质。

土壤是地球的“皮肤”，地球表面形成的土壤圈占据着重要的地理位置，它处于大气圈、水圈、岩石圈和生物圈相互交接的部位，是连接各种自然地理要素的枢纽，是连接有机界和无机界的重要界面。土壤圈与其他圈层之间进行着物质和能量的交换，成为与人类关系最密切的环境要素。

土壤是人类赖以生存的物质基础，是人类不可缺少、不可再生的自然资源，也是人类环境重要的组成部分。然而，人类的生产生活不仅影响着土壤的形成过程和方向，也直接改变了土壤基本的物理、化学和生物特性，甚至造成了土壤污染。

土壤污染不仅会导致粮食减产，还会通过食物链影响人体健康。另外，土壤中的污染物通过地下水的转移，对人类生存环境构成了多方面的危害。因此，为了保护人们赖以生存的生态环境，正确认识土壤环境，加强土壤污染防治意识，开发新型土壤污染防治技术势在必行。

二、土壤的组成

土壤由固态、液态和气态物质组成(图 1-1-1)。

(1)固态物质包括矿物质、有机质，约占土壤体积的 50%。土壤的矿物质是指含钾、钙、钠、镁、铁、铝等元素的硅酸盐、氧化物、硫化物、磷酸盐。土壤中有机质分为枯枝落叶或动物尸体的残落物和腐殖质两大类，其中以腐殖质最为重要，占有机质的 70%～90%，它是由碳、氢、氧、氮和少量硫元素组成的具有多种官能团的天然络合剂。

(2)液态物质由水分构成，占土壤体积的 20%～30%，主要存在于土壤孔隙中。液态物质可分为束缚水和自由水两种：前者是受土粒间的吸力所阻，难以在土壤中移动的水分；后者是在土壤中自由移动的水分。

(3)气态物质存在于未被水分占据的土壤孔隙中，占土壤体积的20%～30%。土壤气态物质来自大气，但由于生物活动的影响，它与大气的组成有差异，通常表现为湿度较高、CO_2含量较高、O_2含量较低。

组成土壤的固态、液态和气态物质都有其独特的作用，各组分之间又相互影响、相互反应，形成许多土壤特性。土壤的组成和性质，不仅影响土壤的生产能力，而且通过物理、化学和生物过程，影响土壤的环境净化功能并最终直接或间接地影响人类健康。

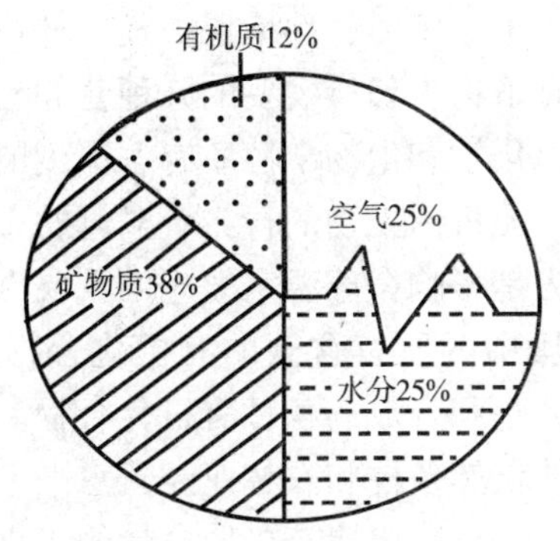

图 1-1-1　土壤组成示意图

(一)土壤矿物质

土壤矿物质是一类天然产生于地壳中且具有一定的化学组成、物理特性和内部构造的化合物或单质。矿物质可以是单一元素组成，也可以是几种元素组成的化合物，形成岩石的矿物称为造岩矿物。

土壤矿物质是土壤的主要组成物质，构成了土壤的“骨骼”。土壤矿物质按成因可分为原生矿物和次生矿物两大类。

(1)原生矿物。土壤原生矿物是指各种岩石受到不同程度的物理风化后而未经化学风化的碎屑物，其原来的化学组成和结晶构造均未改变。土壤的粉砂粒和砂粒几乎是原生矿物。土壤原生矿物的种类主要有硅酸盐类、铝硅酸盐类矿物，如长石、云母、辉石、角闪石和橄榄石等；氧化物类矿物，如石英、金红石、锆石、电气石、赤铁矿、磁铁矿等；硫化物，如黄铁矿等；磷酸盐类矿物，主要有氟磷灰石与氯磷灰石，含磷灰石的土壤可为作物提供磷素营养。它们是土壤中各种化学元素的最初来源。

原生矿物对土壤环境贡献：构成了土壤的“骨骼”——粗的土粒；提供潜在养分——通过风化作用逐渐释放。另外，原生矿物能说明成土母质的成因特征：如果土壤中原生矿物丰富，说明土壤相当年轻；随着土壤年龄增长，原生矿物含量和种类逐渐减少。

(2)次生矿物。土壤次生矿物是由原生矿物经风化和成土过程后重新形成的新矿物，其化学组成和构造都发生改变而不同于原生矿物。土壤次生矿物分为三类：简单盐类、次生氧化物类和次生铝硅酸盐类。次生(主要是铁、铝)氧化物类和次生铝硅酸盐类是土壤矿物质中最细小的部分(粒径小于2 μm)，如高岭石、蒙脱石、伊利石、绿泥石、针铁矿、三水铝石等，具有胶体性质，常称为黏土矿物。

次生矿物是土壤黏粒和土壤胶体的组成部分，土壤的很多物理性质和化学性质(如黏性、吸附性等)都与次生矿物有关，土壤的这些物理化学性质不仅影响植物对土壤养分的吸收，而且对土壤中的重金属、农药等污染物质的迁移转化和有效性也有重要的影响。

(3)土壤矿物质的主要组成元素。地壳中已知的90多种元素在土壤中都存在，包括含量较多的十余种元素，如氧、硅、铝、铁、钙、镁、钠、钾、磷、锰、硫等，以及一些微量元素，如锌、硼、铜、钼等。从含量看，氧、硅、铝、铁所占的比例最多，以 SiO_2、Fe_2O_3、Al_2O_3为主要成分，三者之和占土壤矿物质部分的75%。

(二)土壤有机质

土壤有机质是土壤固相部分的重要组成成分，尽管土壤有机质的含量只占土壤总量的很小一部分，但它对土壤形成、土壤肥力、环境保护及农林业可持续发展等方面都有着极其重要的意义。一方面，它含有植物生长所需要的各种营养元素(最主要的)，也是土壤微生物活动的能源，对土壤物理、化学和生物学性质有着深刻的影响；另一方面，土壤有机质对重金属、农药等各种有机、无机污染物的行为有显著的影响，而且土壤有机质对全球碳平衡起着重要的作用，被认为是影响全球温室效应的重要因素。

土壤有机质是指存在于土壤中的所有含碳的有机化合物。它主要包括土壤中各种动物、植物残体，微生物体及其分解和合成的各种有机化合物。

我国地域辽阔，由于各地的自然条件和农林业经营水平不同，土壤有机质的含量差异较大，低者少于1%，多者高达20%。土壤有机质含量的多少，基本上可以反映土壤肥力水平的高低。

1. 土壤有机质的来源

土壤有机质是指土壤中含碳的有机化合物。土壤中有机质的来源十分广泛。

(1)植物残体：包括各类植物的凋落物、死亡的植物体及根系。这是自然状态下土壤有机质的主要来源，对森林土壤尤为重要。森林土壤相对农业土壤而言具有大量的凋落物和庞大的树木根系等特点。我国林业土壤每年归还土壤的凋落物干物质量按气候植被带划分，依次为热带雨林、亚热带常绿阔叶林和落叶阔叶林、暖温带落叶阔叶林、暖温带针阔混交林、寒温带针叶林。热带雨林凋落物干物质量可达16 700 kg/(km^2·a)，而荒漠植物群落凋落物干物质量仅为530 kg/(nm^2·a)。

(2)动物、微生物残体：包括土壤动物和非土壤动物的残体，以及各种微生物的残体。这部分来源相对较少。但对原始土壤来说，微生物是土壤有机质的最早来源。

(3)动物、植物、微生物的排泄物和分泌物：土壤有机质的这部分来源虽然量很少，但对土壤有机质的转化起着非常重要的作用。

(4)人为施入土壤中的各种有机肥料(绿肥、堆肥、沤肥等)，工农业和生活废水，废渣。

2. 土壤有机质的含量

土壤有机质的含量在不同土壤中差异很大，含量高的可达20%或30%以上(如泥炭土、某些肥沃的森林土壤等)，含量低的不足1%或0.5%(如荒漠土和风沙土等)。在土壤学中，一般把耕作层中含有机质20%以上的土壤称为有机质土壤，含有机质在20%以下的土壤称为矿质土壤。一般情况下，耕作层土壤有机质含量通常在5%以上。

3. 土壤有机质的存在形态

进入土壤中的有机质一般以三种类型状态存在。

(1)新鲜的有机物。新鲜的有机物是指那些进入土壤中尚未被微生物分解的动、植物残体。它们仍保留着原有的形态等特征。

(2)半分解的有机物。经微生物的分解，已使进入土壤中的动、植物残体失去了原有的形态等特征。有机质已部分分解，并且相互缠结，呈褐色。半分解的有机物包括有机质分解产物和新合成的简单有机化合物。

(3)腐殖质。腐殖质是指有机质经过微生物分解后再合成的一种褐色或暗褐色的大分子胶体物质。与土壤矿物质土粒紧密结合，是土壤有机质存在的主要形态类型，占土壤有机质总量的85%～90%。腐殖质是一种复杂化合物的混合物，通常呈黑色或棕色的胶体状。它具有比土壤无机组成中黏粒更强的吸持水分和养分离子的能力，因此少量的腐殖质就能显著提高土壤的生产力。土壤腐殖质影响土壤物理性质、化学性质和微生物活动，这种影响不仅能减少土壤污染物的危害，对全球碳平衡和转化也有很大的作用。

4. 土壤有机质的组成

土壤有机质的组成决定于进入土壤的有机物质的组成，进入土壤的有机物质的组成相当复杂。各种动、植物残体的化学成分和含量因动、植物种类、器官、年龄等不同而有很大的差异。一般情况下，动、植物残体主要的有机化合物有碳水化合物、木质素、蛋白质、树脂、蜡等。土壤有机质的基本元素组成是C、O、H、N，其中C占52%～58%、O占34%～39%、H占3.3%～4.8%、N占3.7%～4.1%；其次是P和S，还有K、Ca、Mg、Si、Fe、Zn、Cu、B、Mo、Mn等灰分元素，C/N一般为10%～12%。

(1)碳水化合物。碳水化合物是土壤有机质中最重要的有机化合物，碳水化合物的含量占有机质总量的15%～27%。碳水化合物包括糖、纤维素、半纤维素、果胶、甲壳质等。糖包括葡萄糖、半乳糖、六碳糖、木糖、阿拉伯糖和半乳糖胺。尽管主要天然土壤的植被和气候条件差异很大，但上述糖的相对含量却非常相似。在轮廓分布中，绝对含量和相对含量均随深度降低。纤维素和半纤维素是植物细胞壁的主要成分，木本植物残留物含量很高。它们都不溶于水，并且不易被化学或微生物分解。果胶在化学组成和结构上与半纤维素相似，并且经常伴有半纤维素。几丁质是一种多糖，类似于纤维素，但含有氮。它在真菌、甲壳类和昆虫壳的细胞膜中丰富。几丁质的元素组成可以是$(C_8H_{13}O_5N_4)n$。

(2)木质素。木质素是木质部的主要成分，是一种芳香族聚合物。林木中木质素的含量约占30%。木质素的化学结构尚未完全了解，木质素是否含有氮的问题尚未弄清楚。木质素很难被微生物分解，但是它可以被土壤中的真菌和放线菌不断分解。根据C14研究，有机物的分解顺序为葡萄糖＞半纤维素＞纤维素＞木质素。

(3)含氮化合物。动、植物残留物中的主要含氮物质是蛋白质，它是原生质和细胞核的主要成分，其在各种植物器官中的含量差异很大。除碳、氢和氧外，蛋白质的元素组成还包含氮(平均10%)。一些蛋白质还含有硫(0.3%～2.4%)或磷(0.8%)。蛋白质由各种氨基酸组成。通常含氮化合物容易被微生物分解。生物体中通常有一小部分相对简单的可溶性氨基酸可以被微生物直接吸收，但是大多数含氮化合物在被微生物分解后可以使用。

(4)树脂、蜡、脂肪、单宁、灰分。如树脂、蜡和脂肪之类的有机化合物不溶于水，但溶于醇、醚和苯，它们都是复杂的化合物。单宁种类繁多，主要是多酚的衍生物，易溶于水，易氧化并与蛋白质结合形成不溶、不易腐烂的稳定化合物。木本植物的木材和树皮中单宁含量很高，而草药和低等生物中单宁含量很少。燃烧植物残渣留下的灰烬是灰烬物质，其主要元素是钙、镁、钾、钠、硅、磷、硫、铁、铝、锰等，还有少量的碘、锌、硼、氟等元素。这些元素在植物生命中具有重要意义。

(三)土壤水分和土壤溶液

1. 土壤水分

土壤水分和土壤空气同时存在于土壤孔隙中，土壤孔隙若未充满水分则必然存在土壤空气，反之亦然，两者彼此消长。

土壤水分是土壤的重要组成成分。它不仅是植物生长必不可少的因子，而且可与可溶性盐构成土壤溶液，成为向植物供给养分和与其他环境因子进行化学反应及物质交换的介质。土壤水分主导着离子的交换、物质的溶解与沉淀、化合和分解等，是生命必需元素和污染物迁移转化的重要影响因素。土壤水分主要来自大气降水、灌溉水、地下水。土壤水分的消耗形式主要有土壤蒸发、植物吸收和蒸腾、水分渗漏和径流损失等。按水分的存在形态和运动形式，土壤水分可划分为吸湿水、膜状水、毛管水和重力水四种类型。

(1)吸湿水。由于固体土粒表面的分子引力和静电引力对空气中水分子的吸附，而被紧密保持在土粒表面的水分称为吸湿水。其厚度只有 2～3 个水分子层，分子排列紧密，不能自由移动，无溶解能力，也不能被植物吸收，属于无效水分。

土壤吸湿水的多少，一方面取决于周围的物理条件，主要包括大气湿度与温度。当土壤空气中水汽达到饱和时，土壤吸湿水可达最大值，这时的土壤含水量为最大吸湿含水量，也称为吸湿系数。此时的土壤水分需要加热到 105～110 ℃时才能烘干。另一方面，土壤吸湿水的多少也取决于土壤质地和有机质含量等。一般质地越细，有机质含量越高，土壤吸湿水含量也越高，相反则低(表 1-1-1)。

表 1-1-1　土壤质地与吸湿水含量

土壤质地	沙土	轻壤土	中壤土	粉沙质黏壤土
吸湿水范围/%	0.5～1.5	1.5～3.0	2.5～4.0	6.0～8.0
吸湿系数/%	1.5～3.0	3.0～5.0	5.0～6.0	8.0～10.0

(2)膜状水。膜状水是指土粒靠吸湿水外层剩余的分子引力从液态水中吸附一层极薄的水膜。膜状水受到引力比吸湿水小，因而一部分可被植物吸收利用。但因其移动缓慢，只有当植物根系接触到时才能被吸收利用。吸湿水和膜状水合称为束缚水。

当膜状水达到最大量时的土壤含水量，称为最大分子持水量。通常在膜状水没有被完全消耗之前，植物已呈萎蔫状态；当植物因吸收不到水分而发生萎蔫时的土壤含水量，称为萎蔫系数(或称凋萎系数)，它包括全部吸湿水和部分膜状水，是植物可利用的土壤有效水分的下限。土壤质地越黏重，其凋萎系数越大(表 1-1-2)。

表 1-1-2　不同土壤质地的凋萎系数

土壤质地	粗沙土	细沙土	沙壤土	壤土	黏壤土
凋萎系数/%	0.9～1.1	2.7～3.6	5.6～6.9	9.0～12.4	13.0～16.6

(3)毛管水。毛管水是指土壤依靠毛管引力的作用，将水分保持在毛管孔隙中的水。毛管水是土壤中最宝贵的水分，也是土壤的主要保水形式，根据毛管水在土壤中的存在位

置不同，可分为毛管悬着水和毛管上升水。毛管悬着水是指在地下水水位较低的土壤，当降水或灌溉后，水分下移，但不能与地下水相连而"悬挂"在土壤上层毛细管中的水分；毛管上升水是指地下水随毛管引力作用而保持在土壤孔隙中的水分。

当毛管悬着水达到最大值时的土壤含水量，称为田间持水量；它代表在良好的水分条件下灌溉后的土壤所能保持的最高含水量，是判断旱地土壤是否需要灌水和确定灌水量的重要依据(表 1-1-3)。毛管上升水达到最大量时的土壤含水量，称为毛管持水量；当地下水水位适当，毛管上升水可达根系分布层时，是植物所需水分的重要来源之一。

表 1-1-3 不同质地和耕作条件下的田间持水量

土壤质地	沙土	沙壤土	轻壤土	中壤土	重壤土	黏壤土	二合土	
							耕后	紧实
田间水量/%	10～14	13～20	20～24	22～26	24～28	28～32	25	21

有机质含量低的砂质土，毛管孔隙少，毛管水很少。在结构不良、过于黏重的土壤中，孔隙细小，所吸附的悬着水几乎是膜状水。土壤砂黏相当，有机质含量丰富，具有良好团粒结构的土壤，其内部具有发达的毛管孔隙，可以吸收大量水分，毛管水量最大。

当土壤含水量降到田间持水量的 70%左右时，毛管水多处断裂呈不连续状态。此时毛管水的运动缓慢，水量又少，难以满足植物等的需要，植物表现出缺水状态，此时的土壤含水量，称为毛管断裂含水量。这时应及时灌水，而不能等到土壤含水量降到凋萎系数时才灌水，否则将严重影响植物产量。

(4)重力水。当土壤中的水分超过田间持水量时，不能被毛管引力所保持，而受重力作用的影响，沿着非毛管孔隙(空气孔隙)自上而下渗漏，该水分称为重力水。土壤在重力水达到饱和时的含水量，称为全蓄水量(或饱和含水量)。全蓄水量包括了土壤的重力水、毛管水、膜状水和吸湿水。全蓄水量是计算稻田淹灌水量的依据。

2. 土壤溶液

土壤水溶解土壤中各种可溶性物质后，便成为土壤溶液。土壤溶液主要由自然降水中所带的可溶物，如 CO_2、O_2、HNO_3、HNO_2 及微量的 NH_3 等和土壤中存在的其他可溶性物质，如钾盐、钠盐、硝酸盐、氯化物、硫化物及腐殖质中的胡敏酸、富里酸等构成。由于环境污染的影响，土壤溶液中也进入了一些污染物质。

土壤溶液的成分和浓度经常处于变化之中。土壤溶液的成分和浓度取决于土壤水分、土壤固相物质和土壤微生物三者之间的相互作用，它们使溶液的成分、浓度不断发生改变。在潮湿多雨地区，由于水分多，土壤溶液浓度较小，土壤溶液中有机化合物所占比例大；在干旱地区，矿物质风化淋溶作用弱，矿物质含量高，土壤溶液浓度大。另外，土壤温度升高会使许多无机盐类的溶解度增加，使土壤溶液浓度加大；土壤微生物活动也直接影响着土壤溶液的成分和浓度，微生物分解有机质，可使土壤中 CO_2 的含量增加，导致土壤溶液中碳酸的浓度也随之增大。

由于土壤溶液实际上是由多种弱酸(或弱碱)及其盐类构成的缓冲体系，所以，土壤具有缓冲能力，能够缓解酸碱污染物对植物和微生物生长的影响。

(四)土壤空气

土壤空气不仅是土壤的基本物质组成，也是土壤肥力因素之一，其含量和组成对土壤生物呼吸和植物生长有直接影响，而且与生态环境密切相关。

1. 土壤空气来源与含量

土壤空气主要来自大气，其次是土壤中存在的动物、植物与微生物活动产生的气体，还有部分气体来自土壤中的化学过程。土壤空气含量受土壤孔隙度和含水量影响，在孔隙度一定情况下，土壤空气含量随含水量增加而减少。一般旱地土壤空气含量在10%以上。

2. 土壤空气组成

土壤空气与大气组成基本相似，但有些气体有明显差异。与大气相比，土壤空气的组成特点如下：

(1)土壤空气中的二氧化碳含量高于大气。

(2)土壤空气中的氧气含量低于大气。

(3)土壤空气的相对湿度高于大气。

(4)土壤空气中的还原性气体含量远高于大气。还原性气体通常在水分饱和的土壤中产生，如浓度过高，可能会对植物生长不利。

(5)在不同季节和不同土壤深度，土壤空气各成分的浓度变化很大。这主要是由植物根系的活动和土壤空气与大气交换速率的大小决定的。如根系活动弱，且交换速率快，则土壤空气与大气成分深度相近；反之，两者的成分相差较大。

3. 土壤空气与植物生长

土壤空气状况是土壤肥力的重要因素之一，不仅影响植物生长发育，还影响土壤肥力状况。

(1)影响种子萌发。对于一般植物种子，土壤空气中的氧气含量大于10%则可满足种子萌发需要；如果氧气含量小于5%，则种子萌发将受到抑制。

(2)影响根系生长和吸收功能。氧气供应不充足时，根系呼吸作用受到影响，细胞分裂和生长受到抑制，最终导致根系生长缓慢，根短而细，根毛数量少，根系畸形。根系发育不良，其对水分和养分的吸收能力也会减弱。

(3)影响养分有效性。土壤空气状况，一是通过影响微生物的活性而影响有机态养分的释放；二是通过影响土壤养分的氧化还原形态而影响其有效性。

(4)影响土壤环境状况。植物生长的土壤环境状况包括土壤的氧化还原状态和有毒物质含量状况。通气良好时，土壤呈氧化状态，有利于有机质矿化和土壤养分释放；通气不良时，土壤还原性加强，有机质分解不彻底，可能产生还原性有毒气体。

(五)土壤生物

土壤生物是土壤中活的有机体，我们把生活在土壤中的微生物、动物和植物等总称为土壤生物。土壤中的生物是多种多样的，其中土壤微生物(包括细菌、放线菌、真菌、藻类和原生动物等)是土壤中重要的分解者，在土壤的形成和发展过程中起着重要的作用。在土壤形成的初级阶段，能利用光能的地衣类微生物参与岩石的风化，再在其他微生物的参与下，形成腐殖质使土壤性质发生变化。

土壤动物是最重要的消费者和分解者。在土壤中生存或栖居的动物有上千种，大多为节肢动物。非节肢土壤动物主要有线虫和蚯蚓。线虫是土壤中比较丰富的动物，主要生活在土粒周围的水膜中或植物根内。土壤中寄生性线虫寄生于许多植物根部。蚯蚓是土壤中最常见的生物，喜欢湿润的环境和丰富的有机质，常生活在黏质、有机质含量高和酸性不太强的土壤里，有人估计，每公顷土壤所含蚯蚓可达 200～1 000 kg。蚯蚓靠吞食土壤中的有机物质生活，它们使土壤与有机物紧密混合，而且孔道的形成、粪粒的产生，使土壤更疏松多孔。

土壤动物中很多是节肢动物，重要的有螨类、蜈蚣、马陆、弹尾目昆虫(跳虫)、白蚁、甲虫及蚂蚁等。以螨类和弹尾目昆虫的种类最多、分布最广。螨类在土壤中粉碎和分解有机物，并把有机物运到较深的土层中，起到维持土壤通气性、改善土壤的作用。弹尾目昆虫俗名跳虫，它们多取食正在分解的植物。蚂蚁也是土壤中比较活跃的动物之一，虽然它们的食物在地表，对枯枝落叶的分解作用很小，但它们是重要的土壤搅拌者。蚂蚁筑的窝丘，分布广泛，携带了大量下层土壤至地面。在有些地区，蚂蚁用于建筑蚁窝而搬动的土壤估计每英亩(1 英亩＝4 086.86 m^2)可达 3 400 t。

植物的根系对改良土壤有重要作用，根系表面能分泌代谢产物，促进矿物质溶解，促进根际微生物活动；根残存于土壤中增加有机质含量，增加土壤通透性；有些植物(如豆科)根部与固氮微生物共生，增加土壤氮素水平。

活动于土壤中的动物、扎根于土壤中的植物和土壤中数量众多的微生物对土壤有多方面的作用及影响，归结起来主要如下：

(1)促进成土作用。母岩风化的矿化物质并不是土壤，还要加入有机物质，经过生物的作用才能形成土壤，生物对土壤的形成起着关键作用。

(2)改善土壤的物理性能。种植于土壤中的深根植物、挖掘土壤的动物和数量巨大的微生物的活动极大改善了土壤的结构、孔隙度及通气性。土壤动物打的洞疏松了土壤，加速了土壤的风化作用，改善了土壤的水热状况。

(3)提高了土壤质量。经蚯蚓作用的土壤在有效磷、钾、钙含量等多方面都有明显增加。动、植物残体经微生物分解和合成含氮的高分子腐殖质化合物，使土壤腐殖质化。

(4)对土壤覆盖层的影响。动物的活动改变了土表的局部形态，如从土层中掘出大量土壤堆积成丘状增加土表面积，排泄物还增加了土壤腐殖质。

三、土壤在环境中的作用

在陆地生态系统中，土壤作为最活跃的生命层，具有重要的功能，是生物与环境间进行物质和能量交换的场所，其功能主要有以下几个方面。

(1)稳定陆地生态平衡：土壤为植物根系生长提供了支撑，并为植物提供必需的营养元素。通过绿色植物生产，物质与能量迁移转化、输入输出，必然引起陆地生态系统结构、功能的变化，促进系统的稳定发展。

(2)维持生物活性和多样性：土壤是众多生物的栖息地，土壤性质直接决定着植物、微生物、动物的生长繁殖。土壤有机质为大量的土壤微生物提供碳源和能源，当土壤中的有机质含量较高时，微生物的活性会变得更强，一旦土壤性质改变，就会引起生物种群数量、类型变化及生物群落迁移等。

(3)作物生产功能：土壤可以固定植物根系，具有自然肥力，能够促进作物生长，进行农业生产。这是土壤被人类最早认识的功能之一，包括农业、林业生产，粮食作物和经济作物生产。

(4)更新废物的再循环利用：动植物残体、城市和工业废物、大气沉降物等通过土壤生物的分解，释放养分被生物再次吸收利用，这对维持地球生命是不可缺少的。有机物质、无机物质、生物污染物能通过土壤的过滤、吸附、固定、降解作用，降低其环境风险。

(5)调控水分循环系统：土壤水作为土壤—植物—大气连续体的核心成分和地表物质的运移载体，在调节全球气候变化和溶质流动中起关键作用。

(6)用作地面建筑基地和工程建筑材料：土壤具有供黏土、沙石、矿物提取的功能。例如，黏土含量较高的土壤可以用来烧砖或制陶，而土壤中的砂石可以用来建筑，但此功能不具有可持续性。

任务实施

土壤环境背景值的确定

1. 收集土壤环境特征资料

(1)宏观材料收集。了解成土因素(包括气候、生物、母质、水文等)、土地利用类型、土壤剖面结构对土壤环境背景值的影响，这是做好区域土壤环境背景值测定的基本资料。

(2)目标土壤的特征收集。其包括研究区域的面积、地理位置、气候、水文、地形地貌、地质、植被等文字、图片和电子信息，全面、准确、翔实的资料有助于研究工作的顺利开展。

2. 布局目标土壤采样点

(1)样点总数的设计，要依据被测物质含量变异情况而定。在采样阶段尚不能预知样品中某些成分含量的情况下，首先按土壤环境研究中或土壤学的常规布点原则，初步估计一个样品总数，然后按成分分析的误差进行一般的样品量估计。例如，在研究区内有几种土壤类型，随着母质、地貌、水文条件的差异，土类以下必然还有几个层次的系统分类。最基层的分类为土种。确定样点时，应保证每一个土种至少有若干次重复的样点，这种重复在条件允许的前提下越多，所求得的背景值代表性越好。

(2)样点数还应与土种面积适应。在母质、水文均一的地方，土种变异小，样点数可以少些；在地貌、母质和水文情况变异较大的地方，土种变异大，土种多，样点布置自然应该多一些。

(3)布设样点要覆盖全部研究范围，保证样点采到的样品能反映全部目标土壤的背景值。

(4)样点数量要满足统计学需要，一般每个调查单元样点数不低于 30 个。

3. 样品采集

在既定样点上用常规法挖掘土壤剖面，剖面的规格一般为长 1.5 m，宽 0.8 m，深 1.2 m。挖掘土壤剖面要使观察面向阳，表土和底土分两侧放置。一般每个剖面采集 A、B、C 3 层土样。地下水水位较高时，剖面挖至地下水出露时为止；山地丘陵土层较薄时，剖面挖至风化层。对B层发育不完整(不发育)的山地土壤，只采A、C两层；干旱地区剖面发育不完善的土壤，在表层5～20 cm、心土层50 cm、底土层100 cm左右采样。采样的方法主要有网格法、蛇形法和随机法3种。用木铲或竹铲自下而上分层采取一定质量的土壤，用布袋收集，在室内风干。在运输与风干过程中尽量避免尘埃落入，保证样品无采后的污染。

4. 样品处理与分析

采集的样品经过过筛后供分析用。对于不同目的和要求的成分分析，采样量和供分析的土壤粒级不同，视具体要求而定。一般在微量金属元素分析中，截取小于0.65 μm部分分析效果较好。样品分析是背景研究中的重要一环，保证分析质量格外重要。特别是微量元素如铜、锌、铅、砷、镍、铬、镉、汞等，分析误差有时会超过它的含量水平，这需要特别注意保证分析质量。

5. 土壤背景值的数据处理

由于背景值具有明显的区域性特征及全球污染普遍存在，元素的背景浓度一般只能由分析当地土样获得。必须对样品分析数据进行检验，判断土壤及其层次、样点是否被污染，找到并剔除受污染的样品，客观地推断元素的自然背景值。土壤背景值的数据处理主要有以下几种检验判断方法：

(1)地球化学异常值法。以样品中元素浓度大于平均值2～3倍标准差为污染样品。此法源于地球化学异常值与背景值的判断。有些研究者认为应注意异常值是否为高浓度自然背景值。

(2)污染样品或含量过高样品别出法。对污染源调查后别出明显受污染或含量过高的样品，再计算背景值更为合理。

(3)表、底土元素浓度对比检验法。污染可通过多种渠道，但主要是由土壤表面进入，污染物被表层土壤吸收并积累，因而污染元素在表土中的浓度大于底土。因此，表土某元素浓度大于底土即可认为是污染样品或土壤层次(或表土某元素浓度与底土该元素浓度之比显著大于1)。或用Fisher氏表、底土元素浓度差异性对比法来检验，其公式如下：

$$t = \frac{\bar{x}\sqrt{n}}{s}$$

式中 n——样品数；

$\bar{x}$——各样点表、底土间浓度差的平均值；

s——各样点表、底土间浓度差的标准偏差。

由t分布表查概率p，若$p<0.1$，则表、底土平均浓度有显著差异。

此法可判断区内土壤是否污染而不能判断具体样点。元素可因风化成土过程而在土壤表层相对富集，这种判断法易将此种富集误判为污染。

(4)TiO_2富集系数法。含TiO_2矿物一直为土壤学中的指示矿物，用以判断风化程度及元素的移动性。风化使某些元素淋失或相对富集时，TiO_2因高抗风化，难移性也相对富集，它在土壤中含量高、易测定，又较少有外来污染，被选作参比元素，用以检测土壤及各层次中元素是否有外来污染或被淋溶及其程度。方法是以TiO_2的含量作参比求其他元素的富集系数：

$$\text{某元素的富集系数} = \frac{\text{土壤中某元素浓度/土壤中 } TiO_2 \text{ 含量}}{\text{岩石中该元素浓度/岩石中 } TiO_2 \text{ 含量}}$$

若富集系数>1，则该元素有污染；若富集系数<1，则该元素淋失。显然，此法要求每一个土壤剖面的土层和下伏基岩确属同一来源。

(5)元素相关性检验法。由于某些元素的地球化学特性相近或有一定的相关性，所以它们在母质来源相同的土壤中，其浓度值之间也就有一定的相关性。找出一种无污染来源、能代表自然背景浓度而又与其他一些元素有一定相关性的元素作为参比元素，求出其他元素与参比元素浓度的线性回归方程：

$$\ln(\text{某元素浓度}) = b + a\ \ln(\text{参比元素浓度})$$

式中 a——该元素与参比元素的自然比率；

b——回归系数。

然后求出其相关系数 r。自然对数的回归方程其 $r=\pm 0.7$ 可认为相关性较显著，$r<0.7$ 有一定中相关，r 过小为不相关，r 负值为负相关。可再用 t 检验或查相关系数显著性限表来检验 r 的显著性。

反思评价

根据任务的组织准备、任务实施等情况，进行小组讨论，并完成表 1-1-4 的内容，以便下次任务能够更好地完成。

表 1-1-4　土壤环境背景值的测定任务反思评价表

任务程序		任务实施中需要注意的问题	任务表现	
			自评	互评
人员组织				
知识准备				
材料准备				
实施步骤	1. 收集土壤环境特征资料			
	2. 布局目标土壤采样点			
	3. 样品采集			
	4. 样品处理与分析			
	5. 土壤背景值的数据处理			

土壤含水量的测定

1. 试验目的

土壤水分是土壤的重要组成部分，土壤含水量的多少，直接影响土壤的固、液、气三相比例。进行土壤含水量的测定有两个目的：一方面，通过土壤含水量的测定，可以了解田间土壤的实际含水状况，以便及时进行灌溉、保墒或排水，以保证作物的正常生长；并结合苗情症状，为诊断提供依据。另一方面，风干土样水分的测定，是各项分析结果计算的基础。风干土中含水量受大气中相对湿度的影响。它不是土壤的一种固定成分。因此，一般不用风干土作为计算的基础，而用烘干土作为计算的基础。

2. 方法原理

土壤样品在(105±2)℃烘至恒重时的失重，即土壤样品所含水分的质量。

3. 仪器设备

仪器设备：土钻；土壤筛：孔径为 1 mm；铝盒：小型直径约为 40 mm，高约为 20 mm；大型直径约为 55 mm，高约为 28 mm；分析天平：感量为 0.001 g 和 0.01 g；小型电热恒温烘箱；干燥器：内盛变色硅胶或无水氯化钙。

4. 试样的选取和制备

(1)风干土样。选取有代表性的风干土壤样品，压碎，通过 1 mm 土壤筛，混合均匀后备用。

(2)新鲜土样。在田间用土钻钻取有代表性的新鲜土样，刮去土钻中的上部浮土，将土钻中部所需深度处的土壤(约 20 g)捏碎后迅速装入已知准确质量的大型铝盒内，盖紧，装入木箱或其他容器，带回室内，将铝盒外表擦拭干净，立即称重，尽早测定水分。

5. 测定步骤

(1)风干土样水分的测定。将铝盒在 105 ℃恒温箱中烘烤约 2 h，移入干燥器内冷却至室温，称重，精确至 0.001 g。用角勺将风干土样拌匀，舀取约 5 g，均匀地平铺在铝盒中，盖好，称重，精确至 0.001 g。将铝盒盖揭开，放在盒底下，置于已预热至(105±2)℃的烘箱中烘烤 6 h。取出，盖好，移入干燥器内冷却至室温(约需 20 min)，立即称重。风干土样水分的测定应做两份平行测定。

(2)新鲜土样水分的测定。将盛有新鲜土样的大型铝盒在分析天平上称重，精确至 0.01 g。揭开盒盖，放在盒底下，置于已预热至(105±2)℃的烘箱中烘烤 12 h。取出，盖好，移入干燥器内冷却至室温(约需 30 min)，立即称重。新鲜土样水分的测定应做三份平行测定。

注意：烘烤规定时间后 1 次称重，即达“恒重”。

6. 结果的计算

(1)计算公式：

$$水分\% = (m_1 - m_2)/(m_1 - m_0) \times 100\%$$

式中　m_0——烘干空铝盒质量(g)；

m_1——烘干前铝盒及土样质量(g)；

m_2——烘干后铝盒及土样质量(g)。

(2)平行测定的结果用算术平均值表示，保留小数点后一位。

(3)平行测定结果的相差，水分小于 5% 的风干土样不得超过 0.2%；水分为 5%～25% 的潮湿土样不得超过 0.3%；水分大于 15% 的大粒(粒径约 10 mm)黏重潮湿土样不得超过 0.7%(相当于相对相差不大于 5%)。

反思评价

根据任务的组织准备、任务实施等情况，进行小组讨论，并完成表 1-1-5 的内容，以便下次任务能够更好地完成。

表 1-1-5　土壤含水量的测定任务反思评价表

任务程序		任务实施中需要注意的问题	任务表现	
			自评	互评
人员组织				
知识准备				
材料准备				
实施步骤	1. 仪器、设备的准备			
	2. 操作步骤			
	3. 数据分析			
	4. 整理资料及器材			

拓展阅读

宇宙土壤和人造土壤

(1)宇宙土壤。俄罗斯科学家创造出一种土壤，称为宇宙土壤，并在“礼炮一1”轨道科学站上进行蔬菜种植试验。宇宙土壤是一种塑料沙，沙中可以添加植物生长所必需的养分，只要补充肥料就能保证连续不断地生产植物。但这种合成材料成本很高，不适合在地球上大面积推广使用。随着航天科技的进步，人类登陆月球和火星，发现它们表面存在大量的由岩石风化产生的尘土，航天科学家把这些尘土也称为宇宙土壤，由于没有水分和适宜的环境条件，它们并不能生长植物，也没有生命存在。

(2)人造土壤。面对日益严重的全球荒漠化威胁，在世界耕地日益减少的情况下，发达国家和一些土地资源稀缺的国家，从 20 世纪中期开始，一直在探索人造土壤的问题。

美国研制出一种米粒状的聚合物——“阿果索”，它能吸收相当于自身质量 30～700 倍的水分。每平方米土壤添加 100 g“阿果索”，就可以起到三种作用：一是吸收过多的雨水；二是在干旱季节通过渗透向植物提供水分；三是提高土壤的透气性。目前，联合国粮农组织的技术人员已开始试验用“阿果索”与黄沙搅拌后装在一个特殊的容器中，在里面种上草本植物以用来绿化沙漠。瑞典也发明了一种陶瓷材料，可以为水培作物提供营养与水分，而不必通过水龙头开关控制。以色列的研究人员发明了一种改良土壤的新型材料，这种材料由 40% 的废纸屑组成，既可以废物利用，又可以刺激某些蔬菜的生长。

任务二　了解土壤污染概况

任务目标

知识目标

1. 掌握土壤污染的定义及特点。

2. 了解我国土壤污染的现状、发生特点及世界范围内典型的土壤污染事件。

技能目标

1. 能够根据土壤污染影响因素采取合理的修复治理措施。

2. 根据学过的知识及土壤污染特点，提出合理的修复建议。

素养目标

1. 培养吃苦耐劳、刻苦钻研、团结合作的创新精神，具备分析问题、解决问题的能力。

2. 树立保护环境、护土爱土意识，培养践行生态文明、保护绿水青山的职业素质。

任务卡片

根据班级人数进行分组，以小组为单位共同调研，分析我国土壤污染类型、污染原因及危害，并制订相应的治理方案。引导学生了解保护土壤的重要性，注重培养学生的生态环境科学素养与社会责任，对经济发展和环境问题做出批判性思考，深入考虑如何战胜挑战、应对全球环境污染，实现低碳、绿色和可持续发展。

知识准备

土壤是90%污染物的最终受体，如大气污染造成的污染物沉降，污水的灌溉和下渗，固体废弃物的填埋，“受害者”都是土壤。作为与人类生产生活密切相关的自然要素，土壤污染不容忽视。

一、土壤污染

土壤污染是指污染物通过各种途径进入土壤，它的数量和速度超过了土壤可以容纳及净化的能力，使土壤的性质、组成和性状等发生改变，破坏土壤的自然生态平衡，从而导致土壤的自然功能失调、质量恶化的现象。污染物进入土壤后，通过土壤的物理吸附、土壤胶体、化学沉淀、生物吸收等作用及过程，在土壤中不断积累，当污染物含量达到一定程度后，引发土壤污染。

二、土壤污染的特点

因土壤在构成上的特殊性和土壤受污染的途径的多样性，土壤污染相较于其他环境体系的污染，具有很大的不同。土壤是一个开放的生态系统，它与外界进行着连续、快速、大量的物质和能量交换。在进入土壤的物质中，植物落叶和动物残骸等可以被土壤环境快速转化利用，成为维持自身功能的一部分，这些物质对于土壤环境基本上不会造成危害。而有些物质可以被土壤吸附或降解达到稳定状态，但当这些物质远超出土壤吸附和降解能力时，就可能成为土壤的污染物。污染物进入土壤后，通过土壤对污染物质的物理吸附、胶体作用、化学沉淀、生物吸收等一系列过程与作用，其不断在土壤中累积，当其含量达到一定程度时，才引起土壤污染。

(一)隐蔽性和潜伏性

土壤污染被称为“看不见的污染”，它不像大气、水体污染一样容易被人们发现和察觉。其污染往往要通过对土壤样品进行分析化验和农作物的残留情况检测，甚至通过粮食、蔬菜和水果等农作物及摄食的人体或动物的健康状况才能反映出来，从遭受污染到产生“恶果”往往需要一个相当长的过程。例如，日本的镉中毒造成的骨痛病，经过了10～20年才被人们所认识。

(二)累积性和地域性

土壤对污染物进行吸附、固定，其中包括植物吸收，从而使污染物聚集于土壤中。在进入土壤的污染物中，多数是无机污染物，特别是重金属和放射性元素都能与土壤有机质或矿物质结合，并且长久地保存在土壤中，无论如何转化，都很难重新离开土壤，称为顽固的环境污染问题。污染物在大气和水体中，一般是随着气流和水流进行长距离迁移。但污染物在土壤环境中并不像在大气和水体中那样容易稀释及扩散，因此容易在土壤环境中不断积累而达到很高的浓度，从而使土壤环境污染具有很强的地域性特点。

(三)不可逆性和长期性

污染物进入土壤环境后，自身在土壤环境中迁移、转化，同时与复杂的土壤环境组成物质发生一系列吸附、置换、化学和生物学作用，其中许多作用为不可逆过程，如某些重金属最终形成难溶化合物沉积在土壤中，许多有机化学污染物质需要一个较长的降解时间，如六六六和DDT在我国已禁用了40余年，但至今仍然能从土壤环境中检测出，这就是由于其中的有机氯非常难降解。

(四)治理难且周期长

土壤环境一旦被污染，仅仅依靠切断污染源的方法往往很难自我修复，必须采用各种有效的治理技术才能解决现实污染问题。从目前现有的治理方法来看，仍然存在治理成本较高和周期较长的矛盾。因此，需要有更大的投入来探索、研究更为先进、有效、经济的污染土壤治理及修复的各项技术和方法。

三、土壤污染的危害

土壤是人类和动物赖以生存的环境，它是一个开放的生态系统，与外界进行着连续、快速、大量的物质和能量交换。土壤环境会对整个生态环境造成破坏，直接影响人类和其他生物的生存，而且土壤的污染也会导致大气和水体遭受污染，严重影响人类社会的可持续发展。

(一)土壤污染导致严重的直接经济损失

土壤污染将导致农作物污染、减产，农产品出口遭遇贸易壁垒，使国家蒙受巨大的经济损失。据不完全调查，目前全国受污染的耕地至少有 1.5 亿亩(1 亩=666.67 m^2)，污水灌溉污染耕地 3 250 万亩，固体废弃物堆存占地和毁田 200 万亩，合计约占耕地总面积的 1/10。除耕地污染外，我国的工矿区、城市也存在土壤(或土地)污染问题。以土壤重金属污染为例，全国每年就因重金属污染而减产粮食 1 000 多万 t，另外，被重金属污染的粮食每年也多达 1 200 万 t，合计经济损失至少 200 亿元。对于农药和有机物污染、放射性污染、病原菌污染等其他类型的土壤污染所导致的经济损失，目前尚难以估计。

(二)土壤污染对环境的危害

(1)土壤污染对土壤结构与性质的影响。现代农业化肥的长期施用导致土壤板结及酸碱度变化。例如，施用磷酸钙或铁铝磷酸盐 2.25～7.5 t/hm^2，可引起土壤中铁、锌等营养元素的缺乏和磷素被固定，导致作物减产；长期大量施用单一的肥料，如尿素、氯化铵，会导致土壤 pH 值降低，使土壤酸化。

(2)土壤污染对水环境的危害。进入土壤环境的污染物对水体危害主要表现在土壤表层的污染物随风飘起，被搬到周围地区，扩大污染面。被病原体污染的土壤通过雨水的冲刷和渗透，病原体被带进地表水或地下水中。悬浮物及其所吸附的污染物，也可随地表径流迁移造成地表水体的污染。

(3)土壤污染对植物的危害。当有毒物质在植物可食部分积累值为食品安全卫生标准允许限量以下时，土壤污染会造成农产品的减产或品质下降；当可食部分有毒物质积累量已超过允许限量，但农作物产量没有明显下降时，土壤污染就会通过食物链持续危害。

(三)土壤污染对人体健康的危害

(1)病原体对人体健康的影响。病原体是由土壤生物污染带来的污染物，包括肠道致病菌、肠道寄生虫、破伤风杆菌、肉毒杆菌、霉菌和病毒等。病原体能在土壤中生存较长时间，如痢疾杆菌能在土壤中生存 22～142 d，结核分枝杆菌能生存一年左右。

(2)重金属污染物对人体健康的影响。土壤重金属被植物吸收以后可通过食物链危害人体健康。例如，1955 年日本富山县发生的“镉米”事件，即“痛痛病”事件。其原因是农民长期使用神通川上游铅锌冶炼厂的含镉废水灌溉农田，导致土壤和稻米中的镉含量增加。当人们长期食用这种稻米后，重金属镉在人体内蓄积，从而引起全身性神经痛、关节痛、骨折，甚至死亡。

(3)放射性污染物对人体健康的影响。放射性物质主要是通过食物链经消化道进入人体，其次是经呼吸道进入人体。90Sr 和 137Cs 是对人体危害较大的长寿命放射性核素。放射性物质进入人体后，可造成内照射损伤，使受害者出现头昏、疲乏无力、脱发、白细胞减少或增多，发生癌变的症状及后果。另外，长寿命的放射性核素因衰变周期长，一旦进入人体，其通过放射性裂变而产生的 α、β、γ 射线将对机体产生持续地照射，机体的一些组织细胞遭受破坏或变异。此过程将持续至放射性核素蜕变成稳定性核素或全部被排出体外为止。

(4)有机污染物对人体健康的影响。有机污染物是指以碳水化合物、蛋白质、氨基酸及脂肪等形式存在的天然有机物质及某些其他可生物降解的人工合成有机物质组成的污染物。这些污染物在环境中广泛存在，并对人体健康构成了严重威胁。主要体现在以下几个方面：

①对神经系统的危害：长期暴露于这些有机污染物可能导致神经系统发育受损，出现注意力紊乱等问题。这种影响在儿童身上尤为显著，可能对其一生产生深远影响。

②对生殖系统的危害：可能会影响生殖系统，导致生殖功能异常，对胚胎发育也可能造成损害，如婴儿出生体重过低、发育不良等。这种危害不仅影响个体健康，还可能对其后代造成永久性的影响。

③增加癌症发病率：长期接触有机污染物还可能增加癌症的发生率。多项研究表明，某些有机污染物如多氯联苯(PCBs)、滴滴涕(DDT)等已被国际癌症研究机构列为I类致癌物，对人类具有确认的致癌性。

此外，土壤中的有机污染物还可能通过其他途径进入人体，如皮肤接触、吸入等，进一步加剧其对人体健康的危害。因此，应高度重视土壤有机污染问题，采取有效措施进行治理和防控，以保障人体健康和环境安全。

四、我国土壤污染现状

我国土壤污染防治形势严峻。当前，农用地污染面广、量大，工矿企业场地土壤与地下水污染问题突出，流域性或区域性土壤污染态势凸显，土壤污染风险增大，威胁我国农产品质量安全、人居环境安全和生态环境安全。

(一)耕地和工矿场地土壤环境污染现状

土壤污染在区域上涉及西南、华中、华南、华东、华北、西北、东北七大区的各省市区，空间上遍布城市、城郊、农村及自然环境(如地质高背景区)，在利用方式上涵盖农用地、建设用地、矿区、油田和军事用地。在污染物类型上，耕地土壤以重金属为主，包括镉、砷、汞、铬、铅、铊、锑等；工矿场地，除重金属外，常出现有机污染物，包括苯系物、卤代烃、石油烃、持久性有机污染物等。有的土壤还存在病原菌、病毒等生物性污染，有的则存在爆炸物、化学武器残留物、放射性核素、抗生素及抗性基因、塑料及微塑料等。这些污染物在土壤中以不同的赋存形态、含量、污染方式及污染程度存在，具有不同的释放性、迁移性、有效性和风险性。

(二)土壤重金属污染现状

随着工业、城市污染的加剧和农用化学物质种类、数量的增加，我国土壤重金属污染日益严重。污染程度加剧，面积逐年扩大。根据农业农村部环保监测系统对全国24个省市，320个严重污染区约548万 hm^2 土壤调查发现，大田类农产品污染超标面积占污染区农田面积的20%，其中重金属污染占80%，对全国粮食调查发现，重金属Pb、Cd、Hg、As超标率占10%。重金属污染物在土壤中移动性差、滞留时间长，大多数微生物不能使之降解，并可经水、植物等介质最终危害人类健康。

(三)土壤有机物污染现状

土壤中的有机物污染物质主要来自有机农药和“工业三废”，较常见的有有机农药类、多环芳烃(PAHs)、有机卤代物中的多氯联苯(PCBs)和二噁英(PCDDs)及油类污染物质、邻苯二甲酸酯等有机化合物。另外，农膜对土壤的污染也相当严重。部分污染物质由于其独特的热稳定性能、化学稳定性能和绝缘性能，在生产和生活中用途很广，常造成严重的累积后果，特别是某些有激素效应的种类，对人和其他动物的生殖功能有干扰作用或负面影响，对其毒害效果的消除治理是人类面临的一大环境课题。

(四)不合理施肥造成的土壤污染

我国化肥施用量折纯达 4 100 多万 t，占世界总量的 1/3，成为世界第一化肥消费大国。目前，我国约 50%的耕地微量元素缺乏，20%～30%的耕地氮养分过量。与发达国家相比，我国的化肥施用量偏高，特别是氮肥施用量更高。由于有机肥投入不足，化肥施用不平衡，造成耕地土壤退化，耕层变浅，耕性变差，保水肥能力下降，污染了土壤，增加了农业生产成本，降低了农产品品质。近几年，西北、华北地区大面积频繁出现沙尘暴与耕地的理化性状恶化、团粒结构破坏有十分密切的关系。而有机肥施用量增加很少，部分地块甚至减少，有机态养分占总施用养分的比例明显偏低。这可能是近几年来引发许多土壤环境问题的重要原因。中国科学院侯彦林教授说“化肥污染隐蔽性强，且具有长期潜伏性。”

(五)放射性物质对土壤的污染

土壤辐射污染的来源有铀矿和钍矿的开采、铀矿浓缩、核废料处理、核武器爆炸、核试验、放射性核素使用单位的核废料、燃煤发电厂、磷酸盐矿开采加工等。近几年，随着核技术在工农业、医疗、地质、科研等领域的广泛应用，越来越多的放射性污染物进入土壤中，这些放射性污染物除可直接危害人体外，还可通过食物链进入人体，损伤人体组织细胞，引起肿瘤、白血病、遗传障碍等疾病。研究表明，我国每年土壤 Rn 污染致癌 5 万例，而天津市区公众肺癌 23.7%是由 Rn 及其子体造成的。磷矿石中常伴有 U、Th、Ra 等天然放射性元素，因而磷肥施用会对土壤产生放射性污染。

五、国内外土壤污染与修复技术研究现状及发展趋势

(一)土壤污染成因和过程研究与发展现状

近 40 多年来，欧美发达国家在土壤污染来源、过程、机制、效应、风险、预测等基础理论与方法上开展了系列研究。在土壤—植物和土壤—地下水系统污染物迁移转化机制，特别是微观分子机制、多介质传输机制、多界面分配机制、多尺度预测模型等方面，取得了长足的研究进展。解析了多尺度污染物源—径—汇和形态/剂量—受体关系，建立了污染源数据库、生物毒性数据库和环境基准体系；在对土壤环境背景及基准研究的基础上，建立了污染物的迁移风险、生态风险和健康风险评估方法；形成了土壤污染防治的基础理论、方法及技术原理，发展了基于界面行为调控的土壤—植物和土壤—地下水污染物有效性调控方法；为污染土壤环境质量标准制定及修复新技术设计奠定了理论与方法基础。

在国内，通过 20 世纪 80 年代第二次土壤普查和 21 世纪初第一次全国土壤污染调查，积累了大量基础性数据，建立了全国土壤背景值图集，分析了我国土壤污染特征，评价了土壤环境质量状况，提出了土壤污染防治对策。在京津冀、长江三角洲、珠江三角洲、东北老工业基地、西南矿区和地质高背景地区等区域，开展了多尺度土壤污染特征、污染物迁移转化机制、界面过程和环境风险等方面的系列研究，了解了土壤中污染物迁移转化规律、生物有效性和污染风险，初步阐明了重金属与持久性有机污染物复合污染及生态效

应，建立了部分土壤环境基准与标准，发展了土壤污染风险管控与修复技术原理，为土壤污染防治提供了理论与方法指导。

土壤污染防治工作仍面临诸多挑战。我国在管控机制、法律体系、技术、市场等方面同水和大气污染防治相比都较为薄弱，土壤修复工作和重金属污染管理工作等还处于起步阶段。因此，今后将在土壤污染源汇关系与源解析、污染物积累与转化机制、污染物扩散与驱动机制和污染风险评估方法与指标体系等方面进一步进行系统性、创新性的研究，以保障土壤环境安全和人类健康。

(二)土壤污染管控与修复技术研究及发展现状

我国土壤污染形势严峻，农用地污染面广、量大，工矿企业场地土壤与地下水污染问题也尤为突出。经过多年的研究与发展，我国的土壤污染修复技术研究经历了从起步到跨越的发展历程。技术支撑上，初步建立了场地土壤修复技术体系，快速、原位的土壤修复技术得到研究与应用，带动了土壤修复技术应用和绿色修复产业化发展，在修复技术、装备及规模化应用上与先进国家的距离在加快缩短。技术装备上，研制了能支持快速土壤修复的多种装备，研发的技术支撑了规模化应用及产业化运作。同时，随着表面活性剂市场的扩大和新型高效表面活性剂的研发和应用，土壤修复技术的效果和可行性得到了进一步提升。总体上，在农用地土壤污染管控与修复技术上，我国与发达国家并驾齐驱，有的已处领先地位；在建设用地方面，我国的土壤污染管控与修复技术水平与欧美国家相比尚有距离。

(1)在农用地方面。根据国际技术的研发历程、产业化程度和应用推广的分析，侧重发展农用地土壤重金属污染管控与修复技术，可归纳为三类：Ⅰ类技术(植物提取与资源化技术)相对成熟，已经实现产业化，仍是研究热点；Ⅱ类技术(重金属钝化与替代种植技术)正逐渐成熟，开始进入产业化阶段，缓慢发展；Ⅲ类技术(植物阻隔/稳定化技术)已有研究基础，正在加快产业化进程，快速发展。相对于发达国家，我国农用地土壤污染治理技术研究起步较晚，但进步迅速。在我国，植物阻隔/稳定化技术研发早于国际，植物提取与资源化技术已处国际领先地位。我国的相关论文、专利数量增幅明显，但篇均引用频次大幅落后美国等发达国家，表明需要继续加强提升研究质量和学术影响力。正在努力的方向是丰富修复植物种质资源、提升修复功能材料产品效益、发展资源—材料—技术—效评体系，继续加大投入，形成高效、廉价、安全、普适的农用地土壤污染管控与修复技术模式。

(2)在工矿用地方面。欧美国家已经形成场地土壤污染调查、风险评估、标准制定、管理控制、修复技术和法规体系；正在着力研发高效、安全、低能耗、低成本、低碳排的生物修复技术及多技术耦合智能系统。在重金属污染修复方面，国内外的共同热点在植物修复、固化/稳定化药剂及设备、淋洗设备，电动修复的电极材料研发和微生物修复的菌剂研发等。近年来，国内外生物修复技术研究与发展迅速，微生物转化技术、生物质炭复合纳米技术、强化氧化/还原技术、多相抽提技术、深度垂向阻隔技术、可渗透反应屏障技术等在国内得到发展，并应用于场地土壤与地下水管控及修复。现正努力创新研发绿色高效环境功能材料，研制智能化、模块化装备，提升绿色和可持续的土壤污染管控与修复技术、产品与装备水平，致力于土壤污染综合防治与安全利用技术体系及模式的形成，提升土壤环境管理与风险监管能力及土壤污染协同治理水平。

任务实施

土壤污染状况调查

近年来，随着土壤污染事件的发生，人们对土壤污染投注了越来越多的关注，土壤保护的意识不断增强。土壤污染具有较强的隐蔽性，难以通过眼观、耳听或鼻嗅等感官直接发现，必须采集土壤样品，并进行检测分析才能确定。在土壤污染状况调查过程中，应把控好调查的重点，制订合理方案，才能确保检测结果准确，调查结论真实可靠。土壤污染状况初步简易调查流程如下。

1. 潜在污染物识别

土壤潜在污染物识别是在现场调查的基础上进行的，现场调查包含资料收集、现场踏勘和人员访谈三项内容。

(1)资料收集：须收集到用地权属文件，现状地块或建筑物的布局和功能资料，历史变动影像资料及其他水文地质等材料。

(2)现场踏勘：重点踏勘对象包括有毒有害使用、处理、存储和处置，设备和管线分布，恶臭或刺激性气味，废物堆放区域、排水灌渠、水井等，同时须记录周边居民、学校、医院、饮用水源保护区等敏感区域的位置和距离。

(3)人员访谈：受访人为调查地块的现状或历史知情人，可以是地块管理机构工作人员、环保主管部门工作人员、地块各阶段使用者、附近工作人员或居民等。

完成以上工作步骤后，将全部材料汇总，对比分析，重点需判断是否存在潜在污染物，若存在，则进一步分析污染物可能的类别和分布区域。

2. 现场采样

(1)在识别出土壤污染物后，须制订采样方案并进行现场采样，然后将样品送至实验室进行分析。

(2)采样前须准备定位设备、现场探测设备、记录设备、建井材料、取样设备、样品保存装置及安全防护装备等。

(3)对地块四至和采样点定位，并完成现场探测后，即可开始土壤采样。

(4)土壤以钻孔的方式采样，采样前须清洗采样设备，并采集淋洗样，采样深度至少为硬化层以下 6 m，将塑料采样管装入钢管后钻孔，分段取得土壤样品，包括土壤原样和平行样。土壤样品采集后首先进行有机物和重金属快速测定，根据测定结果选定实验室检测样品，最后在冷藏(4 ℃以下)的条件下，将样品装箱保存并运输，送至实验室。另外，现场还需采集设备淋洗样和平行样，用于质量保证和质量控制。

3. 实验室分析

实验室分析包括原样检测和涉及质量保证与质量控制的淋洗样、平行样、空白样检测。淋洗样用于确定采样设备未沾染干扰物质；平行样包括现场平行样和实验室平行样；空白样包括运输平行样和全程序平行样，均用于确保样品运输和全程序过程无干扰。

实验室保持整洁、安全的操作环境，通风良好、布局合理，相互有干扰的监测项目不在同一实验室内操作，测试区域与办公场所分离。

4. 数据处理与分析

对实验室测定结果进行数据处理和分析，评估土壤污染程度和分布情况。可以使用专业软件对数据进行统计和建模，绘制污染分布图。

5. 形成报告

根据调查结果，形成详细的调查报告。报告内容包括调查目的、调查范围、采样点位、实验室分析结果、污染评估和建议等。

反思评价

根据任务的组织准备、任务实施等情况，进行小组讨论，并完成表 1-1-6 的内容，以便下次任务能够更好地完成。

表 1-1-6　土壤污染状况调查简易流程任务反思评价表

任务程序		任务实施中需要注意的问题	任务表现	
			自评	互评
人员组织				
知识准备				
材料准备				
实施步骤	1. 调研内容准备			
	2. 现场调查			
	3. 室内分析			
	4. 数据评估和结论			

拓展阅读

美国拉夫运河事件

拉夫运河位于美国加州，是一个世纪前为修建水电站挖成的一条运河，20 世纪 40 年代干涸被废弃。1942 年，美国一家电化学公司购买了这条约 1 000 m 长的废弃运河，当作垃圾仓库来倾倒大量工业废弃物，持续了 11 年。1953 年，这条充满各种有毒废弃物的运河被公司填埋覆盖好后转赠给当地的教育机构。此后，纽约市政府在这片土地上陆续开发了房地产，盖起了大量的住宅和一所学校。

从 1977 年开始，这里的居民不断发生各种怪病，孕妇流产、儿童夭折、婴儿畸形、癫痫、直肠出血等病症频频发生。1987 年，地面开始渗出含有多种有毒物质的黑色液体。这件事激起当地居民的愤慨，当时的美国总统卡特宣布封闭当地住宅，关闭学校，并将居民撤离。事出之后，当地居民纷纷起诉，但因当时尚无相应的法律规定，该公司又在多年前就已将运河转让，导致诉讼失败。直到 20 世纪 80 年代，《环境对策补偿责任法》在美国议院通过后，这一事件才被盖棺定论，以前的电化学公司和纽约市政府被认定为加害方，共赔偿受害居民经济损失和健康损失费达 30 亿美元。

苏联切尔诺贝利核泄漏事件

1986 年 4 月 26 日凌晨 1 时，距苏联切尔诺贝利 14 km 的核电厂第 4 号反应堆，发生可怕的爆炸，一股放射性碎物和气体(包括 131I、137Cs、90Sr)冲上 1 km 的高空。这就是震惊世界的切尔诺贝利核污染事件。事件发生以后，核电站 30 km 内的 13 万居民不得不紧急疏散。这次核泄漏造成苏联 1 万多 km^2 的领土受污染，其中乌克兰有 1 500 km^2 的肥沃农田因污染而废弃。被污染的农田和森林面积相当于美国弗吉尼亚州的面积。乌克兰有 2 000 万人受放射性污染的影响。截至 1993 年年初，大量的婴儿成为畸形或残废，8 000 多人死于与放射有关的疾病。其远期影响在 30 年后仍会产生作用。

项目习题

1. 土壤的概念及土壤的基本物质是什么?
2. 简述原生矿物和次生矿物的区别及在土壤环境上的意义。
3. 土壤有机质的来源及在土壤环境上的作用有哪些?
4. 土壤水分的类型及特点有哪些?
5. 土壤空气有什么特点?
6. 土壤在环境中的作用有哪些?
7. 土壤污染及特点有哪些?
8. 结合实际简述土壤污染对环境和人类健康造成的危害。
9. 简述我国土壤污染特点。

项目二　认识土壤的性质与土壤生物

主要任务

本项目主要介绍土壤的性质及土壤中的生物，包括土壤的形成、物理及化学性质、土壤动植物等。了解这些知识有助于保护土壤资源，防治土壤污染。

任务一　了解土壤的形成与发育

任务目标

知识目标

1. 了解土壤的形成因素，掌握当地土壤类型的母质、气候、生物因素，根据地形条件布局农业生产。

2. 了解土壤的形成与发育，掌握土壤形成过程中的成土因素，熟悉我国主要土壤资源状况。

3. 了解土壤剖面的设置及挖掘；掌握土壤剖面形态的观察与记载，并对土体构造评价的结果进行分析。

技能目标

1. 能判断当地土壤类型的成土因素，了解当地主要土壤的分布与特征。

2. 能利用气候、生物、地形等成土因素合理调整农业生产结构。

3. 具备会挖掘土壤剖面，能准确分析土壤剖面，并对结果进行分析的基本技能；能较准确地鉴别土壤生产性状，找出限制土壤生产的障碍因素，为合理地改良利用土壤提供依据。

素养目标

1. 培养吃苦耐劳、刻苦钻研、团结合作的创新精神。

2. 培养热爱土壤、珍惜耕地、保护环境的责任感和使命感；全面培养“知农爱农为农”的情怀，塑造高尚品德修养，增长知识见识，增强综合素质。

任务卡片

将全班分成小组，查阅有关土壤环境类书籍、杂志、网站，收集土壤形成、分类等知识，以小组为单位对当地土壤进行调查，了解土壤形成因素和我国土壤分布特点，认识当地主要土壤的分布与特征，总结当地土壤资源的特点与改良利用；能正确进行土壤剖面的设置、挖掘和观察记载，对合理利用土壤、培肥土壤、修复土壤及保护土壤生态环境提供依据。

知识准备

19世纪末，俄国土壤学家B·B·道库恰耶夫对俄罗斯大草原土壤进行了调查，提出了土壤是地理景观的一面镜子，是一个独立的历史自然体；土壤是在母质、气候、生物、地形和时间的综合作用下形成的，这五大成土因素始终是同时地、不可分割地影响着土壤的发生和发展，同等重要和不可相互代替地参加了土壤的形成过程，制约着土壤的形成和演化。随着农业生产的发展和科学技术的进步，人为因素对土壤形成的干预日益深刻和广泛，它在农业土壤的发展变化上已成为一个具有特殊重大作用的因素。

土壤的形成过程是指在一定的时空条件下，母质与生物、气候因素及土体内部所进行的物质与能量的迁移和转化的总体。

一、土壤形成因素

(一)母质

母质不同于岩石，它已有肥力因素的初步发展，可释放出少量的矿质养分，但释放的养分分散难以满足植物生长的需要；母质疏松多孔，有一定的吸附作用、透水性和蓄水性。母质又不同于土壤，其缺乏养分，几乎不含氮、碳。

母质是形成土壤的物质基础，是土壤的“骨架”，是土壤中植物所需矿质养分的最初来源。母质中的某些性质，如机械性质、渗透性、矿物组成和化学特性等都直接影响成土过程的速度与方向。

(二)气候

气候对土壤形成的作用十分复杂。它直接影响在土壤形成过程中起重要作用的水分和热量条件，同时在很大程度上决定着各种植被类型的分布，从而影响土壤矿物和土壤有机质的分解与合成。

温度直接影响着土壤形成过程的强度和方向。在寒冷地带，土壤中的化学作用比较弱，植物生长也较缓慢，有机质形成量小，土壤微生物活动不旺盛，因而土壤中养分的转化也很缓慢。反之，在热带地区，土壤中的矿物质除石英外大部分被分解，植物生长迅速，有机质形成量大，微生物活动旺盛，生物小循环较寒冷地区快。

降水量对土壤形成的影响也极为显著，在干旱气候条件下，盐类不断积累，使土壤发生盐渍化现象。在潮湿气候条件下，盐基离子遭到降水不断的淋洗，使土壤胶体呈不饱和状态。上述这些现象在我国不同类型土壤的形成过程中，都强烈地表现出来。

(三)生物

生物因素是影响土壤发展的最活跃因素。植物着生于母质后，就开始了土壤的形成作用。植物和其死体所产生的物理作用及化学作用，不断地改善着土壤的肥力状况。其中主要的是高等绿色植物通过选择吸收养分，合成有机质并在死亡后积累在土壤中。土壤微生物及小动物分解有机质，释放出养分，同时还合成稳定的腐殖质物质。因此，生物一方面增加了有机质，另一方面也改造了土壤的物理性质，形成各种土壤结构。生物作用的结果，使土壤的肥力状况不断得到发展。

(四)地形

地形在土壤形成过程中所起的作用是多方面的。首先地形能影响热量的重新分配，不同坡度和方位的斜坡，接受太阳的热量不同。南坡最多，土温高；北坡则相反，土温低。在不同方位的坡向上，由于温度和湿度的差异，植物的分布也是不同的，所以在某些地区，土壤类型在不同的坡向上，其分布也会有所不同。

地形还能影响土壤水分、养分和机械组成的分配状况。在分水岭和斜坡地区，水分及其夹带的养分(包括盐类)，以及土壤细粒，经常以地表径流或土壤径流的方式向下坡及低地移动，引起坡地和分水岭的土壤不同。坡地上部的土壤经常保持良好的排水状况，土层较薄，质地较粗，养分(及盐基)较少；下部及低平地区，因水分集中，土壤含水量较大。

地形的影响还能通过海拔绝对高度的变化表现出来。随着海拔的升高，气候变冷湿，土壤的水热条件和植被都因此而发生相应的改变，所以山区土壤的分布和海拔高度的变化有密切的关系。

(五)时间

时间和空间是一切事物存在的基本形式。土壤形成的母质、气候、生物和地形等因素的作用程度或强度，都随着时间的延长而加深。因此，土壤也随着时间的进展而不断地变化发展。具有不同年龄、不同发生历史的土壤，在其他因素相同的条件下，必定属于不同类型的土壤。

土壤年龄分为绝对年龄和相对年龄两种：

(1)绝对年龄是指该土壤在当地新鲜风化层或新母质上开始发育时算起迄今所经历的时间，通常用年来表示。可以通过地质学上的地层对比法、孢粉分析法、放射性 14 C 测定法等进行近似测算。

(2)相对年龄是指土壤的发育阶段或土壤的发育程度，无具体年份，一般用土壤剖面分异程度加以确定，在一定区域内，土壤的发生土层分异越明显，剖面发育度就高，相对年龄就大；反之相对年龄越小。通常所谓的“土壤年龄”是指相对年龄。

(六)人为因素

人类活动与自然成土诸因素相比，在土壤形成过程中具有独特的作用。首先，人类活动对土壤的影响是有意识、有目的、定向的。其演变速度远远大于自然演化过程。其次，人类活动是社会性的，它受到社会制度和社会生产力的制约。在不同的社会制度和不同的生产力水平下，人类活动对土壤的影响及其效果有很大的不同。最后，人类活动对土壤的影响具有两重性，可以产生正效应，提高土壤肥力；也可以产生负效应，造成土壤退化。因此，农业土壤的形成实质上是自然与人为因素共同作用的产物，只是人为因素主导了农业土壤的发展而已。

上述各成土因素在成土过程中的作用各具特色。母质是形成土壤的物质基础；气候中的热量要素是能量的基本来源；生物通过自己的生命活动将无机物转变成有机物，把太阳能转化为化学能，并以无限循环的形式把它们保存下来，使母质转变成土壤；地形只是间接的影响因素，对土壤形成不起直接作用；时间因素是土壤形成过程的一个条件，任何一个空间因素或它们综合作用的效果都随时间的增长而加强。各成土因素在成土过程中既有差别，又是同等重要、彼此不可代替的。同时，每一个成土因素都不是孤立地起作用，而是有着发生上的联系，彼此相互作用、相互制约，共同作用于土壤。

二、土壤的形成过程

土壤的形成过程是指在一定的时间、空间条件下，母质与生物、气候因素及土体内部所进行的物质与能量的迁移和转化的总体。

首先，母质与生物之间的物质交换是土壤形成过程的主导过程；母质—气候（太阳辐射能和水分)之间的交换是土壤形成过程的基本动力；土体内部物质能量的迁移、转化则是土壤形成过程的实质内容。

其次，土壤的形成过程是随时间而进行的，经历了从无到有、由简单到复杂、从低级到高级的不断完善的形成过程。

最后，土壤的形成过程是在一定地理位置、地形和地球重力场条件下进行的。地理位置影响着这一过程的方向、速度和强度。地球重力场是引起物质(能量)在土体中向下移动的重要条件。地形则是引起物质(能量)水平方向移动的首要因素。

(一)自然土壤的形成过程

(1)物质的地质大循环。物质的地质大循环是指地面岩石的风化产物经过淋溶与搬运，最终流归海洋、湖中沉积下来，再进行成岩作用形成次生岩，并随着地壳的上升，又回到陆地上来。这一过程需要很长时间而且涉及的范围广。

(2)物质的生物小循环。物质的生物小循环是指植物营养元素在生物体与土壤之间的循环；植物从土壤中吸收养分形成植物有机体。一部分作为营养物质供动物食用的需要，而动、植物死亡后的有机残体又回到土壤中，在微生物的作用下转化为矿质供植物吸收，促进土壤肥力的形成和发展。

(3)大小循环的矛盾统一是自然土壤形成的本质。土壤的形成过程的实质是物质的地质大循环和生物小循环的矛盾与统一。生物小循环是以相反的方向在地质大循环的轨道上进行的，即没有地质大循环，也就没有生物的小循环。在土壤的形成过程中，这两种方向相反的循环是相互渗透、不可分割的。地质大循环不断使营养物质淋溶损失，而生物小循环则从地质大循环中保存累积一系列的生物所必需的营养元素，给原始生物的生存提供了物质条件，原始生物的生长繁殖又为绿色植物的产生奠定了基础。因此，生物作用对母质的影响是在不断扩大和深化的。对土壤的肥力来说，生物小循环并不是一个封闭的体系，而是随着生物的进化发展，不断扩大其循环领域，形成一种螺旋式上升的运动。土壤的形成过程正是建筑在这一地质大循环与生物小循环的矛盾统一的基础之上。

(二)成土过程

(1)原始成土过程。从岩石露出地面有微生物着生开始到植物定居之前形成的土壤过程，称为原始成土过程。根据过程中生物的变化，可把该过程分为三个阶段：首先是“岩漆”阶段，出现的生物为自养型微生物，如绿藻、硅藻及其共生的固氮微生物，将许多营养元素吸收到生物地球化学过程中；其次为“地衣”阶段，在这一阶段各种异养型微生物，如细菌、黏液菌、真菌、地衣共同组成的原始植物群落着生于岩石表面与细小孔隙中，通过生命活动促使矿物进一步分解，细土和有机质不断增加；最后是苔藓阶段，生物风化与成土过程的速度大大加快，为高等绿色植物的生长准备了肥沃的基质。原始成土过程与岩石风化同时同步进行。

(2)有机质聚积过程。有机质聚积过程是指在各种植被下，有机质在土体上部积累的过程。有机质积累过程的结果，在土体上部形成一层暗色的腐殖质。由于植被类型、覆盖度及有机质的分解情况不同，有机质聚积的特点也各不相同。例如，有草甸腐殖质聚积、草原腐殖质聚积。

(3)黏化过程。黏化过程是指土体中黏土矿物的生成和聚集过程。其包括淀积黏化和残积黏化。前者主要是指在风化和成土作用下形成的黏粒，由土体上层向下迁移至一定深度发生淀积，从而使该土层的黏粒含量增加、质地变黏；后者是指原生矿物进行土内风化形成的黏粒，未经迁移，原地积累所导致的黏化。黏化过程的结果，往往使土体的中、下层形成一个相对较黏重的层次，称为黏化层。

(4)钙积与脱钙过程。钙积过程是指碳酸盐在土体中的淋溶、淀积过程。在干旱、半干旱气候条件下，由于土壤淋溶较弱，大部分易溶性盐类被降水淋洗，钙、镁部分淋失，部分残留在土壤中，土壤胶体表面和土壤溶液多为钙(或镁)饱和。土壤表层残存的钙离子与植物残体分解时产生的碳酸结合，形成溶解度大的重碳酸钙，在雨季时随水向下移动至一定深度，由于水分减少和二氧化碳分压降低，重新形成碳酸钙淀积于剖面的中部或下部，形成钙积层。

与钙积过程相反，在降水量大于蒸发量的生物气候条件下，土壤中的碳酸钙将转变为重碳酸钙溶于土壤水而从土体中淋失，称为脱钙过程，使土壤变为盐基不饱和状态。

(5)盐化、脱盐过程。盐化过程是指各种易溶性盐分在土壤表层和土体上部聚集，形成盐化层的过程。

盐渍土由于降水或人为灌水洗盐、挖沟排水，降低地下水水位等措施，可使其所含的可溶性盐逐渐下降或迁到下层，或者排出土体，这一过程称为脱盐过程。

(6)碱化脱碱过程。碱化过程是指土壤吸收性复合体为钠离子饱和的过程，又称为钠质化过程。碱化过程的结果可使土壤呈强碱性反应(pH>9)，土壤物理性质极差，作物生长困难，但含盐量一般不高。脱碱过程是指通过淋洗和化学改良，从土壤吸收性复合体上除去钠离子的过程。

(7)熟化过程。土壤的熟化过程是指人类定向培育土壤肥力的过程。在耕作条件下，通过耕作、培肥与改良，促进土壤水、肥、气、热诸因素的不断协调，土壤向有利于作物生长的方向发展的过程。通常把旱作条件下的定向培肥熟化过程称为旱耕熟化过程，而把淹水耕作条件下的定向灌排、培肥土壤的过程称为水耕熟化过程。

(三)农业土壤的形成

农业土壤的形成并不是在自然土壤基础上通过某些成土因素作用的简单重复，也不是对自然土壤个别因素的改造和调节，而是全部肥力因素的综合控制和提高。农业土壤是在农业生产活动中“脱胎”于自然土壤，在农业生产的不断发展中不断完善的，与自然土壤有着发生上的必然联系，并在科学的管理中建立了形象，如剖面构造特征、肥力性状和生产力水平等，都在一定程度上有别于自然土壤。为了深入理解农业土壤的形成过程，把农业土壤与自然土壤的形成过程作以下比较。

(1)成土因素上的差异。农业土壤的形成特点：变自然植被为栽培作物；平整土地、兴修水利及其他建设使原有地形地貌发生了一定的变化；施肥灌溉、耕作栽培改变了自然土壤的肥力状况及土壤微生物的组成和分布状况；上述变化必然引起区域性气候与水热状况的变化。这些人为措施使自然成土因素作用受到不同程度的削弱或加强乃至发生根本性变化。

(2)成土过程上的比较。由于人为因素的强烈干预，土壤的形成过程不是按照自然土壤原有的成土方向继续发展，而是沿着新的形成方向和特点发展。在这一过程中，介入农业土壤形成的因素有了新的变化。现将土壤的形成过程作以下比较。

从比较可看出，各个不同的成土阶段既有共同性，又有显著差异。相同性是土壤形成的各阶段都有赖于成土因素、风化过程和成土过程同时同地的进行；不同点是参加成土过程的主导因素的变化。正是主导因素的变化，使土壤肥力过程在各成土阶段展示了不同的特点。原始土壤形成阶段只是累积极少量的有机物质和矿质养料元素。一旦原始土壤以高等植物群落为主导，就进入了土壤有机物质大量累积的自然土壤形成阶段。人类的生产活动从多方面改变了自然土壤所固有的生态环境，自然肥力演变为经济肥力，土壤资源内存的生产潜力也就转化为现实生产力，为维持生产力的稳定并促进其提高，又辅之以多途径、多层次的科学技术措施，从而全面改变了自然土壤的肥力状况，使之适应于农作物全面丰产的需要，使自然土壤向农业土壤的高级阶段发展。

任务实施

土壤剖面挖掘及土壤剖面描述

一、目的要求

土壤剖面记录着土壤在成土因素的影响下，可能发生过的和正在进行着的各种成土作用，以及其所造成的综合结果：即土壤的过去和现在。土壤剖面观察是认识、了解土壤的入门，也是研究土壤的基本手段。观察土壤剖面能了解土壤内在物质的转化，是研究土壤形成、识别和评价土壤的重要方法之一。掌握土壤剖面观察方法和技术，就能准确地鉴别土壤类型，找出土壤性状对农业生产的有利与不利因素，为制订合理地利用改良土壤提供依据。

二、仪器试剂

仪器试剂：铁锹、土铲、土钻、剖面刀、样品袋、标签、放大镜、铅笔、钢卷尺、白瓷比色板、pH混合指示剂、土壤剖面记载表、10%盐酸、酸碱混合指示剂，赤血盐等。

三、土壤剖面的挖掘

(一)土壤剖面点选择原则

(1)要有比较稳定的土壤发育条件，即具备有利于该土壤主要特征发育的环境，通常要求小地形平坦和稳定，在一定范围内土壤剖面具有代表性。

(2)不宜在路旁、住宅四周、沟附近、粪坑附近等受人为扰动很大而没有代表性的地方挖掘剖面。

(二)土壤剖面的挖掘

土壤剖面一般是在野外选择典型地段挖掘，自然土壤剖面大小要求长为 2 m、宽为 1 m、深为 2 m(或达到地下水层)，土层薄的土壤要求挖到基岩，一般耕种土壤长为 1.5 m、宽为 0.8 m、深为 1 m。挖掘剖面时应注意下列几点：

(1)剖面的观察面要垂直并向阳，便于观察。

(2)挖掘的表土和底土应分别堆在土坑的两侧，不允许混乱，以便看完土壤以后分层填回，不致打乱土层影响肥力，特别是农田更要注意。

(3)观察面的上方不应堆土或走动，以免破坏表层结构，影响剖面的研究。

(4)在垄作田要使剖面垂直垄作方向，使剖面能同时看到垄背和垄沟部位表层的变化。

(5)春耕季节在稻田挖填土坑一定要把土坑下层土踏实，以免拖拉机下陷和折断牛脚。

四、土壤剖面发生学层次划分

土壤剖面发生学层次的划分主要基于土壤成土过程中物质的发生、淋溶、淀积、迁移和转化等特性。划分土层时首先用剖面刀挑出自然结构面，然后根据土壤颜色、湿度、质地、结构、松紧度、新生体、侵入体、植物根系等形态特征划分层次，并用尺量出每个土层的厚度，分别连续记载各层的形态特征。一般土壤类型根据发育程度，可分为 A、B、C 三个基本发生学层次，有时还可见母岩层(D)，当剖面挖好以后，首先根据形态特征，分出 A、B、C 层，然后在各层中分别进一步细分和描述。

五、土壤剖面形态的观察与记载

(1)土壤颜色。土壤颜色有黑、白、红、黄四种颜色，但实际出现的往往是复色。观察时，先确定主色，后确定次色，次色即在前面，主色即在后面。确定颜色时，旱土以干状态为准，水田土色以观察时土壤所处状态为准。

鉴别土壤颜色可用门塞尔色卡进行对比确定土色，该比色卡的颜色命名是根据色调、亮度、彩度三种属性的指标来表示的。色调即土壤呈现的颜色；亮度是指土壤颜色的相对亮度。把绝对黑定为 0，绝对白定为 10，由 0 到 10 逐渐变亮；彩度是指颜色的浓淡程度。

使用比色卡注意点如下：

①比色时光线要明亮，在野外不要在阳光直射下比色，室内宜靠近窗口比色。

②土块应是新鲜的断面，表面要平。

③土壤颜色不一致，则几种颜色都描述。

(2)土壤质地。野外测定土壤质地一般用手测法，其中有干测法和湿测法两种，可相互补充，一般以湿测法为主。

(3)土壤结构。观察土壤结构的方法，是用挖土工具把土挖出，让其自然落地散碎或用手轻捏，使土块分散，然后观察被分散开的个体形态的大小、硬度、内外颜色及有无胶膜、锈纹、锈斑等，最后确定结构类型。

(4)松紧度。野外鉴定土壤松紧的方法是根据小刀插入土体的深浅和阻力大小来判断。

①松：小刀随意插入，深度大于 10 cm。

②散：稍加力，小刀可插入土体 7～10 cm。

③紧：用较大的力，小刀才能插入土体 4～7 cm。

④紧实：用大力，小刀才能插入土体 2～4 cm。

⑤坚实：用很大力，小刀才能插入土体 1～2 cm。

(5)土壤干湿度。按照各土层的自然含水状态，其标准如下：

①干：土壤呈干土块，手试无凉感，嘴吹时有尘土扬起。

②润：手试有凉感，嘴吹无尘土扬起。

③湿润：手试有潮湿感，可捏成土团，但自然落地即散开，放在纸上能使纸变湿。

④潮湿：放在手上使手湿润，能握成土团，但无水流出。

(6)新生体。新生体不是母质所固有的，是在土壤形成过程中产生的物质，如铁质、铁猛结核、石灰结核等，它们反映土壤形成过程中物质的转化情况。

(7)侵入体。不是母质固有的，也不是土壤形成过程中的产物，是外界侵入土壤中的物体，如瓦片、砖渣、炭屑等。它们的存在，与土壤形成过程无关。

(8)根系。根系反映作物根系分布状况，其分级标准如下：

①多量：每平方厘米有 10 条根以上。

②中量：每平方厘米有 5～10 条根。

③少量：每平方厘米有 2 条根左右。

④无根：见不到根痕。

(9)石灰质反应。用 10%稀盐酸，直接滴在土壤上，观察气泡产生状况，估计其石灰含量。

①无石灰质：无气泡、无声音，估计含量为 0。

②少石灰质：徐徐产生小气泡，可听到响声，估计含量为 1%以下。

③中量石灰质：明显产生大气泡，但很快消失，估计含量为 1%～5%。

④多石灰质：发生剧烈沸腾现象，产生大气泡，响声大，历时较久，估计含量为 5%以上。

(10)土壤酸碱度。可用 pH 试纸或 pH 混合指示剂，取黄豆大土粒碾散。放在白瓷板上，滴入 5～8 滴指示剂，数分钟后使土壤侵入液淌入瓷板上另一小孔，用比色卡比色。

(11)土壤 Fe^{2+} 反应。用赤血盐直接滴加测定。在潜育化土层有亚铁化合物的灰蓝色或蓝绿色斑块，可取少量土壤置于吸水纸上，滴入 3～5 滴盐酸，然后滴入 1.5%赤血盐溶液，数分钟后呈灰绿色，表示土壤中存在亚铁化合物，记录为“+”号，无亚铁反应记为“—”。

(12)土壤 Fe^{3+} 反应。取少量土壤放在吸水纸上，先滴入 3～5 滴盐酸，然后滴入 10%硫氰酸钾溶液，数分钟后出现红色，表示有高铁化合物，根据强弱记为+、++、+++，无反应记作“—”号。

六、土体构造评价的结果与分析

调查结束后，应对调查获得的资料进行系统整理和全面分析，客观地进行评价(表 1-2-1)。

(1)土体构造的构型。各土层的特征特性及利用现状或自然植被种类、覆盖度。

(2)对照高产旱地标准，结合调查情况，分析土体构造的优点及缺点。

(3)针对土体构造现状和存在问题，提出改良利用这种土壤的主要途径与措施。尤其要注重土壤的利用方式，是宜农、宜牧，还是宜林，提出挖掘土壤生产力的措施。

表 1-2-1 土壤剖面观察记载表

<table>
<tr><td rowspan="2">剖面编号</td><td rowspan="2"></td><td colspan="2">土壤名称</td><td rowspan="2"></td><td colspan="2">剖面地点</td><td colspan="3" rowspan="2"></td><td>调查时间</td><td rowspan="2"></td></tr>
<tr><td colspan="2"></td><td colspan="2"></td><td></td></tr>
<tr><td>土壤剖面环境条件</td><td>地形</td><td colspan="2">成土母质</td><td>海拔</td><td>自然植被</td><td>农业利用方式</td><td>当季作物</td><td colspan="2">排灌条件</td><td>耕作制度</td><td>病虫情况</td></tr>
<tr><td></td><td></td><td colspan="2"></td><td></td><td></td><td></td><td></td><td colspan="2"></td><td></td><td></td></tr>
<tr><td>土壤剖面性状</td><td>剖面图</td><td>层次</td><td>厚度</td><td>颜色</td><td>土壤质地</td><td>土壤结构</td><td>新生体</td><td>干湿度</td><td>松紧度</td><td>pH 值</td><td>侵入体</td></tr>
<tr><td></td><td></td><td></td><td></td><td></td><td></td><td></td><td></td><td></td><td></td><td></td><td></td></tr>
<tr><td>土壤生产性能</td><td>宜种作物</td><td>发棵性</td><td>产量</td><td>施肥水平</td><td>施肥效果</td><td>保水性</td><td>保肥性</td><td></td><td></td><td></td><td></td></tr>
<tr><td></td><td></td><td></td><td></td><td></td><td></td><td></td><td></td><td></td><td></td><td></td><td></td></tr>
<tr><td>土壤剖面综合评价</td><td colspan="11"></td></tr>
</table>

反思评价

根据任务的组织准备、任务实施等情况，进行小组讨论，并完成表 1-2-2 的内容，以便下次任务能够更好地完成。

表 1-2-2　土壤样品采集、保存任务反思评价表

任务程序		任务实施中需要注意的问题	任务表现	
			自评	互评
人员组织				
知识准备				
材料准备				
实施步骤	1. 采集工具选择			
	2. 土壤剖面的挖掘			
	3. 土壤剖面发生学层次划分			
	4. 土壤剖面形态的观察			
	5. 土壤剖面观察记载及评价			

拓展阅读

“五色土”的由来

在北京的中山公园里，有一处独特的方形祭坛常常引得游人驻足观看，它就是社稷坛。社稷坛是中国古代皇帝祭祀土地神和五谷神的地方。每年农历二月，皇帝就会到社稷坛祈求五谷丰登、国泰民安。社稷坛的上方，按照东西南北中的方位布局，铺垫来自全国各地纳贡而来的青、白、红、黑、黄五种颜色不同的土壤，因而又被称作“五色土”。

“五色土”的布局大致反映了我国土壤的分布格局。东部面朝大海，处于我国地势的第三阶梯，河网密集，水资源丰富，因而这里的土壤长期处于淹水的状态。这使土壤中的矿物氧化铁被还原成氧化亚铁，因而呈现灰绿色，也就是青色。西部气候干旱，土壤中的可溶性盐在蒸散作用下随水分往上运动从而聚集在土壤表层，与土壤中的石膏等矿物一起，呈现出白色。南方气候高温多雨，丰富的雨水将大量易溶于水的矿物质冲刷掉，剩下了大量的铁铝氧化物，因而呈现红色。北方气候湿润而寒冷，土壤中的黑色腐殖质分解十分缓慢。它们掩盖了土壤矿物的颜色，从而呈现黑色。黄土则主要分布于地处黄河流域的黄土高原，横跨青海、甘肃、宁夏等多个省区。事实上，我国的土壤类型远不止五种。就像世界上没有两片完全相同的叶子一样，世界上也没有两块完全相同的土壤。我国国土面积广阔，南北东西跨越多个气候区。与其他国家相比，我国的土壤类型可以说是首屈一指。

除颜色差别外，“五色土”在生产性能上也有很大的差别。河网密布的东部地区，分布着大量的青土。青土养分含量高，非常适合水稻的种植。作为亚洲人主要的粮食作物，水稻重要性不言而喻。由于长期种植水稻，稻田中的土壤性质发生了显著变化，因此人们常把稻田中土壤直接称为水稻土，它是青土的主要代表。西部白土盐分含量高，也称盐碱土，农业生产利用较为困难。但盐碱土地区的盐湖是非常美丽的自然景观。例如，茶卡盐湖景区，每年都吸引大量的游人前去打卡拍照。南方的红土地区，雨水和热量资源丰富，生产力高，是我国重要的商品粮、林木和经济作物基地。例如，甜美的柑橘就在南方得到了广泛种植。北方的黑土养分含量十分丰富，生长的作物常常具有很高的品质。例如，地

处黑龙江宁安市的响水村，因其土壤发育于火山灰之上，具有丰富的有机质、矿物质和微量元素，加之昼夜温差大、灌溉水质好，产出了驰名中外的“响水大米”，甚至有着“中国米王”的称号。黄土高原的土壤土质细腻，耕作历史悠久，孕育了灿烂的中华文明。

任务二　认识土壤的物理性质

任务目标

知识目标

1. 了解土壤质地的基本知识，掌握不良土壤质地的改良措施。
2. 了解土壤密度和容重，熟悉土壤孔性的调节。
3. 了解土壤结构体，熟悉不良土壤结构体的改良，熟悉土壤耕性的改良措施。

技能目标

1. 熟悉土壤质地的肥力特性与生产性状，能熟练测定当地土壤的质地类型。
2. 掌握土壤容重与孔隙度的测定。
3. 掌握土壤结构体的判断，能正确判断土壤耕性。

素养目标

1. 培养吃苦耐劳、认真严谨的科学精神。
2. 践行生态文明、保护绿水青山的职业素质和一丝不苟、精益求精的工匠精神。

任务卡片

按小组查阅土壤环境、土壤修复等书籍、杂志、网站，走访当地有经验的农户和专家，收集土壤质地分类、土壤结构类型知识，能熟练判断、应用当地农田、菜园、果园、绿化、林地、草地的土壤质地类型，总结当地合理利用与调节土壤孔隙性及不良结构体的经验，为耕地、播种、灌溉、合理利用等提供依据。

知识准备

土壤是一个极其复杂的，含有三相物质的分散系统。它的固体基质包括大小、形状和排列不同的土粒。这些土粒的相互排列和组织，决定着土壤结构与孔隙的特征，水和空气就在孔隙中保存及传导，土壤的三相物质的组成和它们之间强烈的相互作用表现出土壤的各种物理性质，如土壤质地、结构、孔隙、通气、温度、热量、可塑性、膨胀和收缩等。

一、土壤质地

土壤由大小不同的土粒按不同的比例组合而成。土壤不同的颗粒其成分和性质也不同，一般来说，土粒越细，所含的养分越多，但污染元素的含量也越多。土壤中各粒级土粒含量的相对比例或质量百分数称为土壤质地。

1. 土壤质地类型

土壤质地可在一定程度上反映土壤的矿物组成和化学组成，不同质地的土壤，其孔隙率、通气性、透水性和吸附性等性质明显不一样，这些性质不仅影响土壤的保水和蓄肥能力，而且影响土壤的自净能力和土壤中微生物的活性及有机物含量，继而对土壤的环境状况产生影响。不仅如此，裸露的土壤表面还是空气颗粒物的重要来源，土壤颗粒越细，越容易造成扬尘，从而加重空气污染，危害人类健康。空气可吸入颗粒物主要来自土壤。

依土粒粒径的大小，土粒可分为四个级别：石砾(粒径大于 2 mm)、砂粒(粒径为 0.05～2 mm)、粉砂(粒径为 0.002～0.05 mm)和黏粒(粒径小于 0.002 mm)。一般来说，土壤的质地可以归纳为砂质、黏质和壤质三类。砂质土是以砂粒为主的土壤，砂粒含量通常在 70%以上；黏质土壤中黏粒含量一般不低于 40%；壤质土可以看作是砂粒、粉砂和黏粒三者在比例上均不占绝对优势的一类混合土壤。我国土壤质地分类见表 1-2-3。

表 1-2-3　我国土壤质地分类

<table>
<tr><th rowspan="2">质地组成</th><th rowspan="2">质地名称</th><th colspan="3">颗粒组成%</th></tr>
<tr><th>砂粒(0.05～1 mm)</th><th>粗粉粒(0.01～0.05 mm)</th><th>细黏土(<0.001 mm)</th></tr>
<tr><td rowspan="4">砂土</td><td>极重砂土</td><td>>80</td><td rowspan="4"></td><td rowspan="8"></td></tr>
<tr><td>重砂土</td><td>70～80</td></tr>
<tr><td>中砂土</td><td>60～70</td></tr>
<tr><td>轻砂土</td><td>50～60</td></tr>
<tr><td rowspan="4">壤土</td><td>砂粉土</td><td>≥20</td><td rowspan="2">≥40</td></tr>
<tr><td>粉土</td><td><20</td></tr>
<tr><td>砂壤土</td><td>≥20</td><td rowspan="2"><40</td></tr>
<tr><td>壤土</td><td><20</td></tr>
<tr><td rowspan="4">黏土</td><td>轻黏土</td><td rowspan="4"></td><td rowspan="4"></td><td>30～35</td></tr>
<tr><td>中黏土</td><td>35～40</td></tr>
<tr><td>重黏土</td><td>40～60</td></tr>
<tr><td>极重黏土</td><td>>60</td></tr>
</table>

(1)砂质土。黏粒含量少，砂粒含量占优势，通气性、透水性强，分子吸附、化学吸附及交换作用弱，对进入土壤中的污染物的吸附能力弱，保存的少，同时由于通气孔隙大，污染物容易随水淋溶、迁移。砂质土类的优点是污染物容易从土壤表层淋溶至下层，减轻表层土污染物的数量和危害；缺点是有可能进一步污染地下水，造成二次污染。

(2)黏质土。其颗粒细小，含黏粒多，比表面积大，较黏重，大孔隙少，通气性、透水性差。由于黏质土富含黏粒，土壤物理吸附、化学吸附及离子交换作用强，具有较强保肥、保水性能，同时也可将进入土壤中的各类污染物质以分子、离子形态吸附固定于土壤颗粒，增加了污染物转移的难度。在黏土中加入砂粒，可增加土壤通气孔隙，减少对污染物的分子吸附，提高淋溶的强度，促进污染物的转移。

(3)壤质土。其性质介于黏土和砂土之间。其性状差异取决于壤质土中砂粒、黏粒含量的比例，黏粒含量多，性质偏于黏土类，砂粒含量多则偏于砂土类。

2. 土壤质地的改良

良好的土壤质地有利于形成良好的土壤结构，具有适宜的通气性、透水性，保水保肥，有稳定的土壤温度等性状；而砂质土和黏质土在生产上所表现出来的性状，不同程度地制约植物的正常生长，必须进行改良。

(1)客土法。对于过砂或过黏的土壤，可分别采用"泥掺砂"或"砂掺泥"的办法掺沙子或黏土，用客土法来改良质地需要耗费大量的人力和物力，一般就地取材，因地制宜。改良前，应先测定土壤的机械组成，计算掺沙(砂)量。河沙(0.1～0.5 mm)最好；风积沙，应去除＞2 mm 的部分；海岸沙，应将盐分洗掉。

(2)翻淤压砂，翻砂压淤。砂土层下不深处有黏土层或黏土层下有砂土层时可以利用深耕犁进行耕翻，或把表土翻到一边再把底土翻起来作客土，将上下的砂黏土层混均以调节土质。

(3)引洪漫淤(砂)法。对于沿江、河的砂质土壤，可以采用引洪漫淤法进行改良。通过有目的地把洪流有控制地引入农田，细泥沉积于砂质土壤中达到改良质地和增厚土层的目的。

(4)增施有机肥。通过增施有机肥可以提高土壤中的有机质的含量，有机质的黏结力比砂土强，比黏土弱，对砂质土壤来说，可使土粒比较容易黏结成小土团，改变其原先松散无结构的不良；对黏质土壤来说，有机质含量提高可使黏结的大土块碎裂成大小适中的土团。施 C/N 高的有机物料时，应配合氮肥的使用。另外，还可以通过种植绿肥增加土壤有机质，创造良好的结构。

二、土壤容重和密度

(1)土壤容重。土壤容重是指单位体积自然土壤的质量，单位为 g/cm^3 或 t/m^3。这里的土壤是指包括孔隙在内的自然状态下的土壤，土壤的质量是指 105～110 ℃条件下的质量。

土壤容重＝土壤烘干土重(g)/土壤体积(cm^3)

土壤容重反映土壤孔隙状况和松紧程度，其大小受质地、结构性、松紧度和生产活动(耕、耙、锄、镇压、施肥)的影响。土壤容重的数值小于密度，因为容重的体积包括土粒之间的孔隙部分。砂土中孔隙粗大但总的数目少，且总的孔隙容积小，所以砂土的容重较大，一般来说砂质土壤的容重变化为 1.2～1.8 g/cm^3。相反，黏土的孔隙小，但总的数量多，总容积大，所以容重相对较小，一般黏质土的容重变化为 1.0～1.5 g/cm^3。

(2)土壤密度。固体土粒单位体积质量，称为土粒密度或土壤比重，单位是 g/cm^3。土粒密度与水的密度(4 ℃时)之比称为土壤比重。

土壤比重＝(固体土粒重/固体土粒体积)/(水重/水体积)

由于 4 ℃时水的密度为 1 g/cm^3，所以土壤密度和土壤比重的数值相等，土壤比重的大小主要取决于矿物组成和有机质含量，土壤中多数矿物的比重为 2.6～2.7，一般土壤有机质的比重是 1.25～1.40，所以土壤有机质含量越高，它的比重越小，一般耕地土壤有机质含量都在 5%以下，其变化对土壤比重影响不大，因此土壤比重通常取土壤矿物质比重的平均值 2.65。

三、土壤孔性

土粒与土粒之间、结构体与结构体之间通过点、面接触关系，形成大小不等的空间，土壤中的这些空间称为土壤孔隙。土壤孔隙的形状是复杂多样的，人们通常把土壤形成这种多孔的性质称为土壤孔隙性。土壤孔隙性决定着土壤的水分和空气状况，并对土壤的水、肥、气、热及耕作性能都有较大的影响，所以它是土壤的重要属性。

1. 土壤孔隙的大小分级

土壤孔隙大小、形状不同，无法真实计算，故土壤孔隙直径是指与一定土壤水吸力相当的孔径，称为当量孔径。土壤水吸力与当量孔径成反比。土壤孔隙根据大小和水分的有效性，分为三级：

(1)通气孔隙：孔隙直径＞0.02 mm，土壤水吸力＜0.15 bar。理想的通气孔隙度为10%～20%，一般砂土高、黏土低。其主要作用是通气、透水。

(2)毛管孔隙：孔径为0.000 2～0.02 mm(也有0.002～0.02 mm的说法)，土壤水吸力为0.15～15 bar的孔隙，具有毛管作用，保持植物利用的有效水分。

(3)无效孔隙：土壤中孔径＜0.000 2 mm(或0.002 mm)，土壤水吸力＞15 bar的细微孔隙，此孔隙内水分移动困难，不能被植物吸收利用，空气及根系不能进入。

土壤的孔隙性取决于土壤的质地、结构和有机质的含量等。不同土壤的孔隙性质差别很大。一般来说，砂土中孔隙的体积占单位体积土壤的百分比为30%～45%，壤土为40%～50%，黏土为45%～60%，结构良好的表土达55%～65%，甚至在70%以上。

2. 土壤孔隙与环境的关系

疏松多孔的土壤在经过人畜践踏、机械碾压和自然力的作用下，土壤结构遭到破坏，逐渐变得致密紧实，引起容重增大，孔隙度下降，以致固、液、气三相比例不协调，水、肥、气、热状况恶化，影响根系的伸展，使产量降低。过于紧实的土壤耕作阻力大，整地质量差。随着大型农机具的推广应用，土壤压实的问题日益突出。为此避免在土壤过湿时耕作，采取提高耕作速度、减少作业次数，并选用适当的农机具等措施，对防止土壤压实有一定的作用。

土壤的孔隙状况对进入土壤污染物的过滤截留、物理和化学吸附、化学分解、微生物降解等有重要影响。在利用污水灌溉的地区，若土壤通气孔隙大，好气性微生物活动强烈，可以加速污水中有机物质分解，较快地转化为无机物，如CO_2、NH_3、硝酸盐和磷酸盐等。通气孔隙量大，土壤下渗强度大，渗透量大，土壤土层的有机、无机污染物容易被淋溶，从而进入地下水，造成污染。

四、土壤结构

自然界的土壤，往往不是以单粒状态存在的，而是形成大小不同、形态各异的团聚体，这些团聚体或颗粒就是各种土壤结构。土壤结构是土壤中固体颗粒的空间排列方式。根据土壤的结构形状和大小，土壤中结构体可归纳为块状结构体、核状结构体、柱状结构体、片状结构体、团粒结构体等，如图1-2-1所示。

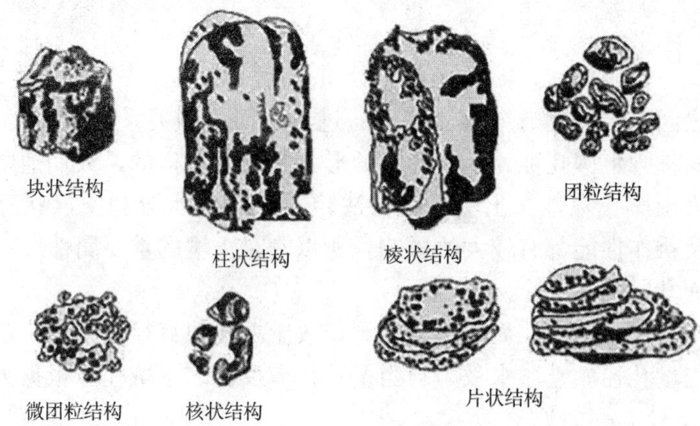

图 1-2-1　土壤结构类型示意图

1. 土壤结构类型

(1)块状结构。近立方体型，纵轴与横轴大致相等，边面与棱角不明显。块状结构按其大小可分为大块状结构(轴长>5 cm)、块状结构(轴长为 3～5 cm)和碎块状结构(轴长为 0.5～3 cm)。块状结构在土壤黏重、缺乏有机质的表土中常见，特别是土壤过湿或过干，最易形成。表层多见大块状结构，心土和底土多见块状及碎块状结构。

(2)核状结构。近立方体，边面和棱角较为明显，轴长为 0.5～1.5 cm，一般多分布于缺乏有机质的心土、底土层中。

(3)柱状结构。这类结构往往存在于心土、底土层中，是在干湿交替的作用下形成的。有柱状结构的土壤，土体紧实，结构体内孔隙小，但结构体之间有明显的裂隙。例如，水稻田心土层中有柱状结构，就会引起漏水、漏肥。这类结构纵轴远大于横轴，在土体中呈直立状态。土壤结构按棱角明显程度可分为柱状结构和棱柱状结构。

(4)片状结构。片状结构的土壤横轴远大于纵轴，呈薄片状，常见于老耕地的犁底层中。另外，在雨后或灌水后所形成的地表结壳和板结层，属于片状结构。片状结构不利于通气、透水，会影响种子发芽和幼苗出土，还加大土壤水分蒸发，因此生产上要进行雨后中耕松土，以消除地表结壳。

(5)团粒结构。团粒结构是指近似球形，疏松多孔的小团聚体，其直径为 0.25～10 mm。粒径<0.25 mm 的，称为微团粒。生产中最理想的团粒结构粒径为 2～3 mm，是一种较好的土壤结构类型。团粒结构分为水稳性团粒结构和非水稳性团粒结构(粒状结构)。

土壤结构决定着土壤的通气性、吸湿性、渗水性等物理性质，直接影响着土壤的环境功能。一般来说，通气性和渗水性好的土壤，有利于土壤的自净作用。

2. 创造良好土壤结构的措施

(1)精耕细作，增施有机肥料。正确的土壤耕作可以在一定时期内改善土壤的结构状况，耕、耙、耱、镇压等耕作措施，如深耕可使土体崩裂变成小土团，耕作措施进行得当会收到良好的效果。但是过分频繁地耕、耙、镇压也会破坏土壤结构，造成板结。黏重的土壤多耙，会对改善土壤结构起良好的作用。腐殖质是形成团粒结构的良好胶结剂，在精耕细作的基础上，增施有机肥料，能促进水稳性团粒结构的形成。

(2)扩种绿肥，合理的轮作倒茬。作物种类对土壤结构的影响程度取决于以下几点：

①根系特征。其中须根系作物对团粒结构的形成最为有利。

②作物残茬的数量与质量。如绿肥，尤其是豆科绿肥，养分丰富，易于腐烂分解，有利于团粒结构的形成。

③中耕作物要求中耕次数较多，有利于破坏大土块。

④密植作物对地面覆盖度大，可减少由于雨滴直接撞击土壤而引起的团粒破坏。

因此，根据不同作物学特性，进行合理轮作倒茬，尤其是适当安排豆科作物及豆科绿肥的面积，可以维持和增加土壤的团粒结构，既用地又养地，可不断提高土壤肥力。

(3)改良土壤酸碱性。土壤过酸、过碱都使土壤团粒结构遭受破坏，酸性土壤中的铁、铝氢离子能使土壤胶结成大块，易板结。碱性土壤中的钠离子破坏土壤团粒结构，二价离子如钙、镁等，对保持和形成团粒结构有良好的作用。在酸性土壤中施用石灰，对碱土施用石膏，不仅能调节土壤的酸碱度，还能改善土壤结构，促使土壤疏松，防止表土结壳。

(4)含量灌溉，晒垡和冻垡。灌溉方式对结构影响很大。大水漫灌由于冲刷大，对结构破坏最为明显，易造成土壤板结；沟灌、喷灌或地下灌溉则较好。灌后要及时疏松表土，防止板结，恢复土壤结构。在晒垡、冻垡中，充分利用干湿交替和冻融交替时结构形成的作用，可使较黏重的土壤变得酥碎。

(5)施用土壤结构改良剂。近几十年来，一些国家研究利用人工合成的胶结物质改良土壤结构，这种物质称为土壤结构改良剂(或土壤团粒促进剂)。土壤结构改良剂分为两大类：

①天然土壤改良剂，是以植物遗体、泥炭、褐煤等为原料，从中提取腐植酸、纤维素、木质素、多醣醛类等物质作为团粒的胶结剂；

②合成土壤结构改良剂，是模拟土壤团粒胶结剂的分子结构、性质，利用现代有机合成技术，人工合成的高分子聚合物。如水解聚丙烯腈钠盐、乙酸乙烯酯与丁烯酯和丁烯二酸共聚物的钙盐等。

由于它们能溶于水，施于土壤后与土壤相互作用，转化为不溶态，吸附在土粒表面，黏结土粒，使之成为水稳性的团粒结构。

五、土壤的物理机械性

土壤的物理机械性是多项土壤动力学性质的统称，它包括黏结性、黏着性、可塑性，以及其他受外力作用而发生形变的性质。

(1)黏结性是指土粒之间相互吸引黏合的能力，也就是土壤对机械破坏和根系穿插时的抵抗力。在土壤中，土粒通过各种引力而黏结在一起，就是黏结性。由于土壤中往往含有水分，土粒与土粒的黏结常常是通过水膜为媒介的。同时，粗土粒可以通过细土粒(黏粒和胶粒)为媒介黏结在一起，甚至通过各种化学胶结剂为媒介而黏结在一起，也归之于土壤黏结性。土壤黏结性的强弱，可用单位面积的黏结力(如 g/cm^2)来表示。一般黏粒含量高、含水量大、有机质缺乏的土壤黏结性强。

(2)黏着性是指土壤黏附外物的性能，是土壤颗粒与外物之间通过水膜所产生的吸引力作用而表现的性质。活性表面大小和含水量多少影响土壤黏着性大小。

(3)可塑性是指土壤在适宜水分范围内，可被外力揉捏成各种形状，在外力消除和干燥后，仍能保持原形的性能。土壤塑性是片状黏粒及其水膜造成的。黏粒是产生黏结性、黏着性和可塑性的物质基础，水分条件是表现强弱的条件。一般认为，过干的土壤不能任意塑形，泥浆状态的土壤虽能变形，但不能保持变形后的状态。因此，土壤只有在一定含水量范围内才具有塑性。

任务实施

土壤质地的测定

在实验室采用机械分析法，测出土壤各粒级的土粒含量百分率后，根据质地分类表查出土壤质地类型，在野外通常采用手测法鉴别土壤质地。

1. 方法原理

各粒级的土粒，具有不同的黏性和可塑性。砂粒粗糙，无黏性，不可塑，粉粒光滑如粉，黏性与可塑性较弱；黏粒细腻，表现较强的黏性与可塑性。不同质地的土壤，各粒级土粒的组成不同，表现出粗细程度和黏性及可塑性的差异。手测法，就是在干、湿两种情况下，搓揉土壤，凭手指的感觉、视觉和听觉，根据土粒的粗细、滑腻和黏韧情况，判断土壤质地类型。

2. 仪器设备

仪器设备：烧杯(400 mL)、骨匙、鉴定质地土样、毛细吸管、标准质地标本等。

3. 测定方法

先取小块土样(比算盘珠略大)于掌中，用手指捏碎，并捡出细砾、粗有机质等新生体或侵入体。细碎均匀后，即可用以下方法测试。

(1)干试法。可凭土样干时搓揉的感觉，初步判断土壤属于哪一类质地。最后应以湿试法为准，特别是初学者更是如此。

①砂质土：干燥状态下，松散易碎，感觉粗糙，砂粒可辨，搓揉时发出沙沙声。

②粗砂土：很粗糙，沙声强，主要是粗砂粒。

③细砂土：较粗糙，沙声弱，砂粒较细而匀。

④壤质土：干燥状态下，轻易捏碎，粗细适中，有均质感。

⑤砂壤土：有较粗糙的感觉，易碎，但无沙声。

⑥中壤土：粗细适中，不砂不黏，质地柔和；粉砂壤土则有细滑的感觉。

⑦黏壤土：无粗糙感觉，均质，细而微黏。

⑧黏质土：干燥时难以捏碎，形成坚硬土块，捏碎后，土粒细腻而均匀，有时细团聚体极难捏碎。

(2)湿试法。置少量(约 2 g)土样于掌中，加水(无水时用口水)湿润，同时充分搓揉，使土壤吸水均匀，加水至土壤刚刚不黏手为止(最初时加水应稍过量，使土壤稍黏附于手掌，经搓揉后，土壤不黏手，否则，水分会不够)。将土样搓成 3 mm 粗的土条，并弯成直径为 3 cm 的圆圈，根据搓条弯圈过程中的表现，按下列标准(捏搓中的感觉、现象)，确定质地类型。

①砂土：不能搓成土条，并有粗糙的感觉。

②砂壤土：有粗糙的感觉，搓条时土条易断，不能搓成完整的土条，断的土条外部不光滑。

③轻壤土：能搓成完整的土条，土条很光滑，弯曲成小圈时，土条自然断裂，有滑感。

④中壤土：揉搓时易黏附手指，能搓成完整的土条，且土条光滑，但弯成小圈时土条外圈有细裂纹。

⑤黏土：搓揉时有较强的黏附手指之感，能搓成完整的土条，变成完整的小圈，但压扁后有裂纹。

⑥重黏土：能搓成完整的土条，弯曲成完整的小圈，压扁小圈仍无裂纹。

4. 注意事项

(1)湿试法测定中，加水多少是一个关键，对于黏性比较重的土壤，加水可稍多一些，因为在搓揉过程中，易失水变干降低质地等级，故动作要迅速。

(2)湿法测定，土条的粗细和圆圈的直径大小，直接影响结果的准确度，必须严格按规定进行。苏联卡钦斯基土壤质地分类手测法质地判断标准见表 1-2-4。

表 1-2-4　苏联卡钦斯基土壤质地分类手测法质地判断标准

质地名称	干时测定情况	湿时测定情况
砂土	干土块毫不费力即可压碎，砂粒一望而知，手捻粗糙刺手	不能呈球形，手握能成团，但一触即散，不能成片
砂壤土	干土块用小力即可捏碎	勉强可呈厚而短的片状，能搓成表面不光滑的小球，但搓不成细条
轻壤土	干土块稍用力挤压可碎，手捻有粗面之感	可呈较薄的短片，片长不超过 1 cm，片面较平整，可搓成直径约为 3 mm 的土条，但提起后即断裂
中壤土	干土块必须用相当大的力才能压碎	可呈较长的薄片，片面平整，但无反光，可搓成直径约为 3 mm 的土条，但弯曲成直径 2～3 cm 的小圈即生裂缝碎断
重壤土	黏粒含量较多，砂粒少，干土块用大力挤压方可捏碎	可呈较长的薄片，片面光滑，有弱的反光，可搓成直径约为2 mm的土条，能弯曲成 2～3 cm 的环，但挤压即生裂缝
黏土	含黏粒为主，干土块很硬，用手不能将它捏碎	可呈较长的薄片，片面光滑，有强的反光，片不断裂，可搓成直径为 2 mm 的细条，能弯曲成直径为 2 cm 的土环，再压扁也无裂缝

反思评价

根据任务的组织准备、任务实施等情况，进行小组讨论，并完成表 1-2-5 的内容，以便下次任务能够更好地完成。

表 1-2-5　土壤质地测定任务反思评价表

任务程序		任务实施中需要注意的问题	任务表现	
			自评	互评
人员组织				
知识准备				
材料准备				
实施步骤	1. 准备工作			
	2. 干试法			
	3. 湿试法			
	4. 土壤质地的判定			

拓展阅读

土壤黏合剂的应用

土壤黏合剂是一种高分子聚合而成的水溶性有机类土壤调理剂(又称胶粉、保土剂、土壤保墒剂、水土保持剂、胶粉等)。土壤黏合剂属于人工合成的高分子长链聚合物，分解物为水，因其具有较强的沉降和絮凝土壤粒子，在土壤中形成良好的团粒结构，所以构成抗冲刷、防渗漏的载体。土壤黏合剂主要可用于绿化喷播、植树造林等，具有防止地表径流造成的土壤流失、提高土壤渗透力、保土保肥、缓解和调节土壤水分蒸发等特点。

(1)保土防流失。使坡面大大减少因水力冲刷造成的表土流失，形成的团粒结构使喷播基质材料和种子稳固在坡面，利于植被恢复。

(2)节水保墒。增加土壤团粒多孔性，提高土壤水分渗透力。可使黏性和板结土壤的水分浸湿，渗透性增大 35%～50%；同时，在沙土地使用能抑制水分蒸发和阻止渗漏，大大利用降雨的有效性和灌溉水的利用率。

(3)保肥防污染。使土壤养分(磷酸盐和硝酸盐)的渗漏损失减少 85%以上，提高肥料的利用率；降低径流水分的农药含量，防止地下水和河湖水体污染。

(4)缓解土壤水分蒸发。减轻土壤和外部不利因素影响，出苗率可提高 35%，提高植物(包括树木移栽)成活率。

养殖场畜禽粪污资源化利用

(1)黑龙江省肇东市黎明乡托公村利用沤肥技术。该案例将畜禽粪污与秸秆按照碳氮比 20∶1～35∶1 进行混合，含水量调节至 60%～75%，加入微生物发酵剂，在坑塘进行堆沤发酵。发酵过程中温度可升高到 50～70 ℃，在发酵 60～80 d 时翻抛一次，随后继续发酵 40 d 左右，总计发酵 100～120 d；到 80 d 左右时，往往出现散失大量水分的现象，可向堆体中添加养殖污水，确保发酵物料含水量大于 50%；发酵完成后，进行采样检测，当符合还田要求，即可抛洒还田。

(2)青海省自治区海东市平安区三合镇索尔干村利用反应器堆肥技术。该案例将秸秆、尾菜等废弃物粉碎后，与畜禽粪污混合均匀；将混匀后的物料送至发酵罐中，温度升高至 80 ℃以上 2～4 h，杀灭病原菌；根据物料情况和配方要求酌情加入一些辅料调节物料湿度及碳氮比；在降温至 65 ℃以下后，加入发酵菌后发酵 6～18 h；温度降至常温时，加入功能性有益菌培养 2 h 左右，形成功能性有机肥。其自动化程度高，操作简单，加工时间短，批次运行全过程只需 10～24 h；腐熟周期短，后腐熟时间为 7 d 左右；场地要求低，不需建设大型堆肥场，生产过程中无恶臭，无蝇虫滋生。

任务三　认识土壤的化学性质

任务目标

知识目标

1. 了解土壤胶体的性质、种类、阴阳离子的交换吸附。

2. 掌握土壤酸性产生的原因，酸性物质的来源、类型及调节的有效方法；土壤碱性产生的原因，碱性物质的来源、碱性的不同表示方法及治理措施。

3. 了解土壤缓冲性的原因、土壤氧化还原作用、氧化还原电位的概念，以及氧化还原体系在土壤中的表现。

技能目标

1. 能理论与生产实践相结合，根据土壤化学性质的优劣及其生产的影响，对其进行调节。

2. 能通过测定土壤 pH 值，为合理利用土壤提供依据，提出改良措施。

3. 能结合土壤化学性质，对不同污染土壤采取适用的防治和修复技术。

素养目标

1. 培养科学严谨、实事求是、诚实守信、吃苦耐劳、刻苦钻研、团结合作的创新精神。

2. 树立和谐相处、共商、共建、共享的生态保护意识，引导学生保护环境、人人有责，养成环保的习惯，践行生态文明建设观。

任务卡片

以小组为单位，调查当地土壤的吸收性能、土壤的保肥与供肥方式，提出土壤吸收性能调节措施，会分析设施土壤的水溶性盐总量的测定结果，并根据结果判断土壤盐渍状况和盐分动态。用不同的方法测定土壤 pH 值，分析判断与种植植物的关系，调查当地如何改良过酸过碱的土壤。

知识准备

一、土壤胶体

(一)土壤胶体及种类

土壤之所以能够对离子进行吸附和交换，是因为土壤带有电荷，而这些电荷，基本上是由土壤胶体提供的。

一般胶体化学中的胶体是指一种两相体系，在这一两相体系中，一种或多种物质以极细微的分割状态分散在另一种物质中，前者称为分散相，后者称为分散介质。土壤胶体主要是指土壤中那些微细的固体颗粒，这些微细的固体颗粒(1～100 nm)可以均匀地分散在土壤溶液中，形成一种分散系。

土壤胶体是土壤中最活跃的物质，是土壤具有吸收性能的物质基础，它对土壤物理化学性质的影响也十分深刻。

土壤胶体按照其成分和特性可以分成三种类型：

(1)无机胶体。无机胶体主要是指无机成分所构成的微细颗粒，包括较复杂的次生铝硅酸盐(高岭石、蒙脱石等)和简单的铁、铝、锰氧化物及硅胶等黏粒矿物。

(2)有机胶体。有机胶体主要是指由有机成分所构成的有机质颗粒，包括腐殖质、有机酸、蛋白质及其衍生物等大分子的有机化合物。

(3)有机无机复合胶体。有机无机复合胶体主要是由有机胶体和无机胶体相互复合在一起所构成的复合微细颗粒。它是土壤胶体的主体。

由于土壤具有巨大的比表面(单位质量或单位体积某种物质的表面积之和)，所以具有一些独特的性质。例如，带电性、膨胀与收缩性、凝聚与分散性等，其中土壤胶体的带电性是土壤胶体的重要性质，它决定了土壤的离子交换吸附和土壤的保肥作用。

(二)土壤胶体电荷的种类和来源

土壤胶体的种类不同，产生电荷的机制也不同，据此可以把胶体的电荷分为两类：一类是永久电荷，另一类是可变电荷。

(1)永久电荷。这类电荷主要来自土壤中铝硅酸盐矿物的同晶替代作用。这种电荷的数量取决于同晶替代率的多少，电荷的种类取决于同晶替代过程中相互替代离子的价数。如低价离子代替高价离子，可使矿质胶体带负电荷；相反则可使矿质胶体带正电荷。这种电荷一经产生，很少变化，称为矿质胶体的永久电荷。

(2)可变电荷。这类电荷是指因土壤胶体表面某些功能团的解离而产生的电荷。因为土壤胶体表面官能团的解离受介质 pH 值的影响，所以这种电荷的数量和种类随介质 pH 值的改变而改变，具有很大的可变性质。因此，有时又把这种电荷称为 pH 依变电荷。在土壤中可以产生可变电荷的胶体物质很多，有腐殖质、硅酸盐矿物、含水氧化物等。这些物质都是两性胶体，当环境(介质)的 pH 值大于胶体的等电点时，胶体解离带负电荷；而当环境的 pH 值小于胶体的等电点时，胶体带正电荷。土壤中大部分胶体的等电点都集中在 3～5，比较低，所以在一般情况下土壤胶体以带负电荷为主。

(三)土壤电荷的数量及影响因素

表征土壤电荷数量的单位，是以单位土壤所带电荷的里摩尔数来表示的。常用单位是 cmol/kg 干土。

土壤所带电荷有 80％以上来自土壤胶体。因此，影响土壤电荷数量的主要因素是土壤中胶体数量和胶体种类。土壤质地越黏，土壤有机质含量越高，意味着土壤胶体数量越多，土壤所带电荷就越多。不同种类胶体所带电荷的数量也不相同，如腐殖质所带的电荷量为 200～500 cmol/kg，平均为 350 cmol/kg；而无机胶体的高岭石所带电荷只有 5～15 cmol/kg，伊利石为 20～40 cmol/kg，蒙脱石为 80～100 cmol/kg。所以对于同种质地和同种有机质含量的土壤，由于土壤中无机胶体的种类不同，其所带电荷的数量也会有较大差异。

根据粗略统计，一般矿质土壤的表层，由有机胶体提供的负电荷约占土壤负电荷总量的 20％，其余均为无机胶体所提供。也就是说，虽然有机胶体的自身带电量远远高于无机胶体，但由于在土壤中的绝对数量少，所以最终还是对土壤电荷的贡献小于无机胶体。另外，土壤 pH 值的高低与胶体表面分子或原子团的解离有关，提高土壤的 pH 值可以增加氢离子的解离，使土壤的负电荷增加。

(四)土壤中阳离子的吸附与交换

1. 阳离子吸附与交换的基本概念

由于土壤是一个带电体，吸附土壤溶液中的一些反号离子是必然的。溶液中的离子被带反号电荷的胶体吸引，靠近胶体表面的现象，称为离子吸附；被吸附于胶体表面的离子，通过与溶液中另一种或另一类离子互相交换，从胶体表面进入溶液，称为解吸。这种通过吸附和解吸，引起离子位置相互交换的作用，称为离子交换作用；参加这种交换作用的离子称为交换性离子。

由于土壤胶体一般情况下以带负电荷为主，所以土壤中的离子吸附应该以阳离子为主，离子交换也主要是阳离子交换。

2. 阳离子交换的基本特征

土壤中的阳离子交换是按一定规律进行的，这些规律可以概括为以下三种：

(1)阳离子交换是一种可逆反应。当溶液中的离子被土壤胶体吸附到其表面上而与溶液达到平衡后，如果溶液的组成或浓度改变，则胶体上的交换性离子就要与溶液中的离子产生逆向交换，把已被胶体表面吸附的离子，重新归还到溶液中，建立新的平衡。例如，植物根系从土壤溶液中吸收了阳离子养料，就可以获得吸着在土壤胶体上的交换性阳离子养料的补给。

(2)阳离子交换是以原子价为依据的等价交换。例如，1 mol 的钙可以交换 2 mol 的钠；1 mol 的铁可以交换 3 mol 的铵，等等。

(3)阳离子交换受质量作用定律支配。在交换反应建立时，各反应产物的摩尔浓度乘积除以各反应物的摩尔浓度乘积所得的商，在温度固定时是一个常数，这个常数称为平衡常数。要想改变平衡必须改变反应产物的浓度，也就是说，阳离子交换作用受浓度的影响，离子价数低的阳离子，在浓度高时仍然可以交换高价的离子。

3. 影响阳离子交换的因素

影响阳离子交换的因素主要有两个方面：一是影响阳离子交换能力的因素；二是影响阳离子交换数量的因素。

(1)阳离子的交换力。阳离子交换力是指土壤溶液中阳离子代换土壤胶体上吸附态阳离子的能力。阳离子的交换力可以看作是两个带电质点之间的相互作用力，因此其交换力的大小服从库仑定律。即两个带相反电荷的质点，相互之间产生的静电引力与两个带电体所带电量乘积成正比，与它们之间距离的平方成反比，根据库仑定律可以看出，影响交换力的因素有以下几种：

①离子价：在土壤溶液中和土壤胶体上常见的阳离子有 K^+、Na^+、Ca^{2+}、Mg^{2+}、NH_4^+、H^+、Fe^{3+}、Al^{3+}等，根据库仑定律可知，离子价数越高，交换率越大，三价离子的交换力大于二价离子，二价离子的交换力又大于一价离子。

②离子的半径及水化半径：同价的离子，其交换能力的大小根据离子半径及离子的水化半径不同而不同。离子半径越小，离子表面电荷密度越大，离子的水化半径越大，则离子的交换能力越低。

③离子的运动速度：离子的运动速度越大，交换能力越强。例如，H^+ 半径极小，水化半径，水化很弱；但由于其运动速度很快，所以其交换力大于同一价阳离子，也大于二价的阳离子。

④离子浓度：离子浓度越大，交换能力越强，交换能力弱的离子，在高浓度情况下，也能将交换能力强而浓度小的离子交换出来。其他如温度的高低、陪伴离子的种类也对阳离子的交换有一定的影响。

根据上述影响因素，如果把土壤中的主要阳离子，按其代换力大小排列起来，其次序大致如下：

$$Fe^{3+} > Al^{3+} > H^+ > Ca^{2+} > Mg^{2+} > NH_4^+ > K^+ > Na^+$$

(2)胶体电荷的数量。胶体电荷的数量主要与胶体的种类及数量和土壤 pH 值有关。前面已经提过，在此不再赘述。

4. 影响阳离子交换量的因素

土壤阳离子交换量是指每千克干土所吸收的全部交换性阳离子的 cmol 数，也称阳离子吸收容量，常用 CEC 表示。

土壤阳离子交换量的大小取决于土壤电荷数量的多少，凡是影响土壤电荷数量的因素，都将对土壤的阳离子交换量产生影响。土壤阳离子交换量标志着土壤吸收保持阳离子养分数量的多少，所以常把它作为土壤保肥能力大小的指标。一般认为阳离子交换量在 20 cmol/kg以上为保肥能力强的土壤；10～20 cmol/kg 为保肥能力中等的土壤；小于 10 cmol/kg的为保肥能力弱的土壤。

我国北方的黏质土壤所含黏粒以蒙脱石及伊利石为主，所以土壤的阳离子交换量大，其代换量一般在 20 cmol/kg 以上，高的可达 50 cmol/kg。而南方红壤土，一方面因有机胶体含量少，另一方面因黏粒矿物以高岭石和含水氧化物为主，所以阳离子交换量一般较小，通常在 20 cmol/kg 以下。

(五)土壤盐基饱和度

一般来说，土壤胶体上吸着的阳离子可以分为两类，一类是 H^+ 离子和 AP^+ 离子，解离以后会使土壤变酸，故称为致酸离子；另一类是其他金属离子，如 Ca^{2+}、Mg^{2+}、K^{+}、Na^{+}、NH_4^{+} 等，称为盐基离子。这两类离子的性质不同，其比例关系对土壤性质也有很大影响。因此，仅仅了解交换量，还不能正确理解土壤的性质和养分状况，必须弄清楚所吸附阳离子的种类和比例关系，这种关系常用盐基饱和度来表示。

所谓盐基饱和度，是指土壤胶体上所吸附的盐基离子占阳离子交换量的百分比，可用下列方法计算：

$$盐基饱和度=\frac{交换性盐基总量(cmol/kg)}{阳离子交换量(cmol/kg)}\times 100\%$$

一般认为，盐基饱和度在 80%以上的土壤为盐基饱和土壤，而盐基饱和度在 80%以下的土壤为盐基不饱和土壤。一般来说，在我国北纬 35°以北的土壤，都是盐基饱和土壤，而北纬 35°以南的大部分土壤都属于盐基不饱和土壤，越往南，土壤的盐基饱和度越低。

土壤的盐基饱和度与土壤的酸碱性有明显的相关性。盐基饱和度在 60%以下的大部分土壤，其 pH 值大多在 6.5 以下；而盐基饱和度在 80%以上的土壤，其土壤的 pH 值往往高于 7.5。

在交换性盐基离子中，一般以钙和镁占绝对优势。北方土壤中钙离子常占交换性阳离子的 80%以上；钾、钠离子占的比重较少，一般只占 2%～4%。如果一个土壤中钠离子所占的百分数很高(15%以上)时，则该土壤常呈碱性或强碱性反应，这种土壤一般称为碱化土壤或碱土。

(六)土壤中阴离子的吸附与交换

土壤中很多重要营养元素，如 N、P、S、B、Mo 等，在土壤中多呈阴离子形式存在，土壤对这些阴离子的吸收和保持机理，较阳离子更为复杂。

现今的研究结果把阴离子的吸附和交换机理分为两类：一是非专性吸附；二是专性吸附。

(1)非专性吸附。该种吸附即通常所指的阴离子交换，由带正电荷的胶体吸收阴离子为其平衡离子，这些被吸附的阴离子可被溶液中的其他阴离子所交换，并服从离子交换的一般法则。

(2)专性吸附。专性吸附与非专性吸附相反，胶体表面不一定带有正电荷，或正电荷已为阴离子所中和，甚至带有负电荷。被吸附的阴离子不是存在于胶体的外表面，而是进入胶体的内层，并交换金属离子氧化物表面的配位阴离子。因此，专性吸附又称为配位体交换。

专性吸附较好地解释了为什么水化氧化物及水铝英石含量多的土壤对阴离子具有强烈的吸附现象，改变了纯化学固定的概念，是土壤吸附机理研究的重要进展。

土壤中的阴离子，依其吸附能力的大小可分为以下三类：

①易被土壤吸附的阴离子，最重要的是磷酸根离子($H_2PO_4^{-}$、HPO_4^{-}、PO_4^{3-})，其次是硅酸根离子($HSiO_3^{-}$、SiO_3^{2-})及若干有机酸根($C_2O_4^{2-}$)。属于这一类的阴离子常与阳离子起化学反应，形成难溶性化合物。

②吸附作用很弱或进行负吸附的离子，如氯离子(Cl^{-})、硝酸根离子(NO_3^{-})和亚硝酸根离子(NO_2^{-})，这类阴离子在溶液中的浓度往往超过它们在固体与溶液界面上的浓度。

③中间类型的阴离子，如硫酸根离子(SO_4^{2-})和碳酸根离子(CO_3^{2-})，它们所表现出来吸附作用的强弱，介于以上两类之间。

根据测定，各种阴离子被土壤吸附的次序如下：

F^->草酸根>柠檬酸根>磷酸根>HCO_3^->$H_2BO_3^-$>CH_3COO^->SCN^->SO_4^{2-}>Cl^->NO_3^-

在这个次序中，特别要注意的是，磷酸根很易被吸收固定，而硝酸根很易流失，这是在施肥上需要考虑的问题。

二、土壤的酸碱性

土壤的酸碱性是指土壤溶液中的反应，即溶液中 H^+ 浓度和 OH^- 浓度比例不同而表现出来的酸碱性质。通常所说的土壤 pH 值，就代表了土壤溶液的酸碱度。如土壤溶液中 H^+ 浓度大于 OH^- 浓度，土壤呈酸性；OH^- 浓度大于 H^+ 浓度，土壤呈碱性；两者相等时，则呈中性反应。但是土壤溶液中游离的 H^+ 和 OH^- 的浓度又与土壤胶体吸附的 H^+、Al^{3+} 及 Na^+、Ca^{2+} 等离子保持着动态平衡关系，所以不能孤立地研究土壤溶液的酸碱反应，而必须联系土壤胶体和离子的交换吸附作用。

土壤酸碱性是土壤的重要化学性质之一，它反映土壤物质组成的基本状况；反映土壤物质转化的动向；反映土壤组成物质间的动态平衡，而且土壤酸碱性还有易变的特点，易于受人为活动的影响。

1. 土壤酸碱性的成因

土壤的酸碱性主要取决于土壤溶液和土壤胶体中氢离子及氢氧根离子的数量与组成比例。由于不同土壤所处的环境条件不同，酸和碱的来源不同，就形成了不同酸碱性的土壤。影响土壤酸碱性的因素很多，但概括起来主要有以下几个方面：

(1)气候因素。气候的具体指标主要体现在温度和湿度两个方面。在气温高、降水量大的气候条件下，有利于土壤和土壤母质的强风化及强淋溶作用，特别是在过湿的气候条件下(降水量大大超过蒸发量)，岩石、母质和土壤中的矿物，在风化与成土过程中释出的盐基成分，易于随渗漏水移出土体，使土壤中易溶性的盐基成分大大减少。因此，其所形成的自然土壤就容易致酸。就我国气候条件的分布情况而言，南方土壤主要处于高温多雨的气候区，北方土壤主要处于低温少雨的气候区。所以就形成了我国土壤“南酸北碱”的现象。

(2)生物因素。土壤里的微生物、植物根系及其他土壤生物，在其生命活动过程(包括微生物对有机质的分解)中，不断地放出 CO_2，溶于水后形成碳酸，它的解离度虽然不大，但却是土壤中氢离子的主要来源，对土壤向酸性方面演化，有着非常重要的作用。

土壤里的生物残体，经微生物作用后，可产生多种有机酸，特别是在嫌气和真菌活动的情况下，所产生的酸更多。

有些专性微生物如硫化细菌和硝化细菌等，可以将化合物中的硫素和氮素分别氧化成硫酸及硝酸，增强了土壤的酸性。

另外，不同植被对酸碱性的形成也有一定的影响。例如，针叶树灰分组成中盐基离子较少，阔叶树灰分组成中盐基离子较多，所以针叶林下发育的土壤，常较阔叶林下的土壤酸。

(3)母质因素。基性岩和超基性岩分别含有较丰富的盐基离子，其风化体也常含有较多的基性成分，所以在基性岩和超基性岩上发育的土壤容易偏碱性，而在酸性岩上发育的土壤容易向酸性发展。

沿海滩涂淤泥，含有较多的碳酸钙和易溶性盐类，而且其地下水和灌溉水质的矿化度都较高，土壤常呈碱性反应。

含有中性硫酸盐类的母质，在嫌气条件下，由于有机物和嫌气细菌的作用，可将硫酸盐还原为硫化物，然后与碳酸钙作用，并转化为碳酸盐，经水解后产生大量 OH^- 离子，易使土壤呈碱性。

(4)人物活动。耕地土壤上的施肥也会改变土壤的酸碱性。例如，长期在一块地上施用生理酸性肥料(硫酸铵、氯化铵、硫酸钾、氯化钾等)时，当其所含盐基性养分离子被作物吸收后，酸根就会残留在土壤中，增加土壤的酸性；而长期在一块地上施用生理碱性肥料(硝酸钠、硝酸钙等)，就会使土壤逐渐变碱。

农田灌溉也可以改变土壤的酸碱性。一般情况下，农田灌溉有“复盐基”的作用，能在一定程度上降低土壤酸性。但长期使用受酸污染的污水灌溉，也会增加土壤的酸性。

目前的大气污染在一定程度上也会影响土壤的酸碱性。例如，“酸雨”降落比较频繁的地区，土壤由于长期接受酸雨的影响，也会逐渐向酸性发展。

2. 土壤酸碱的存在形式和表示方法

(1)存在形式。

①活性酸。活性酸是指自由扩散于土壤溶液中的氢离子浓度直接反映出来的酸度，又称有效酸度或实际酸度。

②潜性酸。潜性酸是指存在于土壤胶体上的氢离子和铝离子所能表现出来的酸度，因为这些致酸离子只有通过离子交换进入土壤溶液时，才显示出酸性，所以它是土壤酸度的潜在来源，故称为潜性酸。

活性酸和潜性酸两种酸度只是氢离子的存在形式不一样，没有严格的界限，而且始终保持平衡。但是，从数量上讲，潜性酸要比活性酸大几十倍到几百倍。

(2)表示方法。

①土壤中的活性酸通常用土壤溶液中氢离子浓度的负对数(pH)表示。依据土壤活性酸的大小，可将土壤划分为酸性土、中性土和碱性土等几种类型。几种土壤的 pH 值范围见表 1-2-6。

表 1-2-6　土壤 pH 值和酸碱性反应的分级

土壤 pH 值	<4.5	4.5～5.5	5.6～6.5	6.6～7.5	7.6～8.5	8.6～9.5	>9.5
反应级别	强酸性	酸性	微酸性	中性	微碱性	碱性	强碱性

我国土壤的 pH 值由北向南有逐渐降低的趋势，南北相差可达 7 个 pH 单位。例如，吉林、内蒙古和华北的一些碱土，pH 值达 10～11；南方沿海的一些返酸田，pH 值低到 2～3。

②土壤中的潜性酸有下列两种表示方法：

a. 交换性酸：交换性酸也称代换性酸，是指用中性盐溶液[通常用氯化钾(KCl)溶液]与土壤相互作用所测得的酸度，可以用 pH 表示，也可以用每千克土壤中氢离子的厘摩尔数表示。交换性酸虽然包括了活性酸，但是由于采用中性盐溶液处理土壤，处理土壤过程中所发生的交换反应是一种可逆的交换平衡体系，所以，所测得的交换性酸，只是土壤潜性酸的大部分，而不是它的全部。

b. 水解性酸：水解性酸是土壤潜性酸的另一种表示方法。水解性酸是指用弱酸强碱盐溶液(通常用pH值为8.2的1 mol醋酸钠溶液)处理土壤，所浸提出来的酸度，常用每千克土壤中氢离子的厘摩尔数表示。

由于用弱酸强碱盐溶液处理土壤，借助于碱性盐溶液本身的水解作用，可以使整个浸提和交换过程进行得更为完全，可以把土壤吸附的氢、铝离子的绝大部分交换出来。所以可以认为水解性酸包括了交换性酸和活性酸，基本上反映了土壤的总酸度。

对于碱性土壤(pH值大于7.5)来说，可以用土壤的碱化度(土壤胶体上吸收的交换性钠离子占阳离子交换量的百分数)来判断土壤的碱化程度，当土壤的碱化度大于15%时，该土壤便被称为碱化土壤。

三、土壤酸碱缓冲性

1. 土壤缓冲性

在自然条件下，向土壤加入一定量的酸或碱，土壤pH值不因土壤酸碱环境条件的改变而发生剧烈的变化，这说明土壤中具有抵抗酸碱变化的能力，土壤这种特殊的抵抗能力，称为缓冲性。

土壤缓冲性可使土壤酸度保持在一定的范围内，避免因施肥、根的呼吸、微生物活动、有机质分解和湿度的变化而导致pH值强烈变化，为高等植物和微生物提供一个有利的环境条件。

2. 土壤产生缓冲性的原因

(1)土壤胶体的代换性能。土壤胶体上吸收的盐基离子多，则土壤对酸的缓冲能力强；当吸附的阳离子主要为氢离子时，对碱的缓冲能力强。

(2)土壤中有多种弱酸及其盐类。弱酸种类如碳酸、重碳酸、硅酸和各种有机酸。

(3)两性有机物质。氨基酸是两性化合物，氨基可中和酸，羧基可中和碱。

(4)两性无机物质。

(5)酸性土壤中的铝离子。

3. 影响土壤缓冲性的因素

(1)黏粒矿物类型：含蒙脱石和伊利石多的土壤，起缓冲性能也要大一些。

(2)黏粒的含量：黏粒含量增加，缓冲性增强。

(3)有机质含量：有机质多少与土壤缓冲性大小成正相关。

一般来说，土壤缓冲性强弱的顺序是腐殖质土＞黏土＞砂土，故增加土壤有机质和黏粒，就可增加土壤的缓冲性。

四、土壤氧化还原反应

土壤中的许多化学和生物化学反应都具有氧化还原特征，因此氧化还原反应是发生在土壤(尤其是土壤溶液)中的普遍现象，也是土壤的重要化学性质。氧化还原作用始终存在于岩石风化和土壤形成发育过程中，对土壤物质的剖面迁移，土壤微生物活性和有机质转化，养分转化及生物有效性，渍水土壤中有毒物质的形成和积累，以及污染土壤中污染物质的转化与迁移等都有深刻影响。在农林业生产、湿地管理、环境保护等工作中，往往要用到土壤氧化还原反应的有关知识。一般来说，土壤氧化还原状况是易变和多变的。在农林业生产、城市绿化和自然生态系统管理中，可以有目的地采取一些技术措施，调节土壤的氧化还原状况。

1. 氧化还原强度指标

(1)氧化还原电位(Eh)。氧化还原电位(Redox Potential)是长期惯用的氧化还原强度指标，它可以被理解为物质(原子、离子、分子)提供或接受电子的趋向或能力。物质接受电子的强烈趋势意味着高氧化还原电位，而提供电子的强烈趋势则意味着低氧化还原电位。

(2)电子活度负对数(pe)。正如用 pH 描述酸碱反应体系中的氢离子活度一样，可以用 pe 描述氧化还原反应体系中的电子活度，$pe=-\log[e^-]$。

(3)pH 的影响。土壤中大多数氧化还原反应都有 H^+ 参与，因此$[H^+]$对氧化还原平衡有直接影响。

2. 土壤氧化还原状况的生态影响

土壤氧化还原过程影响土壤中的物质和能量转化，氧化还原状态在很大程度上决定土壤物质的存在形态及其活动性。因此，土壤氧化还原状况会产生多方面的生态影响，包括土壤本身的性状、植物生长，以及地表环境系统的其他要素(水体、大气)等。

(1)对土壤形成发育的影响。在冷湿地带的森林土壤中，表层常含有较多的还原性有机质，使矿物质中的铁、锰氧化物还原为低价态。易溶的低价 Fe^{2+} 、Mn^{2+} 被淋洗到 Eh 较高的B层，而使一部分 Fe^{2+} 、Mn^{2+} 氧化成锈纹、锈斑或铁、锰结核。其中锰与铁的淋溶过程基本相同，但锰较铁更难氧化，往往淋至更深的部位才淀积下来，从而导致铁、锰的剖面分化。

在某些局部的低湿条件下，土壤季节性的干湿交替导致氧化还原状态交错，频繁的氧化还原作用也常形成大量的铁、锰锈斑或结核。若常年积水，则形成各种潜育化土壤。

在热带地区，有机残落物在微生物作用下迅速氧化为 CO_2 和 H_2O，因此有机残体的还原作用小，同时表层中的铁在高温下易氧化，也容易脱水成为不移动的氧化铁。但在某些湿热条件下，由于氧化还原作用也可引起铁在土壤剖面中移动，并在中层氧化脱水而淀积，使土壤中层积聚大量的铁。在湿润热带的古老沉积层中常夹有铁盘等新生体。

总之，自然界的许多成土过程皆与氧化还原反应有关，如漂灰化过程、白浆化过程、草甸化过程、潜育化过程等。长期所处的氧化还原状态及其变化特征不同常导致土壤亚类乃至土类的分化。

(2)对土壤有机质分解和积累的影响。一般认为，在氧化状态下有机质的矿化消耗速率较快，过高的 Eh 值不利于土壤腐殖质积累。偏湿的水分状态和较低的 Eh 值条件下，有机质矿化得到一定抑制，利于积累大量腐殖质。所以，在同一地区，往往是低湿地段的土壤中积累相对较多的腐殖质，或黏质土比沙质土积累更多的腐殖质。而在沼泽土中，除积累腐殖质外，尚积累大量的半分解植物残体——泥炭。

当然，不同氧化还原状态下有机质分解与积累的差异主要是由相应的微生物条件所决定的。

(3)对土壤养分有效性的影响。氧化还原状况显著影响土壤中无机态变价养分元素的生物有效性。例如，在强氧化状态下(Eh＞700 mV)，高价铁、锰氧化物的溶解性很差，可溶性 Fe^{2+}、Mn^{2+} 及其水解离子浓度过低，植物易产生铁、锰缺乏；而在适当的还原条件下，部分高价铁、锰被还原为 Fe^{2+} 和 Mn^{2+}，对植物的有效性增高。据研究，在某些土壤上有的植物表现出严重的缺铁性失绿，而另一些植物则生长正常，这在很大程度上与不同植物根系和根际的还原能力有关。又如，在氧化态土壤中，无机氮以 NO_3—N 为主，利于喜硝性植物生长；在弱度还原状态以下，逐渐以 NH_4^+—N 为主；在中度还原状态以下，则开始出现强烈的反硝化作用，引起氮素养分的气态损失，同时 SO_4^{2-} 逐渐趋于还原，硫的植物有效性下降。

土壤氧化还原状况影响有机质的分解和积累，因此也影响有机态养分的保存和释放。当处于氧化状态时，有机养分矿化释放较快，土壤(尤其森林土壤)肥力一般能够得以维持；当处于较强还原状态时(如沼泽地)，则 N、P 等养分大部分固存在有机质中，矿化释放缓慢，有效养分贫乏。

变价元素的氧化还原过程还间接影响其他无机养分的有效性。例如，在低的 Eh 值下，因含水氧化铁被还原成可溶的亚铁，减少了其对磷酸盐的专性吸附固定，并使被氧化铁胶膜包裹的闭蓄态磷释放出来，同时磷酸铁也还原为磷酸亚铁，使磷的有效性显著提高。

(4)对土壤还原性有毒物质产生和积累的影响。当土壤处于中、强度还原状态时，就会产生 Fe^{2+}、Mn^{2+} 甚至 H_2S 和某些有机酸(如丁酸)等一系列还原性物质，并在一定条件下导致这些物质过量积累，从而引起对植物的毒害作用。

过量亚铁毒害主要表现在植物生理上阻碍对磷和钾的吸收，氮吸收也受到影响；过量的 Fe^{2+} 还使根易老化，抑制根的生长。H_2S 和丁酸等积累，可以抑制植物含铁氧化酶的活性，影响呼吸作用，并减弱根系吸收水分和养分的能力(尤其是对 HPO_4^{2-}、K^+、NH_4^+、Si_4^+ 的吸收能力)。强还原状态下植物常发生黑根，主要是 FeS 沉淀附着在根部的原因，可显著降低根的通透性。相当严重的嫌气或还原环境常导致根系腐烂和植物死亡。

(5)对植物生长的影响。土壤氧化还原状况显著影响植物生长，而且在某些情况下比 pH 值的影响还要重要。由于长期形成的对土壤氧气、水分、养分及还原性有毒物质组合状况的适应性，不同植物往往有不同的适生 Eh 范围。

土壤氧化还原状况常与水分状况相联系，因此植物对土壤 Eh 高、低的适应性往往对应着其耐旱性或耐(喜)湿性，但两者并不能等同看待。例如，水曲柳属于喜湿性树种，常生于溪流两侧有流水的地带，但在静水沼泽附近却不能生长，原因是该树种喜湿而不耐缺氧的还原性环境。

(6)对土壤污染污质生物环境效应的影响。常见的土壤污染物有重金属、农药及有毒有机物等。土壤氧化还原状况在很大程度上影响它们的形态转化，从而影响其在生物—环境系统中的活性、迁移性和毒害性。例如，土壤中大多数污染重金属(如 Cd、Hg)是亲硫元素，在渍水还原条件下易生成难溶性硫化物；而当水分排干后，则氧化为硫酸盐，其可溶性、迁移性和生物毒性迅速增加；但是当土壤中的无机汞还原为金属汞，并进一步被微生物转化为甲基汞时，其毒性又会大幅增加，这在水田和湿地生态系统中都至关重要。当砷在一定的还原条件下由砷酸盐还原为亚砷酸盐，其活性和生物毒性也会增加几十倍。至于农药和有毒有机物，它们有的在氧化条件下转化迅速，有的则在还原条件下才能加速代谢。例如，三氯乙醛在通气土壤中会被微生物氧化为更强毒性的三氯乙酸，而DDT和艾氏剂在Eh<－100 mV的还原性土壤中却能加速降解。

(7)对大气环境和全球变化的影响。土壤氧化还原状况对大气环境和全球变化的影响主要表现在N_2O、CH_4、CO_2等温室气体排放方面。土壤N_2O的排放可能主要来自反硝化作用，硝化过程中也伴有N_2O产生。据估计，全球自然土壤的年N_2O—N排放量为(600±300)×104 t，施肥土壤每年向大气排放的N_2O—N有150×104 t。在农林业生产中，使用氮肥是N_2O产生量增加的基本原因，N_2O排出量可达施肥量的0.1%～2%(Boumwman，1990)。还原性土壤施用硝态氮肥或氮肥被淋洗到湿地常引起最显著的N_2O排放。

CH_4的来源主要是水田和湿地，并且只有在较强还原条件下才能大量产生。使用新鲜有机物或有机肥可显著增加水田或湿地的CH_4排放量，而施用氮肥则有利于抑制其排放。据蔡祖聪等(1995)研究，施用硫铵可使CH_4排放通量比不施氮肥减少42%～60%。另外，湿地退化和开垦是全球性问题，氧化性加强使有机碳的好气性分解加速，这又在一定程度上引起CO_2排放量增加。

土壤(包括湿地)氧化还原状况及其变化对温室气体排放的影响很复杂，这是土壤学和环境学共同面临的重大课题。

3. 土壤氧化还原状况调节

一般来说，土壤氧化还原状况是易变和多变的。在农林业生产、城市绿化和自然生态系统管理中，可以有目的地采取一些技术措施，调节土壤的氧化还原状况。

(1)排水和灌溉。由于土壤氧化还原状况的首要影响因素是通气性，而空气与水分又存在消长关系，所以土壤氧化还原状况常与水分状况密切相关，土壤水、气调节同时也伴随氧化还原调节。

在沟谷或地势低洼地段，水分过多和通气不良常造成较强的还原环境，当影响植物生长时，就应采取排水通气措施。简易办法是明沟排水，即在林地或园圃(苗圃、花圃等)开挖截渗排水沟；但城市绿化中只宜采用暗沟或暗管排水。排水后通气条件改善，Eh值可上升200～300 mV或更多。低地苗圃、花圃还可以在开沟排水的基础上再施行高床作业或垄作，以进一步提高排水通气效果。林区一些还原性过强的水湿地土壤(腐殖质沼泽土、潜育草甸土)可以用机械排水造林(耐湿树种)，小兴安岭林区自20世纪60年代起便积累了成功经验。据调查，未排水沼泽地落叶松生长极差；扣大垄排水后，土壤处于氧化过程占优势的状态，土温升高，微生物活动加强，有机质逐步分解，养分得以释放，立地条件变好，其上生长的落叶松能达到优质高产人工林标准。当然，从生态系统多样性和生态平衡角度考虑，这种操作只有在某些自然退化的沼泽或湿草甸中才适用，大面积沼泽应该作为湿地资源加以保护。

当土壤氧化性过强时，灌溉可以适当降低氧化还原电位，并使某些养分(Fe、Mn、P等)有效性增加。但灌溉的首要目的往往是补充水分，调节氧化还原状况只是其“附加作用”。水田对土壤氧化还原性有特殊要求，主要是通过前期适当灌水(配合有机肥)，使土壤还原条件适度发展，然后根据作物(水稻等)生长状况和土壤性质，采取排水、烤田等措施。

对于污染土壤，有时需要通过吸附、沉淀等过程使污染物固定，以降低其毒性；有时需要促进溶解，以将其转移出土体之外；有时则需加速降解，以解除其危害。因此可根据不同情况进行排、灌处理，将氧化还原电位调节至适当范围。

(2)施用有机肥和氧化物。对于氧化性土壤，施有机肥可以适当加强还原作用，增加有效态铁、锰、铜等养分供应。尤其是新鲜有机物(如绿肥、枯叶、秸秆)配合灌水，可在短期内使氧化还原电位下降一百至几百毫伏。此法对一般旱作土壤具有现实意义，但在质地黏重且有涝害威胁的土壤上应该慎用。

氧化态无机物具有抗还原作用，可以减缓渍水土壤 Eh 值的剧烈下降，对于调节水田或湿地氧化还原状况有一定意义。由于铁体系对土壤氧化还原状况影响较大，且氧化铁价格相对较低，又不污染土壤，所以曾有人提出用氧化铁作为水田土壤的氧化还原调节剂。

(3)其他调节措施。凡是改善通透性的措施都利于提高氧化还原电位，如质地改良、结构改良、中耕松土、深耕晒垡等。地膜覆盖可增温保墒，但透气性难免受到影响，可以想象会在一定程度上促进还原作用。

另外，水田或其他还原性土壤施氮肥时应以氨(铵)态氮肥为宜；硝态氮虽有助于提高氧化还原电位，但其实际用量很少，作用有限，且易引起反硝化损失和渗漏损失。除个别喜硝性树种外，林地施肥也以氨(铵)态氮为宜，以防硝态氮淋洗流入湖沼湿地，引起水体富营养化和 N_2O 排放增加。在用硫黄粉作硫肥或调节土壤酸度时，应将其用在氧化态土壤上，若施在还原性强的土壤中则会产生 H_2S 危害。

任务实施

土壤 pH 值的测定

1. 方法原理

用电位法测定土壤悬液 pH 值，通用 pH 值玻璃电极为指示电极(电位随溶液 pH 值而改变)，甘汞电极为参比电极(电位保持不变)。此二电极同时插入待测液时构成电池反应，其间产生电位差，因参比电极的电位是固定的，故此电位差的大小取决于待测液的 H^+ 离子活度或其负对数 pH。因此，可用电位计测定电动势；再换算成 pH，一般用酸度计可直接测读 pH 值。

2. 仪器设备

仪器设备：粗天平(感量 0.1 g)、50 mL 烧杯、洗瓶、酸度计、pH 玻璃电极、甘汞电极。

3. 试剂配制

(1)pH 4.01 标准缓冲液。称取在 105 ℃ 烘干的苯二甲酸氢钾($KHC_8H_4O_4$)10.2 g，用蒸馏水溶解后稀释至 1 000 mL。

(2)pH 6.86 标准缓冲液。称取在 45 ℃ 烘过的磷酸二氢钾 3.39 g 和无水磷酸氢二钠

3.53 g(或用带 12 个结晶水的磷酸氢二钠于干燥器中放置 2 h，使其成为带 2 个结晶水的磷酸氢二钠，再经过 130 ℃ 烘成无水磷酸氢二钠备用)，溶解在蒸馏水中，定容至1 000 mL。

(3)pH 9.18 标准缓冲液。称取 3.80 g 硼砂($Na_2B_4O_7 \cdot 10H_2O$)溶于蒸馏水中，定容至1 000 mL。此缓冲液易变化，应注意保存。

(4)1 mol/L KCl 溶液。称取 KCl 74.6 g 溶于 400 mL 蒸馏水中，用10%KOH 或 HCl 调节至 pH 值为 5.6～6.0，然后稀释至 1 000 mL。

4. 测定步骤

(1)接通电源后需对主机预热 10 min，然后对电极进行标定，保证仪器处于最佳工作状态。

(2)称取通过 1 mm 筛孔的风干土壤 25 g，放入 50 mL 的小烧杯中，加无二氧化碳蒸馏水 25 mL，搅拌 1 min，放置 30 min，使土壤充分分散。此时应避免空气中有氨或挥发性酸的影响，将复合电极玻璃球泡及较高处的多孔陶瓷芯插入土壤悬液。轻轻摇动烧杯以去除玻璃表面的水膜，使电极电位达到平衡，但要注意不得使烧杯壁碰撞玻璃电极，防止球泡损坏，每测完一个样品，都要用蒸馏水将电极表面黏附的土粒洗净，并用滤纸轻轻将电极吸附的水吸干，然后测定第二个样品。

(3)读数：pH 计读出 pH 值，不需要换算。

5. 注意事项

(1)土水比的影响：一般土壤悬液越稀，测得的 pH 值越高，这种现象称为稀释效应(稀释效应尤以碱性土较大)。为了便于比较，测定 pH 值的土水比应当固定，国际土壤学会曾规定以 1∶2.5 为准，在我国的例行分析中以 1∶1、1∶2.5、1∶5 较多，经试验，碱性土可采用 1∶1 的土水比例测定，酸性土采用 1∶1 和 1∶2.5 的土水比例进行测定。华北地区石灰性土壤采用 1∶5 土水比例测定较好。

(2)待测土样不宜磨得过细，宜用通过 1 mm 筛孔的土样测定。样品不立即测定时，最好贮于磨口瓶中，以免受大气中 NH_3 和其他挥发性气体的影响。

(3)在使用干放的玻璃电极前需用蒸馏水或稀盐酸(0.1 mol/L HCl)溶液浸泡 12～24 h，使之活化。但长期浸泡会因玻璃溶解而致功能减退，所以也用 0.1 mol/L NaCl 溶液代替稀盐酸(0.1 mol/L HCl)溶液进行浸泡。

(4)蒸馏水中 CO_2 会使测得的土壤 pH 值偏低，故应尽量除去，以避免其干扰。

(5)使用时应先轻轻振动电极，使球体部分无气泡。

(6)玻璃电极表面不能沾有油污，忌用浓硫酸或铬酸洗液清洗玻璃电极表面。

反思评价

根据任务的组织准备、任务实施等情况，进行小组讨论，并完成表 1-2-7 的内容，以便下次任务能够更好完成。

表 1-2-7　土壤 pH 值的测定任务反思评价表

任务程序		任务实施中需要注意的问题	任务表现	
			自评	互评
人员组织				
知识准备				
材料准备				
实施步骤	1. 酸度计的调试、校正			
	2. 样品的前处理			
	3. pH 值的测定			
	4. 读数			

土壤有机质的测定

一、目的要求

土壤有机质是土壤固相的组成成分之一。土壤有机质具有提供植物生长所需的养分、吸附阳离子、促进矿物溶解而释出养分、增加土壤保水能力、促进土壤团粒化而改善土壤构造、提供土壤微生物能源、促进土壤吸收热能并提高土温等作用，在土壤肥力、环境保护和农业可持续发展方面具有十分重要的作用及意义。

二、方法原理

在加热条件下，用稍过量的标准重铬酸钾——硫酸溶液，氧化土壤有机碳，剩余的重铬酸钾用标准硫酸亚铁(或硫酸亚铁铵)滴定，由所消耗标准硫酸亚铁的量计算出有机碳量，从而推算出有机质的含量，其反应式如下：

$$2K_2Cr_2O_7+3C+8H_2SO_4 \rightarrow 2K_2SO_4+2Cr_2(SO_4)_3+3CO_2+8H_2O$$

$$K_2Cr_2O_7+6FeSO_4+7H_2SO_4 \rightarrow K_2SO_4+Cr_2(SO_4)_3+3Fe_2(SO_4)_3+7H_2O$$

用 Fe^{2+} 滴定剩余的 $K_2Cr_2O_7^{2-}$ 时，以邻啡罗啉($C_2H_8N_2$)为氧化还原指示剂，在滴定过程中指示剂的变色过程：开始时溶液以重铬酸钾的橙色为主，此时指示剂在氧化条件下呈淡蓝色，被重铬酸钾的橙色掩盖，滴定时溶液逐渐呈绿色(Cr^{3+})，至接近终点时变为灰绿色。当 Fe^{2+} 溶液过量半滴时，溶液则变成棕红色，表示颜色已到终点。

三、仪器试剂

1. 仪器用具

硬质试管(18 mm×180 mm)、油浴锅、铁丝笼、电炉、温度计(0～200 ℃)、分析天平(感量 0.000 1 g)、滴定管(25 mL)、移液管(5 mL)、漏斗(3～4 cm)，三角瓶(250 mL)、量筒(10 mL，100 mL)、草纸或卫生纸。

2. 试剂配制

(1) 0.400 0 mol/L ($1/6K_2Cr_2O_7$—H_2SO_4)溶液：准确称取经 130 ℃烘 2～3 h 的 $K_2Cr_2O_7$ 19.616 0 g (一级保证试剂)放入 2 000 mL 烧杯中，加入约 400 mL 热的蒸馏水，使之完全溶解后放凉，加水定容为 500 mL，然后倒回原烧杯中，再缓慢加入 500 mL 浓硫酸(分析纯，比重 1.84)，搅拌均匀，冷却后定容为 1 000 mL。因重铬酸钾为一级保证试剂，不必另行标定。

(2) 0.2 mol/L $FeSO_4$标准溶液：准确称取硫酸亚铁($FeSO_4 \cdot 7H_2O$)55.6 g 溶于含有 20 mL 浓硫酸的 300 mL 水中，加水稀释至 1 000 mL。

(3)邻啡罗啉($C_{12}H_8N_2$)指示剂：准确称取化学纯硫酸亚铁($FeSO_4 \cdot 7H_2O$)0.695 g 和分析纯邻啡罗啉 1.485 g 放入烧杯内，加入 100 mL 蒸馏水溶解，有时试剂与硫酸亚铁形成红棕色络合物，即$[Fe(C_{12}H_8N_2)_3]^{2+}$，本指示剂应放在棕色瓶中加塞保存，与空气接触较长时间后可能失效。

(4)石蜡(固体或液体)或植物油 2～2.5 kg，也可用磷酸(化学纯)代用。

四、操作步骤

(1)称样。准确称取通过 0.25 mm(60 号)筛孔的土样 0.1～0.5 g(精确到 0.000 1 g)，放在光滑纸条的一端，小心地装入硬质试管(18 mm×180 mm)的底部。注意土样勿沾在试管壁上。

(2)氧化。用移液管或滴定管缓缓准确加入 0.400 0 mol/L 重铬酸钾($1/6K_2Cr_2O_7$)—硫酸溶液 10 mL(在加入约 3 mL 时，摇动试管，以使土壤分散)，将试管插在带网孔的铁丝笼中，然后在试管口放一小漏斗(以冷凝蒸出水汽，减少蒸发)，以备消煮。

(3)加热消煮。预先将液体石蜡油或植物油浴锅加热至 185～190 ℃，将铁丝笼放入油浴锅中加热，放入后温度应严格控制在 170～180 ℃，待试管中液体沸腾产生气泡时开始计时，煮沸 5 min(煮沸时间力求准确，否则分析结果会有较大误差)，加热后立即把铁丝笼提起，稍停，使油沿管壁流下，然后放在瓷盘上，取出试管，稍冷，用废旧纸擦净试管外部油液，放凉。

(4)滴定。用倾泻法将试管中的消煮液小心地全部洗入 250 mL 的三角瓶中，使瓶内总体积为 60～80 mL，此时溶液的颜色应为橙黄色或淡黄色。然后加邻啡罗啉指示剂 3～4 滴，用 0.2 mol/L 的标准硫酸亚铁($FeSO_4$)溶液滴定，溶液由黄色经过绿色、淡绿色突变为棕红色即终点，记录 $FeSO_4$的用量。

(5)空白试验。在测定样品的同时必须做空白试验(两个，取其平均值)，求出滴定 10 mL 0.400 0 mol/L 重铬酸钾($1/6K_2Cr_2O_7$)—硫酸溶液所需 0.2 mol/L $FeSO_4$的用量。做法完全和以上测有机质相同，只是用灼烧土或石英砂代替土样，以免溅出溶液。

五、结果计算

在本反应中，有机质氧化率平均为 90%，所以氧化校正常数为 100/90，即 1.1。有机质中碳的含量为 58%，故 58 g 碳约等于 100 g 有机质，1 g 碳约等于 1.724 g 有机质。由前面的两个反应式可知：1 mol 的 $K_2Cr_2O_7$ 可氧化 3/2 mol 的 C，滴定 1 mol $K_2Cr_2O_7$，可消耗 6 mol $FeSO_4$，则消耗 1 mol $FeSO_4$ 即氧化了 3/2×1/6C＝1/4C 即 0.012/4＝0.003 g/mol。

$$有机碳\%=\frac{\frac{10\times 0.4}{V_0}\times (V-V_0)\times 0.003\times 1.724\times 1.1)}{样品质量}\times 1\,000$$

式中 V_0——空白标定时所消耗 $FeSO_4$ 标准液的体积(mL)；

V——土壤样品测定时所消耗 $FeSO_4$ 标准液的体积(mL)；

0.003——1/4 碳原子的毫摩尔质量($g\cdot mol^{-1}$)；

0.012——1 毫摩尔碳的质量(g)；

1.724——由有机碳换算为有机质的系数；

1.1——氧化校正系数(此法为 1.1)；

1 000——换算成每千克土壤的有机碳含量的系数。

平行测定结果用算术平均值表示，保留三位有效数字。二次平行测定结果的允许差：土壤有机质含量小于 3%时为 0.05%；3%～8%时为 0.10%～0.30%。有机质记录表见表 1-2-8。

表 1-2-8 有机质记录表

土壤名称	风干土质量/g	烘干土质量/g	K_2Cr_7/mL			$FeSO_4$/mL			$FeSO_4$/mL	有机质/(g/kg)
			最终	最初	实用量	最终	最初	实用量		

六、注意事项

(1)本法应根据样品有机质含量决定称样量。有机质含量大于 70～150 g/kg 的土样可称 0.05～0.1 g；20～40 g/kg 的可称 0.5～0.2 g；小于 20 g/kg 的可称 0.5 g 以上，以减少误差。

(2)对于含有氯化物的样品，可加少量硫酸银除去其影响。对于石灰性土样，须慢慢加入浓硫酸，以防由于碳酸钙的分解而引起剧烈发泡。对于水稻土和长期渍水的土壤，必须预先磨细，在通风干燥处摊成薄层，风干 10 d 左右，使还原物质充分氧化后再测定。

(3)消煮好的溶液颜色，一般应是黄色或黄中稍带绿色，如果以绿色为主，则说明重铬酸钾用量不足。在滴定时消耗硫酸亚铁量小于空白用量的 1/3 时，有氧化不完全的可能，应弃去重做。

(4)消化煮沸时，必须严格控制时间和温度。

(5)如用电热板煮沸，可将称好的样品小心地倒入 50 mL 三角瓶底部，切勿黏附在瓶壁上，用滴定管加入 10 mL 0.400 0 mol/L 重铬酸钾($1/6K_2Cr_2O_7$)—硫酸溶液应注意滴入瓶底不要沾在瓶壁上，轻轻摇动瓶中之物，摇动时应注意不使土粒黏附在瓶壁上，然后在三角瓶上放小漏斗。将三角瓶放在铺砂的电热板或沙浴上加热。煮沸完毕，冷却后，用蒸馏水冲洗漏斗内外侧，将瓶中物用蒸馏水洗入 250 mL 三角瓶中，加蒸馏水稀释至 60～70 mL。其余同上。

(6)若用远红外消煮炉进行消煮，要注意控制温度；否则，测出数据偏低。

反思评价

根据任务的组织准备、任务实施等情况，进行小组讨论，并完成表 1-2-9 的内容，以便下次任务能够更好地完成。

表 1-2-9　土壤有机质测定任务反思评价表

任务程序		任务实施中需要注意的问题	任务表现	
			自评	互评
人员组织				
知识准备				
材料准备				
实施步骤	1. 仪器设备的准备、调试			
	2. 药品配制			
	3. 操作步骤			
	4. 数据分析			
	5. 仪器设备维护和整理			

拓展阅读

土壤酸碱性鉴别

土壤酸碱性对耕地土壤地力、植物生长发育、土壤微生物及植物病原菌生命活动等有重要影响。

1. 通过土源判断酸性土壤和碱性土壤

山林中的土壤、沟壑的腐殖土，一般是黑色或褐色的土壤，比较疏松、肥沃，通透性好，是非常好的酸性腐殖土。例如，松针腐殖土、草炭腐殖土等。

2. 通过地表植物判断酸性土壤和碱性土壤

在采集土样时，可以观察一下地表生长的植物，一般生长松树、杉类植物、杜鹃的土壤多为酸性土壤；而生长谷子、高粱、卤蓬等地段的土多为碱性土壤。

3. 通过土壤颜色判断酸性土壤和碱性土壤

酸性土壤一般颜色较深，多为黑褐色；而碱性土壤颜色多呈白、黄等浅色。有些盐碱地区，土表经常有一层白色的盐碱。

4. 通过手感判断酸性土壤和碱性土壤

酸性土壤握在手中一般感觉较软，松开后土壤容易散开，不易结块；碱性土壤握在手中感觉较硬实，松开后容易结块而不散开。

5. 通过浇水后的状态判断酸性土壤和碱性土壤

酸性土壤浇水后，下渗较快，不冒白泡，水面较浑；碱性土壤浇水后，下渗较慢，水面冒白泡，起白沫，有时表面还有一层白色的碱性物质。

6. 通过质地判断酸性土壤和碱性土壤

酸性土壤质地疏松，透气透水性强；碱性土壤质地坚硬，容易板结成块。

7. 通过 pH 试纸判断酸性土壤和碱性土壤

将土样少许放入蒸馏水中，溶解一会，将 pH 试纸放入其中静置 2 s，然后取出与比色卡对照。$pH>7$，则为碱性土壤；$pH<7$，则为酸性土壤。

任务四　认识土壤微生物

任务目标

知识目标

1. 了解土壤微生物的分类。
2. 了解土壤微生物在土壤形成及污染土壤修复中的作用。

技能目标

1. 能采集土壤微生物样品，并能识别土壤微生物。
2. 能阐述土壤微生物在土壤形成中的作用，能开展相关的土壤微生物调查。

素养目标

1. 培养一丝不苟、精益求精的工匠精神。
2. 培养善于思考、善于总结的自主学习能力及团结协作精神；激发保护环境、珍惜土地资源的认识和行动自觉。

任务卡片

土壤微生物在土壤生态系统中起着至关重要的作用。在学习过程中会采集土壤微生物样品，掌握细菌、放线菌、真菌的特征，并能够识别。

知识准备

土壤微生物是指土壤中一切肉眼看不见或看不清楚的微小生物的总称，包括细菌、放线菌、古菌、真菌、病毒、原生动物和显微藻类，一般只能在实验室借助显微镜或电子显微镜观察，以微米(μm)或纳米(nm)作为测量单位。土壤微生物是土壤生物中数量最多的一类，且大部分在土壤中营腐生生活，需依靠现成的有机物取得能量和营养成分。它们在土壤中的数量常与土壤有机质的含量有关，因而在表层土壤中的发育量常高于其他层次。土壤微生物参与土壤物质转化过程，在土壤形成和发育、土壤肥力演变、养分有效化和有毒物质降解等方面起着重要作用。

一、土壤微生物的分类

根据不同的分类依据将土壤微生物进行不同的分类。土壤微生物按营养方式不同，可分为异养菌和自养菌；按呼吸类型不同，可分为好气微生物和厌气微生物；按适宜生长温度不同，可分为高温菌、中温菌和低温菌；按其对极端条件的适应性不同，可分为嗜热、嗜冷、嗜酸、嗜盐、嗜压及嗜低营养微生物。

二、土壤微生物的种类和数量

土壤是一个庞大的生态系统，地上生长着茂盛的植物，地下除硕大的植物根系外，还有蚯蚓、线虫等生物及数量、种类繁多的微生物群。土壤每时每刻都在进行着复杂的物理、化学和生化反应，一年四季展现出大自然的神奇变化，而统治着这一生态系统正常运转的核心就是土壤微生物群。土壤微生物的种类很多。不同土壤的性质存在差异，其中微生物群的组成成分和数量也各不相同。肥沃土壤中每克含有几亿至几十亿个细菌，贫瘠土壤含有几百万至几千万个细菌。土壤中的微生物以细菌最多，其作用强度和影响范围也最大，放线菌和真菌次之，藻类和原生动物的数量较少。

1. 细菌

细菌占土壤微生物总数量的70%～90%，主要是腐生菌。腐生菌积极参与土壤有机物质的分解和腐殖质的合成。细菌在土壤中的分布以土壤表层最多，随着土层的加深而逐渐减少，但厌气性细菌的含量比例则在下层土壤中较多。1 g耕作层土壤平均含3亿个细菌，体积为0.6～1.5 mm^3，鲜质量为0.6～1.5 mg。以每667 m^2 土壤耕作层的土壤约15万kg计，则每667 m^2 土壤中细菌总质量为90～225 kg。细菌存在于各种土壤中，无论是常年低温的南极、北极地区，还是干旱高温的沙漠地区都有细菌的存在。许多细菌具有形成孢子的能力，孢子具有坚硬的外壳，有助于细菌在极端不利环境中生存。另外，细菌的数量和类型受到土壤类型及其微域环境、有机质、腐植酸、耕作方式等因素的影响，通常情况下，耕地中细菌的种类和数量明显多于未开垦的土地；细菌在植物根际部位最多，在非根际土壤中较少。细菌不是在土壤溶液中自由存在的，而是与土壤颗粒紧密结合或嵌入有机质中，即使添加了土壤分散剂，细菌也不会完全从土壤颗粒中分离出来作为单个细胞在土壤中分布。土壤团聚体内部含有较高水平的革兰氏阴性菌，而外部含有较高水平的革兰氏阳性菌。

2. 放线菌

土壤中放线菌数量很大，仅次于细菌。1 g土壤中放线菌的孢子量为几千万至几亿个，占土壤微生物总量的5%～25%，在有机质含量高的偏碱性土壤中所占的比例高。它们以分枝的丝状体缠绕在有机物碎片或土壤颗粒表面，扩散在土壤孔隙中，断裂成繁殖体或形成分生孢子，数量迅速增加。放线菌的体积比细菌大几十倍至几百倍，其生物量同细菌相当。

放线菌多在耕层表面分布，但放线菌在土壤微生物总种群中的比例随着土壤深度的增加而增加，即使从土壤剖面的底层土中也能分离出足够数量的放线菌。土壤的泥土气味是由放线菌产生的，对于放线菌来说，影响其种群数量的主要因素是土壤 pH 值。放线菌不耐酸，当 pH 值达到 5.0 时其数量开始下降。在干旱、半干旱的沙漠土中维持着相当数量的放线菌种群，土壤淹水不利于放线菌生长。放线菌适宜的 pH 值为 6.5～8.0，适宜的生长温度为 25～30 ℃。

3. 真菌

真菌广泛分布在土壤耕作层中，1 g 土壤含有几万至几十万个真菌。真菌菌丝比放线菌长几倍至几十倍，其生物量与细菌和放线菌相当。1 g 土壤中真菌菌丝的总长度可达 40 m。真菌的菌丝体分布在有机物碎片或土壤颗粒表面，向四周扩散，并蔓延到土壤孔隙中，产生孢子。土壤真菌大多是好气性的，在土壤表层发育。一般耐酸性，在 pH 值为 5.0 时，土壤中细菌和放线菌发育受限制，真菌仍能生长而提高数量比例。

土壤中有机质的质量和数量直接影响土壤真菌的数量，这是由于大多数真菌在营养上是异养的。真菌适应性强，在酸性土壤中真菌占主导地位。在中性、微碱性土壤中同样含有一定数量的真菌，即使当 pH 值达到 9.0 时也能分离出真菌。耕作土壤中含有丰富的真菌，真菌数量呈季节性波动。真菌在土壤中的主要功能之一是促进有机物质的腐解和土壤团聚体的形成。

4. 藻类

土壤中存在许多藻类，大多是单细胞的硅藻或呈丝状的绿藻和裸藻。藻类细胞内含有叶绿素等光合色素，能利用光能，将二氧化碳合成有机物质。表层土壤中藻类更加丰富。微藻在土壤中的最深记录是 2 m。蓝藻是土壤中最常见的藻类。土壤中很多类型的藻类具有固定空气中氮的能力，是土壤中氮富集的重要渠道。另外，许多土壤中的蓝藻可抵御长期干旱。土壤中藻类数量不及土壤微生物总量的 1%，生物量约占细菌的 1/10。

5. 原生动物

土壤中的原生动物主要有纤毛虫、鞭毛虫和根足虫等。原生动物为单细胞，能运动，形体大小存在很大差异，通常以分裂方式进行无性繁殖。原生动物以有机物为食料，吞食有机物残片，对有机物质的分解起着一定的作用。在潮湿的土壤中原生动物保持成囊幼虫的形式。每克湿土中大约含有 1 000 只原生动物。据报道，土壤中原生动物的数量可以与植物根系的生长有关，也可以间接地与土壤养分状况有关。

6. 噬菌体

噬菌体是以细菌为食的病毒，是土壤中最小的居民，在光学显微镜下看不见，只能在电子显微镜下可见。噬菌体主要攻击细菌和放线菌。噬菌体具有头状和尾状结构，尾巴附着在细菌表面并进入宿主的原生质。当噬菌体繁殖时会释放出更多的后代噬菌体，重新感染新的细菌细胞。

7. 线虫

线虫从原生动物、细菌、真菌、植物组织中获得生长和繁殖所需要的营养物质。线虫分为肉食性线虫和植食性线虫两大类，其中肉食性线虫以小杆线虫为代表，植食性线虫以根结线虫最具代表性。

8. 病毒

人们在土壤中发现了动物和植物病毒，然而，病毒在土壤中的作用尚未得到充分证实。病毒(噬菌体)可侵染细菌和放线菌，近年来的研究发现真菌也能遭受病毒攻击，称为真菌攻击病毒。

三、土壤微生物

1. 形成土壤结构

土壤并不是单纯的土壤颗粒和化肥的简单结合，作为土壤的活跃组成成分，土壤微生物在生活过程中，代谢活动的氧气和二氧化碳的交换，以及分泌的有机酸等有助于土壤粒子形成大的团粒结构，最终形成真正意义上的土壤。土壤微生物的区系组成、生物量及其生命活动对土壤的形成和发育有密切关系。

2. 分解有机质

土壤微生物最显著的成效就是分解有机质，如作物的残根败叶和施入土壤中的有机肥料等，只有经过土壤微生物的作用，才能腐烂分解，释放出营养元素，供作物利用，并形成腐殖质，改善土壤的结构和耕性。土壤微生物还可以分解矿物质，土壤微生物的代谢产物能促进土壤中难溶性物质的溶解。例如，磷细菌能分解出磷矿石中的磷，钾细菌能分解出钾矿石中的钾，以利作物吸收利用，提高土壤肥力。另外，氮素的分解利用也离不开土壤微生物。这些土壤微生物就好比土壤中的肥料加工厂，将土壤中的矿质肥料加工成作物可以吸收利用的形态。

3. 固氮作用

氮气占空气组成的 4/5，但植物不能直接利用，某些微生物可借助其固氮作用将空气中的氮气转化为植物能够利用的固定态氮化物，有了这样的土壤微生物，就相当于土壤有了自己的氮肥生产车间。在植物根系周围生活的土壤微生物还可以调节植物生长，植物共生的微生物如根瘤菌、菌根和真菌等能为植物直接提供氮素、磷素及其他矿质元素的营养，以及有机酸、氨基酸、维生素、生长素等各种有机营养，促进植物的生长。土壤微生物与植物根部营养有密切关系。

4. 降解土壤中残留的有害物质

微生物还可以降解土壤中残留的有机农药、城市污物和工厂废弃物。微生物把它们分解成低害甚至无害的物质，降低残毒危害。当然，这些所有的功能都是由不同种群的微生物完成的，每一个功能的实现也需要有大量的微生物共同完成。

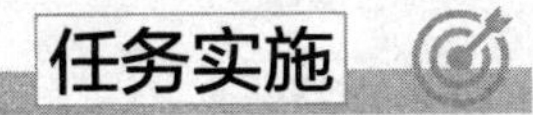

土壤微生物检测样品采集方法及处理

一、采样准备工作

(一)制订采样计划

采样前需要确定好试验目的、采样样地、样品数量、采样方法、采样工具、交通、线路及天气等情况。通常需要准备一份采样报告，详细记录采样的具体情况，如采样日期、时间，采样点详细位置(GPS 定位)，天气状况(气温、降水、湿度、云等)等信息。

(二)样地资料收集

确定采样点后，可以提前收集、了解该地的土壤类型、天气资料、水文资料等。实际采样前根据所收集的资料进行现场勘查，最终确定确切的采样点。

(三)采样器具及注意事项

1. 采样器具

(1)工具类：土钻、铁铲、筛子、镊子、药匙、刷子及适合特殊采样要求的工具等。

(2)器材类：50 mL 无菌管、50 mL 无菌瓶、美国 parafilm 封口膜、卷尺、GPS 、坡度仪、土壤比色卡、样品箱(具有冷藏功能或含干冰)、冰袋、样品袋、一次性手套、口罩、75%酒精、灭菌棉球、无菌水、液氮、干冰等。

(3)文具类：样品标签、记号笔、采样记录表等。

(4)安全防护用品类：工作服、工作鞋、雨具、安全帽、药品箱等。

2. 注意事项

(1)采样工具和盛放土壤样品的容器必须提前灭菌(锡箔纸包裹，高压蒸汽灭菌后，120 ℃烘箱过夜)，避免外源物质干扰。

(2)避免使用吸水、会释放溶剂或增塑剂等物质的器具来盛放土壤样品。

二、土壤取样方案

(一)位置选择

根据研究目的，进行采样点的选择。采样点的选择应遵循以下原则：

(1)采样点土壤类型特征明确，地形相对平坦、稳定，植被良好。

(2)坡脚、洼地等具有从属景观特征的地点不宜设置采样点。

(3)城镇、住宅、围墙、道路、沟渠、田埂、粪坑、堆肥点、坟墓等地人为干扰大，可能造成土壤特性错乱，使土壤失去代表性，不易设置采样点。

(4)采样点离铁路、公路至少 300 m 以上。

(5)采样点以剖面发育完整、层次较清楚、无侵入体为准，不在水土流失严重或表土被破坏处设采样点。

(6)不在多种土类、多种母质交错分布、面积较小的边缘地区布设采样点。

注意：确定采样点后可以使用精准地图或 GPS 进行采样点定位，或者在采样点进行标记，便于以后重复取样或进行比较试验。

(二)取样样方设置

(1)土壤横向取样方法示意图(图 1-2-2)。

(2)土壤纵向取样方法示意图(图 1-2-3)。

三、土壤取样操作方法

(一)普通土壤样本取样方法

(1)去除土壤上面的覆盖物，包括植物、苔藓、可见根系、凋落物及可见的土壤动物等。

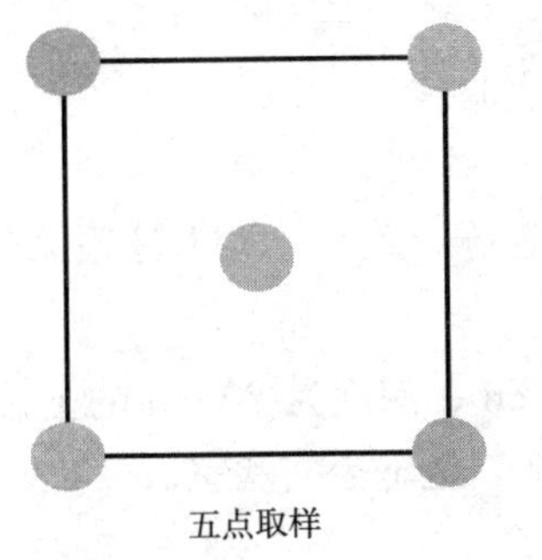

五点取样

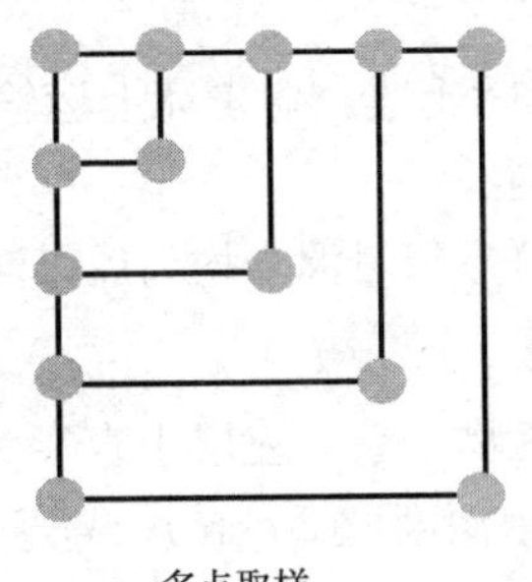

多点取样

S形取样

图 1-2-2　土壤横向取样方法示意图

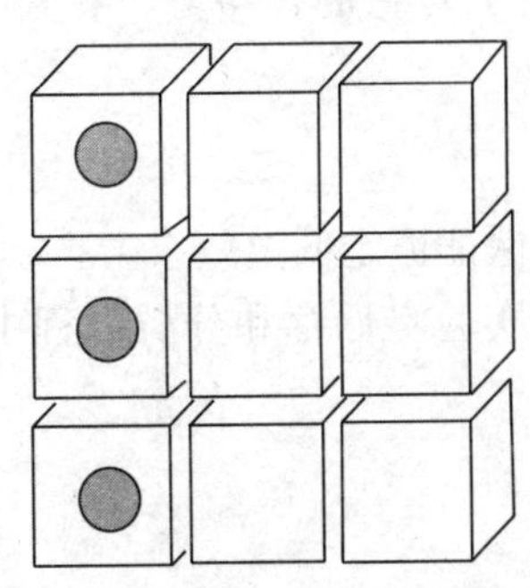

图 1-2-3　土壤纵向取样方法示意图

(2)对采样器使用酒精棉擦拭，待酒精挥发完全后，可使用采样样方处土壤浸润采样器(就是用该点的样本土壤把采样器擦一遍，再进行采样)。后续每次更换样方均需重复此步骤。

(3)同一样方多点混合取样(建议 3～5 个点等量混合)，去除样品中的植物、可见动物及石粒等，然后根据土壤情况，选择是否过筛。

①推荐过 2 mm 筛。

②一些有机质(如粗腐殖质或泥炭等)不能通过 2 mm 筛，此时可以选择过 4～5 mm 筛。

③如果土壤黏度太大或含水量太高，可以选择不过筛。

④将混合好的土壤样本分装多份，每份推荐 1～3 g，极限 0.2 g，液氮速冻(如果条件不允许，可以选择放在冰盒中，尽快运回实验室)，随后转移至－80 ℃冰箱保存，用于测定土壤微生物；另外留出一部分土壤，用于测定土壤理化指标(如有机质、全氮、矿质元素等)。

(二)根际土壤取样方法

1. 作物类(含草地等矮小植物)根际土壤取样方法

(1)采集植物植株，去除根部大块土壤，置于冰上，运输至实验室。

(2)晃动根部，去除根部松散的土壤后，使用无菌刷子从根部收集残留土壤。

(3)同一样方多点取样，土壤样本等量混合均匀后，液氮速冻，置于－80 ℃冰箱保存。

2. 林木类根际土壤取样方法

(1)采集地面下 10～20 cm 根际土壤，置于冰上运输至实验室。

(2)过 2～5 mm 孔径无菌筛网。

(3)同一样方多点取样，土壤样本等量混合均匀后，液氮速冻，置于－80 ℃冰箱保存。

(三)凋落物覆盖土壤取样方法

(1)去除表面 1～5 mm 的凋落物，采取表层土直径为 5 cm、深度为 20 cm 的土芯(就是土钻的尺寸，直径为 5 cm，土壤深度取 20 cm)，置于冰上，运输至实验室。

(2)过 2～5 mm 孔径无菌筛网。

(3)将对应的土芯样本混合均匀后，可以分 $n(n \geqslant 3)$ 份作为生物学重复，也可将样方量减小，采取多点取样的方法取样，等量混合均匀，液氮速冻，置于－80 ℃冰箱保存。

四、样品存储条件

(1)避免样本的反复冻融，以保证恒定低温效果。

(2)特别要注意微生物样品在实验室保存和分析过程中的密封，以免凝结的水汽或其他污染源对样品造成污染。

五、样品存储时间

(一)土壤样品的短期保存

为了能够更好地还原土壤微生物的群落结构，建议在短时间内进行样本处理和分析，一般土壤鲜样在 4 ℃下可保存一周，用于 DNA 分析应保存在－20 ℃条件下，用于 RNA 分析则需保存在－80 ℃条件下。

(二)土壤样品的长期保存

如果无法短时间对样本进行处理，根据保存年限和针对的指标不同，样品应保存在－20 ℃、－80 ℃或－180 ℃条件下(表 1-2-10)。用于 DNA 分析的样品可以在－20 ℃保存半年左右，在－80 ℃保存 1～2 年；用于 RNA 分析的样品可以在－80 ℃保存 1 年左右。

(1)土壤的物理和化学特性的检测：风干后检测。

(2)土壤的生物量、有效养分含量、碳与氮相关的生物量及酶活性等：4 ℃保存。

(3)微生物多样性的检测：－80 ℃保存。

表 1-2-10　土壤样品存储条件和年限

指标	引用标准	鲜样(4 ℃)	鲜样(－20 ℃)	鲜样(－80 ℃) 或液氮(－180 ℃)
		月	年	年
PLFA 、PLEL 等(PLFA 磷脂脂肪酸)(PLEL 磷脂乙醚油脂)		—	1	1～2

续表

指标	引用标准	鲜样(4 ℃)	鲜样(−20 ℃)	鲜样(−80 ℃)或液氮(−180 ℃)
		月	年	年
DNA		—	0.5	1～2
RNA		—	—	1
生物量	GB/T 39228—2020	3	1	10
土壤呼吸	GB/T 32720—2016	3	1	10
酶活性		3	1	—

反思评价

根据任务的组织准备、任务实施等情况，进行小组讨论，并完成表 1-2-11 的内容，以便下次任务能够更好地完成。

表 1-2-11　土壤微生物检测样品采集方法及处理任务反思评价表

任务程序		任务实施中需要注意的问题	任务表现	
			自评	互评
人员组织				
知识准备				
材料准备				
实施步骤	1. 采集工具和设备			
	2. 取样方法			
	3. 操作步骤			
	4. 注意事项			
	5. 样品的保存			

拓展阅读

微生物技术在废弃物处理中的应用

废弃物处理是环境保护工作的重要内容。传统的处理方法往往需要大量的能源和投资，而且效果有限。微生物技术以其高效、低成本的特点，在废弃物处理中得到了广泛应用。

以生活垃圾处理厂为例，处理厂内产生大量的有机废弃物，如果皮、蔬菜残余等。传统的处理方法通常是填埋或焚烧，但都会产生二氧化碳等温室气体和其他污染物。为了解决这个问题，厂方引入了微生物技术。

利用微生物菌群的特性，厂方开发了一种高效的生物转化系统。废弃物经过预处理后，送入微生物处理系统进行分解和转化。微生物分解有机物，产生甲烷等可再生能源，并可将残渣转化为有机肥料。经过一段时间的运行，处理厂的处理效果得到了显著提升，处理过程也不再产生二氧化碳等温室气体。

这一案例表明，微生物技术在废弃物处理中具有巨大的潜力。通过优化处理系统和微生物菌群的选择，可以实现废弃物的高效、低成本处理，对环境保护具有积极的贡献。

任务五　认识土壤动植物

任务目标

知识目标

1. 掌握土壤中常见的土壤动物，了解土壤动物与生态环境的关系。

2. 了解根基与根际反应，熟悉菌根、根瘤、土壤酶在土壤形成与土壤物质和能量转化中的作用。

技能目标

1. 根据土壤微生物、土壤动植物的特点和功能修复污染土壤。

2. 利用土壤的生物学形状进行土壤改良。

素养目标

1. 培养吃苦耐劳、刻苦钻研、团结合作的创新精神。

2. 树立保护环境、护土爱土意识，以及践行生态文明、保护绿水青山的职业素质。

任务卡片

根据班级人数进行分组，以小组为单位对当地土壤进行调查，了解当地土壤中的土壤动物的种类，并能识别，以利用生物为主体的方法修复污染土壤，即利用植物、动物和微生物吸收、降解、转化土壤中的污染物，将有毒有害的污染物转化为无毒无害的物质，以减少其向周围环境的扩散，为保护土壤、改善土壤生态环境提供依据。

知识准备

一、土壤动物

土壤动物是指长期或一生中大部分时间生活在土壤或地表凋落物层中的动物。它们直接或间接地参与土壤中物质和能量的转化，是土壤生态系统中不可分割的组成部分。土壤动物通过取食、排泄、挖掘等生命活动破碎生物残体，使之与土壤混合，为微生物活动和有机物质进一步分解创造了条件。土壤动物活动使土壤的物理性质(通气状况)、化学性质(养分循环)及生物化学性质(微生物活动)均发生变化，对土壤形成及土壤肥力发展起着重要作用。

(一)土壤动物的分类

土壤动物是陆地生态系统中生物量最大的一类生物，门类齐全、种类繁多、数量庞大，在土壤中它们与植物、土壤微生物组成土壤生态系统，三者相互作用、相互影响。土壤动物的分类有多种类型，下面列举较常见的四种分类方法。

(1)系统分类(表 1-2-12)。

表 1-2-12　主要的土壤动物门类

门	纲
原生动物门	
扁形动物门	涡虫纲
线形动物门	轮虫纲、线虫纲
软体动物门	腹足纲
环节动物门	寡毛纲
节肢动物门	蛛形纲、甲壳纲、多足纲、昆虫纲
脊椎动物门	两栖纲、爬行纲、哺乳纲

(2)按体形大小分类：

①小型土壤动物，体长在 0.2 mm 以下，主要包括鞭毛虫、变形虫等原生动物，轮虫的大部分和熊虫、线虫等。

②中型土壤动物，体长为 0.2～2 mm，主要有螨类、拟蝎、跳虫等微小节肢动物，还有涡虫、蚁类、双尾类等。

③大型土壤动物，体长为 2～20 mm，主要有大型的甲虫，蜣象、金针虫、蜈蚣、马陆、蝉的若虫和盲蛛等。

④巨型土壤动物，体长大于 20 mm，脊椎动物中，有蛇、蜥蜴、蛙、鼠类和食虫类的鼹鼠等；无脊椎动物中，有蚯蚓和许多有害的昆虫(包括蝼蛄、金龟甲和地蚕)。

(3)按食性分类：分为落叶食性、材食性、腐殖食性、植食性、苔藓类食性、菌食性、藻食性、细菌食性、捕食性、尸食性、粪食性、杂食性和寄生性土壤动物。

(4)按土壤中生活时期分类：分为全期土壤动物、周期土壤动物、部分土壤动物、暂时土壤动物、过渡土壤动物和交替土壤动物。

(二)重要的土壤动物介绍

土壤动物的种类和数量令人惊叹，难以计数。这里仅介绍几种对土壤性质影响较大，且它们的生理习性及生态功能较为人类熟知的优势土壤动物类群。

1. 原生动物

原生动物是生活于土壤和苔藓中的真核单细胞动物，属原生动物门，相对于原生动物而言，其他土壤动物门类均称为后生动物。原生动物结构简单、数量巨大，只有几微米至几毫米，而且一般每克土壤有 10^4～10^5 个原生动物，在土壤剖面上分布为上层多、下层少。已报道的原生动物有 300 种以上，按其运动形式可把原生动物分为变形虫类(靠假足移动)、鞭毛虫类(靠鞭毛移动)、纤毛虫类(靠纤毛移动)三类。从数量上以鞭毛虫类最多，主要分布在森林的枯落物层；其次为变形虫类，通常能进入其他原生动物所不能到达的微小孔隙；纤毛虫类分布相对较少。原生动物以微生物、藻类为食物，在维持土壤微生物动态平衡上起着重要作用，可使养分在整个植物生长季节内缓慢释放，有利于植物对矿质养分的吸收。

2. 土壤线虫

线虫属线形动物门的线虫纲，是一种体形细长(1 mm左右)的白色或半透明无节动物，是土壤中最多的非原生动物，已报道种类达1万多种，每平方米土壤的线虫个体数达10^5～10^6条。线虫一般喜湿，主要分布在有机质丰富的潮湿土层及植物根系周围。线虫可分为腐生型线虫和寄生型线虫，前者的主要取食对象为细菌、真菌、低等藻类和土壤中的微小原生动物。腐生型线虫的活动对土壤微生物的密度和结构起控制及调节作用；另外，通过捕食多种土壤病原真菌，可防止土壤病害的发生和传播。寄生型线虫的寄主主要是活的植物体的不同部位，寄生的结果通常导致植物发病。线虫是多数森林土壤中湿生小型动物的优势类群。

3. 蚯蚓

土壤蚯蚓属环节动物门的寡毛纲，是被研究最早(自1840年达尔文起)和最多的土壤动物。蚯蚓体圆而细长，其长短、粗细因种类而异，最小的长0.44 mm，宽0.13 mm；最长的达3 600 mm，宽24 mm。蚯蚓身体由许多环状节构成，体节数目是分类的特征之一，蚯蚓的体节数目相差悬殊，最多达600多节，最少的只有7节，目前全球已命名的蚯蚓大约有2 700种，中国已发现有200多种。蚯蚓是典型的土壤动物，主要集中生活在表土层或枯落物层，因为它们主要捕食大量的有机物和矿质土壤，所以有机质丰富的表层，蚯蚓密度最大，平均最高可达每平方米170多条。土壤中枯落物类型是影响蚯蚓活动的重要因素，不具蜡层的叶片是蚯蚓容易取食的对象(如榆、柞、椴、槭、桦树叶等)，因此，此类树林下土壤中蚯蚓的数量比含蜡叶片的针叶林土壤要丰富得多(柞树林下，每公顷有294万条蚯蚓，而云杉林下每公顷仅有61万条)。蚯蚓通过大量取食与排泄活动富集养分，促进土壤团粒结构的形成，并通过掘穴、穿行改善土壤的通透性，提高土壤肥力。因此，土壤中蚯蚓的数量是衡量土壤肥力的重要指标。

4. 弹尾和螨目

弹尾(又名跳虫)和螨目分属节肢动物门的昆虫纲及蛛形纲，是土壤中数量最多的节肢动物(分别占土壤动物总数的54.9%和28%)，它们是我国森林土壤中中型动物的主要优势类群。跳虫一般体长1～3 mm，腹部第4或第5节有一弹器，目前已知2 000种以上，主要生活于土壤表层(0～6 cm最多，15～30 cm最少)，1 m^2土壤内多达2 000尾。绝大多数跳虫以取食花粉、真菌、细菌为主，少数可危害甘蔗、烟草和蘑菇。螨目的主要代表是甲螨(占土壤螨类的62%～94%)，一般体长0.2～1.3 mm，主要分布在表土层中，0～5 cm土层内其数量约占全层数量的82%，而在25 cm以下则很难找到。大多数甲螨取食真菌、藻类和已分解的植物残体，在控制微生物数量及促进有机质分解过程中起着重要作用。

土壤中主要的动物还包括蠕虫、蛞蝓、蜗牛、千足虫、蜈蚣、蛤虫、蚂蚁、马陆、蜘蛛及昆虫等。

(三)土壤动物与生态环境的关系

1. 生态环境对土壤动物的影响

土壤是复杂的自然体，生活在土壤中的动物群落受多种环境因素的影响，包括土壤性质(土温、土壤湿度、土壤pH、有机质、土壤容重、枯落物数量和质量、土壤矿质元素及污染物质含量)、地上植被、地形和气候等。因此，土壤动物的群落结构随环境因素和时间变化呈明显的时空变化。空间变化表现为以下两点：

(1)水平变异，土壤动物群落随植被、土壤、微地貌类型与海拔高度及人为活动等因素的变化，呈现出群落组成、数量、密度和多样性等的水平差异。自然植被改为耕作土壤后，土壤动物的种类和数量明显减少，显示植被类型对土壤动物群落的水平结构的巨大影响。王宗英等对皖南农业生态系统的调查发现，土壤的动物群落多样性指数 H：菜地＞次生林＞灌丛＞人工杉林＞旱地＞菜园＞稻田＞果园。

(2)垂直变异，主要表现在土壤动物的表聚性特征，土壤动物的种类、个体数、密度和多样性随着土壤深度而逐渐减少。土壤动物的时间变化主要表现为季节变异。土壤动物的季节变化与其环境的季节性节律密切相关，在中温带和寒温带地区，土壤动物群落种类和数量一般在7—9月达到最高，与雨量、温度的变化基本一致，而在亚热带地区一般于秋末冬初达到最高(11月)。

2. 土壤动物的指示作用

生活于土壤中的动物受环境的影响，反过来土壤动物的数量和群落结构的变异能指示生态系统的变化。土壤动物多样性被认为是土壤肥力高低及生态稳定性的有效指标。土壤中某些种类的土壤动物可以快速灵敏地反映土壤是否被污染及污染的程度。例如，分布广、数量大、种类多的甲螨，有广泛接触有害物质的机会，所以当土壤环境发生变化时有可能从它们种类和数量的变化反映出来。另外，线虫常被看作生态系统变化和农业生态系统受到干扰的敏感指示生物。土壤动物多样性的破坏将威胁整个陆地生态系统的生物多样性及生态稳定性，因此，应加强土壤动物多样性的研究和保护。

二、植物根系及其与微生物的联合

植物根系通过根表细胞或组织脱落物、根系分泌物向土壤输送有机物质，这些有机物质一方面对土壤养分循环、土壤腐殖质的积累和土壤结构的改良起着重要作用；另一方面作为微生物的营养物质，大大刺激了根系周围土壤微生物的生长，使根周围土壤微生物数量明显增加。表1-2-13列举了根表细胞、组织脱落物和根系分泌物的物质类型及其营养作用。

表1-2-13　根产物中有机物质的种类及其在植物营养中的作用

根产物中有机物质的种类		在植物营养中的作用
低分子有机化合物	糖类	养分活化与固定 微生物的养分和能源
	有机酸	
	氨基酸	
	酚类化合物	
高分子粘胶物质	多糖、酚类化合物	抵御铁、铝、锰的毒害
	多聚半乳糖醛酸等	
细胞或组织脱落物及其溶解产物	根冠细胞	微生物能源
	根毛细胞内含物	间接影响植物营养状况

(一)植物根系的形态

高等植物的根是生长在地下的营养器官，单株植物全部根的总称为根系。由于林木根系分布范围广、根量大，对土壤影响广泛，所以本节只阐述林木根系的形态。林木根系有不同形态，概括起来可将其分成五种类型。

1. 垂直状根系

此类根系有明显发达的垂直主根，主根上伸展出许多侧根，侧根上着生许多营养根，营养根顶端常生长着根毛和菌根。大部分阔叶树及针叶树的根系属于此类型，尤其在各种松树和栎类中特别普遍。这类根系多发育在比较干旱或透水良好、地下水水位较深的土壤上。

2. 辐射状根系

此类根系没有垂直主根，初生或次生的侧根由根茎向四周延伸，其纤维状营养根在土层中结成网状，槭属，水青冈属，以及杉木、冷杉等都具有这种根系。辐射状根系发育在通气良好、水分适宜和土质肥沃的土壤上。

3. 扁平状根系

此类根系侧根沿水平方向向周围伸展，不具垂直主根，由侧根上生出许多顶端呈穗状的营养根。云杉、冷杉、铁杉及趋于腐朽的林木都具有这类根系，尤其在积水的土壤上，如在泥炭土上这种根系发育得最为突出。

4. 串联状根系

此类根系是变态的地下茎。如竹类根属于这种类型。此类根分布较浅，向一定方向或四周蔓延、萌蘖，并生长出不定根。此类根对土壤要求较严格，紧实或积水土壤对它们的生长不利。

5. 须状根系

此类根主根不发达，从茎的基部生长出许多粗细相似的须状不定根。棕榈的根系属此类型。此类根呈丛生状态，在土壤中紧密盘结。

(二)根际与根际效应

根际(Rhizosphere)是指植物根系直接影响的土壤范围。根际的概念最早是1904年由德国科学家黑尔特纳(Lorenz Hiltne)提出的。根际范围的大小因植物种类不同而有较大变化，同时，也受植物营养代谢状况的影响，因此，根际并不是一个界限十分分明的区域。通常把根际范围分成根际与根面两个区，受根系影响最为显著的区域是距活性根1～2 mm的土壤和根表面及其黏附的土壤(也称根面)。

由于植物根系的细胞组织脱落物和根系分泌物为根际微生物提供了丰富的营养及能量，所以，在植物根际的微生物数量和活性常高于根外土壤，这种现象称为根际效应。根际效应的大小常用根际土和根外土中微生物数量的比值(R/S比值)来表示。R/S比值越大，根际效应越明显。当然，R/S比值总大于1，一般为5～50，高的可达100。土壤类型对R/S比值有很大影响，有机质含量少的贫瘠土壤，R/S比值更大。植物生长势旺盛，也会使R/S比值增大。

(三)根际微生物

根际微生物是指植物根系直接影响范围内的土壤微生物。

(1)数量。总体来说，根际微生物数量多于根外。但因植物种类、品系、生育期和土壤性质不同，根际微生物数量有较大变异。在水平方向上，离根系越远，土壤微生物数量越少(表 1-2-14)。

表 1-2-14　蓝羽扇豆根际微生物的数量

距根距离/mm	细菌	放线菌	真菌
0*	159 000	46 700	355
0～3	49 000	15 500	176
3～6	38 000	11 400	170
9～12	37 400	11 800	130
15～18	34 170	10 100	117
80**	27 300	9 100	91

注：* 根面；** 对照土壤

在垂直方向上，根际微生物的数量随土壤深度增加而减少。通过平板计数法分析，通常每克根际土壤微生物中，细菌数量为 10^6～10^7个，放线菌数量为 10^5～10^6个，真菌数量为 10^3～10^4个。

(2)类群。由于受到根系的选择性影响，根际微生物种类通常要比根外少。在微生物组成中以革兰氏阴性无芽孢细菌占优势，最主要的是假单胞菌属(*Pseudomonas*)、农杆菌属(*Agrobacterium*)、黄杆菌属(*Flavobaterium*)、产碱菌属(*Alcaligenes*)、节细菌属(*Arthrobacter*)、分枝杆菌属(*Mycebacterium*)等。

若按生理群分，则反硝化细菌、氨化细菌和纤维素分解细菌根际较多。

(四)菌根

菌根是指某些真菌侵染植物根系形成的共生体。菌根真菌菌丝从根部伸向土壤中，扩大了根对土壤养分的吸收，菌根真菌分泌维生素、酶类和抗生素物质，促进了植物根系的生长，同时，真菌直接从植物获得碳水化合物，因而植物与真菌两者进行互惠、共同生活。

已发现有菌根的植物有 2 000 多种，其中木本植物数量最多。根据菌根菌与植物的共栖特点，可将菌根分成外生菌根、内生菌根和内外生菌根三类。

1. 外生菌根

外生菌根主要分布在北半球温带、热带丛林地区高海拔处及南半球河流沿岸的一些树种上，大多是由担子菌亚门和子囊菌亚门的真菌侵染而形成的。此类菌根形成时，菌根真菌在植物幼根表面发育，其菌丝包在根外，形成很厚的、紧密的菌丝鞘，而只有少量菌丝穿透表皮细胞，在皮层内 2～3 层内细胞间隙中形成稠密的网状——哈氏网(*Harting net*)。菌丝鞘、哈氏网与伸入土中的菌丝组成外生菌根的整体。

具有外生菌根的树种有很多，如松、云杉、冷杉、落叶松、栎、栗、水青岗、桦、鹅耳枥和榛子等。

2. 内生菌根

此类菌根在根表面不形成菌丝鞘，真菌菌丝发育在根的皮层细胞间隙或深入细胞内，只有少数菌丝伸出根外。

内生菌根根据结构不同又可分为泡囊丛枝状菌根(简称 VA 菌根)、兰科菌根和杜鹃菌根。其中 VA 菌根是内生菌根的主要类型，它是由真菌中的内囊霉科侵染形成的。

内生菌根发育在草本植物较多，兰科植物具有典型的内生菌根。许多森林植物和经济林木能形成内生菌根，如柏、雪松、红豆杉、核桃、白蜡、杨、楸、杜鹃、槭、桑、葡萄、杏、柑橘，以及茶、咖啡、橡胶等。

3. 内外生菌根

内外生菌根是外生菌根和内生菌根的中间类型。它们与外生菌根相同之处在于根表面有明显的菌丝鞘，菌丝具分隔，在根的皮层细胞间充满由菌丝构成的哈氏网。所不同的是它们的菌丝又可穿入根细胞内。

此类菌根已报道的有浆果鹃类菌根和水晶兰菌根，浆果鹃类菌根的菌丝穿入根表皮或皮层细胞内形成菌丝圈，而水晶豆菌根则在根细胞内菌丝的顶端形成枝状吸器。

这类菌根可发育在许多林木的根部，如松、云杉、落叶松和栎等。

菌根对寄主植物的作用如下：扩大了寄主植物根的吸收范围，作用最显著的是提高了植物对磷的吸收；防御植物根部病害，菌根起到机械屏障作用，防御病菌侵袭；促进植物体内水分运输，增强植物的抗旱性能；增强植物对重金属毒害的抗性，缓解农药对植物的毒害；促进共生固氮。

(五)根瘤

根瘤是指原核固氮微生物侵入某些裸子植物根部，刺激根部细胞增生而形成的瘤状物。因而根瘤是微生物与植物根联合的一种形式。根瘤可分为豆科植物根瘤和非豆科植物根瘤，豆科植物根瘤在共生固氮中已叙述，此处不再赘述。

非豆科植物根瘤中的内生菌主要是放线菌，少数是细菌或藻类。其中放线菌为弗兰克氏菌属，目前已发现有 9 科 20 多个属 200 多种非豆科植物能被弗兰克氏菌属放线菌侵染结瘤。

在我国有许多非豆科植物可与放线菌、细菌结瘤。桤木属、杨梅属、木麻黄属植物与放线菌形成根瘤，具有固氮作用。沙棘属胡颓子科可与细菌形成根瘤，根瘤同样也有固氮能力。

(六)土壤生物学性质改良

不良的生物学性质包括生物活性(微生物所进行的各种生理活动能力)低下及有害生物过多两种情况。生物活性低下的原因，主要是有机质和矿质营养缺乏，还与土壤物理性质不良有关。改良的关键：增加有机质含量，使土壤疏松、良好的水气热状况也是必要的；另外，接种有益的微生物或施用微生物肥料。

土壤有害生物多，可引起严重的病虫害，这时可采用土壤消毒。土壤消毒是指在播种或移栽前要对土壤进行消毒，可杀灭有害的病原微生物、害虫和杂草种子。消毒方法有高温消毒和药物消毒。高温消毒是在土壤中埋设导管，将土壤密封好，如通热的蒸汽温度为 80～100 ℃时，10 min 可完成消毒。药物消毒所用的药物是福尔马林、溴甲烷、硫酰氟、硫酸亚铁等。

任务实施

土壤中小动物调查

一、调查目的

土壤中小动物调查是研究土壤生态系统和土壤生物多样性的重要手段，是了解土壤生态系统中小型动物群落的组成、数量和多样性，进而探讨土壤生态系统的健康状况及对环境变化的响应能力，通过调查与分析可以获得有关土壤质量、环境污染和生态系统功能的重要信息。该调查能够为土壤质量评估、生态保护和土壤生物多样性保护提供重要的科学依据，对推动可持续发展和生态文明建设具有重要意义。

二、调查方法

1. 野外取样

(1)选择调查样地：根据研究目的选择典型土壤类型和不同地理区域的样地。

(2)划定样方：在每个样地内设立足够数量的样方，样方大小一般为 0.1～1 m^2。

(3)采集土壤样本：使用土壤钻或其他合适的工具，垂直采集土壤样本至样方设定的深度，并将样本放入密封袋。

(4)样本处理：将采集的土壤样本带回实验室，将其进行筛分和挑选，去除大颗粒和杂质。

2. 动物提取

(1)湿筛法：将土壤样本加入筛分器中，加入足够的水，用手或刷子进行搅拌，待土壤颗粒悬浮于水中后，将水倒入容器中，进行沉淀。

(2)漂浮法：将筛分好的土壤样本加入塑料容器中，加入足够的水，搅拌均匀，待土壤颗粒沉淀后，取上清液进行动物提取。

(3)萃取法：使用适当的溶剂(如盐水、甲醇等)，将土壤样本进行浸泡，溶剂能够将土壤中的动物迅速转移到液体中。

3. 动物鉴定与动物计数

(1)动物鉴定：使用显微镜对提取出的动物进行鉴定，常用的鉴定指标有形态特征、解剖结构和遗传特征等。

(2)动物计数：通过显微镜下的目测或使用图像处理软件进行计数，确定不同类别动物的数量。

三、调查指标与参数

1. 动物丰富度指数

动物丰富度指数是评价土壤中小动物多样性的重要指标，通常使用物种丰富度指数

(S)、Shannon-Wiener 指数(H)和 Pielou 指数(J)等。这些指数能够反映土壤中小动物的种类丰富度和优势度。

2. 动物密度(个体数量)

动物密度指的是在单位土壤体积或单位土壤面积内所包含的动物个体数量，常用指标为个体密度。个体密度能够反映土壤中小动物的数量分布情况。

3. 动物功能群

动物功能群是指具有类似生态功能的动物种类被归为同一类别，常见的功能群有捕食者、食腐动物、腐生动物、寄生虫等。调查中需要根据动物的生态习性进行归类。

四、调查结果分析

利用调查数据可以进行土壤生态系统的健康评估、生物多样性分析和生态系统功能的研究。常见的分析方法包括物种多样性分析、生物群落结构分析、生物多样性指数的计算和统计分析等。

五、调查应用

(1)环境质量评估：通过监测土壤中小动物的数量和种类分布，评估土壤质量、环境污染程度及土壤恢复效果。

(2)生物指示功能：小动物群落对环境变化相当敏感，通过调查小动物群落的组成与数量，可以评估环境质量变化，为环境保护提供科学依据。

(3)土壤生物多样性保护：土壤中小动物是土壤生物多样性的重要组成部分，调查结果可用于制订土壤生物多样性保护策略和措施。

六、调查注意事项

(1)野外取样时需注意样点选择的代表性和随机性，避免人为干扰对调查结果的影响。

(2)鉴定和计数过程需要细心操作，保持显微镜的干净和清晰，避免误判和漏计。

(3)调查数据的分析和解释需要基于科学统计方法，避免主观判断和片面解读。

(4)在调查和处理样本的过程中，需要保持环境的洁净和无菌，减少外来物质的干扰。

反思评价

根据任务的组织准备、任务实施等情况，进行小组讨论，并完成表 1-2-15 的内容，以便下次任务能够更好地完成。

表 1-2-15　土壤中小动物调查任务反思评价表

任务程序	任务实施中需要注意的问题	任务表现	
		自评	互评
人员组织			

续表

任务程序		任务实施中需要注意的问题	任务表现	
			自评	互评
知识准备				
材料准备				
实施步骤	1. 野外取样			
	2. 动物提取			
	3. 动物鉴定与计数			
	4. 调查指标与参数			
	5. 调查结果分析与应用			

拓展阅读

蚯蚓：土壤小卫士，环境大功臣

土壤污染物会对生物的生长、繁殖、多样性等造成负面影响，甚至通过食物链威胁人类健康。蚯蚓作为土壤生态系统中数量丰富且活动旺盛的一类生物，发挥着至关重要的生态作用。土壤污染日趋严重，对土壤生态系统稳定性造成了威胁，使寻求有效修复土壤污染的措施变得更为必要。蚯蚓可以降解土壤污染物，以达到修复土壤的目的，可作为土壤生物修复的其中一种方式，在土壤修复上发挥着重要作用。蚯蚓修复主要是吸收、转化及降解污染物，涉及内在和外在机理。内在机理包括改善土壤理化性质、刺激土壤微生物生长、影响微生物活性和代谢、提高植物吸收率等；外在机理包括蚯蚓生理活动，蚯蚓对污染物形态、迁移及生物有效性的影响等。

1. 消除土壤中重金属污染

蚯蚓对土壤中的重金属污染具有修复潜力。蚯蚓肠组织中的黄色细胞可以吸收较高浓度的重金属，且随着环境中铜(Cu)和镉(Cd)浓度升高，其在蚯蚓体内的含量也逐渐升高，研究表明，蚯蚓黏液中含有COOH、NH_2等活性基团，能够络合、螯合重金属，提高土壤中重金属的活性。

2. 消除土壤中的有机污染物

土壤有机污染因其持久性、蓄积性、“三致”效应、毒性效应等特点而引起研究者的广泛关注。我国农田土壤除受到传统有机污染物(如多氯联苯、多环芳烃、农药、石油烃等)污染外，还受到多种新型有机污染物(如抗生素、酞酸酯、全氟化合物、微塑料等)的污染。研究表明，蚯蚓能够促进土壤中多种有机污染物的降解，在土壤有机污染生物修复方面具有广阔的应用前景。

3. 消除石油类污染物

石油类污染物进入土壤环境后，有机碳含量增加，刺激了自养型微生物大量增加，其中嗜烃微生物能对土壤中的硝态氮等营养元素进行固定，造成营养供应的缺乏。蚯蚓作为土壤中广泛存在的分解者，具有改良土壤结构、促进植物生长的作用，其肠道的消化过程也可能提高土壤酶活性；蚯蚓粪中含有大量的速效养分能够促进微生物生长。

4. 有利于提高土壤肥力

蚯蚓的排泄物被称为蚯蚓粪，其具有良好的肥料特性。蚯蚓摄入土壤中的有机物质，经过消化分解后，将有机物质排泄成蚯蚓粪。蚯蚓粪中含有丰富的有机质、氮、磷、钾等营养元素，具有优良的肥料效果。据农业农村部肥料质检中心等单位对蚯蚓粪的检测，蚯蚓粪含氮、磷、钾分别为1.4%、1%、1%，含腐殖酸46%，含23种氨基酸，含丰富的蚯蚓蛋白酶，每克蚯蚓粪有8×10^5个有益微生物(老化土壤只有$10^5\sim10^6$个)，并具有颗粒均匀、透气保水、无味卫生、肥效持久等特点。含水85%的蚯蚓粪在酷暑中晒15 d，20 cm深处含水量仍达45%，大大增强土壤的抗旱能力。蚯蚓粪中的蚯蚓酶还可以杀死土壤中的病毒、有害菌和对植物生长有抑制作用的物质。蚯蚓粪是一种理想的天然生物肥。

项目习题

1. 分析各种成土因素在土壤形成过程中的应用。
2. 主要成土过程有哪些？它们与相应的环境条件有什么关系？
3. 土壤水平地带性与垂直地带性的关系是什么？
4. 什么是土壤孔性、结构与耕性？
5. 什么是土壤容重？容重有什么重要性？
6. 简述土壤质地类型及改良措施。
7. 土壤结构有哪些类型？团粒结构在农业生产中的意义是什么？
8. 根据团粒结构形成的过程和条件，提出创造团粒结构的措施。
9. 什么是土壤的黏结性、黏着性和可塑性及其影响因素？如何进行调控？
10. 什么是土壤胶体？土壤胶体有哪些特性？
11. 试述土壤酸碱性类型及影响酸碱性的因素。
12. 如何调节土壤的酸碱性？
13. 试述土壤氧化还原状况与作物生长的关系，如何调节土壤的氧化还原状况？

项目三 认识土壤中的污染物

主要任务

土壤中污染物的种类很多，来源也很广泛。不同来源、种类的污染物，其特点及主要成分不同，对应的修复方法也完全不同。本项目包括污染物的来源及污染物的种类。

任务一 了解土壤污染物的来源

任务目标

知识目标

1. 了解土壤污染物的来源。
2. 掌握土壤污染物的特征。

技能目标

1. 能根据土壤污染影响因素采取合理的修复治理措施。
2. 能根据学过的知识及土壤污染特点，提出合理的修复建议。

素养目标

1. 培养吃苦耐劳、刻苦钻研、团结合作的创新精神。
2. 树立保护环境、护土爱土意识，以及践行生态文明、保护绿水青山的职业素质。

任务卡片

根据班级人数进行分组，以小组为单位对当地土壤进行调查，收集相关的资料和图片，了解当地土壤中的污染物的来源，农民施用的农药、化肥种类，结合学过的知识给合理施肥、修复污染土壤提供指导性建议。

知识准备

土壤是一个开放系统，土壤与其他环境要素间进行着物质和能量的交换，因而造成土壤污染的物质来源极为广泛，有自然污染源，也有人为污染源。自然污染源是指某些矿床的元素和化合物的富集中心周围，由于矿物的自然分解与分化，往往形成自然扩散带，使附近土壤中某元素的含量超过一般土壤的含量。人为污染源是土壤环境污染研究的主要对象，包括工业污染源、农业污染源和生活污染源。

一、工业污染源

由于工业污染源具备确定的空间位置并稳定排放污染物质，其造成的污染多属点源污染。工业污染源造成的污染主要有以下几种情况。

1. 采矿业对土壤的污染

对自然资源的过度开发造成多种化学元素在自然生态系统中超量循环。改革开放以来，我国采矿业发展迅猛，年采矿石总量约60亿t，已成为世界第三大矿业大国。而其引发的环境污染和生态破坏也与日俱增。采矿业引发的土壤环境污染可以概括为挤占土地、尾渣污染土壤、水质恶化。

2. 工业生产过程中产生的“三废”

工业“三废”主要是指工矿企业排放的“三废”(废水、废气、废渣)，一般直接由工业“三废”引起的土壤环境污染限于工业区周围数公里范围内，工业“三废”引起的大面积土壤污染都是间接的，且是由于污染物在土壤环境中长期积累而造成的。

(1)废水。废水主要来自城乡工矿企业废水和城市生活污水，直接利用工业废水、生活污水或用受工业废水污染的水灌溉农田，均可引起土壤及地下水污染。

(2)废气。工业废气中有害物质通过工矿企业的烟囱、排气管或无组织排放进入大气，以微粒、雾滴、气溶胶的形式飞扬，经重力沉降或降水淋洗沉降至地表而污染土壤。钢铁厂、冶炼厂、电厂、硫酸厂、铝厂、磷肥厂、氮肥厂、化工厂等均可通过废气排放和重金属烟尘的沉降而污染周围农田。这种污染明显地受气象条件影响，一般在常年主导风向的下风侧比较严重。

(3)废渣。工业废渣、选矿尾渣如不加以合理利用和进行妥善处理，任其长期堆放，不仅占用大片农田，淤塞河道，还可因风吹、雨淋而污染堆场周围的土壤及地下水。产生工业废渣的主要行业有采掘业、化学工业、金属冶炼加工业、非金属矿物加工、电力煤气生产有色金属冶炼等。另外，很多工业原料、产品本身是环境污染物。

二、农业污染源

在农业生产中，为了提高农产品的产量，过多地施用化学农药、化肥、有机肥，以及污水灌溉、施用污泥、生活垃圾及农用地膜残留、畜禽粪便及农业固体废弃物等，都可使土壤环境不同程度地遭受污染。由于农业污染源大多无确定的空间位置、排放污染物的不确定及无固定的排放时间，农业污染多属面源污染，更具有复杂性和隐蔽性的特点，且不容易得到有效的控制。

1. 污水灌溉

未经处理的工业废水和混合型污水中含有各种各样污染物质，主要是有机污染物和无机污染物(重金属)。最常见的是引灌含盐、酸、碱的工业废水，使土壤盐化、酸化、碱化，失去或降低其生产力。另外，用含重金属污染物的工业废水灌溉，可导致土壤中重金属的累积。

2. 固体废弃物的农业利用

固体废弃物主要来自人类的生产和消费活动，包括有色金属冶炼工厂，矿山的尾矿废渣，污泥，城市固体生活垃圾和畜禽粪便，农作物秸秆等，这些作为肥料施用或在堆放、处理和填埋过程中，可通过大气扩散、降水淋洗等直接或间接地污染土壤。

3. 农用化学品

农用化学品主要是指化学农药和化肥，化学农药中的有机氯杀虫剂及重金属类，可较长时期地残留在土壤中；化肥施用主要是增加土壤重金属含量，其中镉、汞、砷、铅、铬是化肥对土壤产生污染的主要物质。

4. 农用薄膜

农用废弃薄膜对土壤污染危害较大，薄膜残余物污染逐年累积增加。农用薄膜在生产过程中一般会添加增塑剂(如邻苯二甲酸酯类物质)，这类物质有一定的毒性。

5. 畜禽饲养业

畜禽饲养业主要是通过粪便对土壤造成污染，一方面通过污染水源流经土壤，造成水源型的土壤污染；另一方面空气中的恶臭性有害气体降落到地面，造成大气沉降型的土壤污染。

三、生活污染源

土壤生活污染源主要包括城市生活污水、屠宰加工厂污水、医院污水、生活垃圾等。

1. 城市生活污水

生活污水是人们日常生活中排出的废水，是从住户、公共设施(饭店、宾馆、影剧院、体育场馆、机关、学校和商店等)和工厂的厨房、卫生间、浴室和洗衣房等生活设施中排放的废水。这类污水的水质特点是含有较高的有机物，如淀粉、蛋白质、油脂等，以及氮、磷等无机物，此外，还含有病原微生物和较多的悬浮物。近年来，随着我国城镇化的发展，城市生活污水的排放量呈逐年上升趋势，同时占全国废水排放总量的比例增大。

根据最新的统计数据(截至2022年)，我国城市污水排放量达到了约638.97亿m^3。这一数据反映了近年来随着城镇化和工业化的加速发展，城镇生活污水排放量呈现出逐年上升的趋势。据资料介绍，美国现在平均每1万人就拥有1座污水处理厂，英国和德国每1 000～8 000人拥有1座污水处理厂。而我国城镇人口中，平均每150万人才拥有1座污水处理厂。根据当前国内实际污水处理单元与实际需处理污水量来看，我国城市生活污水处理设施还不足以满足当前国内污水处理需求，未经处理的生活污水直接排放，造成越来越严重的土壤环境污染问题。

2. 医院污水

土壤生活污染源中危险性最大的是传染病医院未经消毒处理的污水和污物，主要包括肠道致病菌、肠道寄生虫、破伤风杆菌、肉毒杆菌、霉菌和病毒等。土壤中的病原体和寄生虫进入人体主要通过三个途径：一是通过食物链经消化道进入人体，如生吃被污染的蔬菜、瓜果，就容易感染寄生虫病或痢疾、肝炎等疾病；二是通过破损皮肤侵入人体，如十二指肠钩虫、破伤风、气性坏疽等；三是可通过呼吸道进入人体，如土壤扬尘传播结核病、肺炭疽。

3. 城市垃圾

城市数量与规模的迅速增加与扩张，带来了严重的城市垃圾污染问题。城市垃圾不仅产生量迅速增长，而且化学组成也发生了根本的变化，成为土壤的重要污染源。我国城市生活垃圾清运量逐年上升。据统计，2022年，我国城市生活垃圾清运量为2.44亿t。目前，全世界垃圾年均增长速度为8.42%，而我国垃圾增长率达到10%以上。城市生活垃圾产生量逐年增加，垃圾处理能力缺口日益增大，我国城市生活垃圾累积堆存量已达70亿t。早期的城市垃圾主要来自厨房，垃圾组成基本上也是燃煤炉灰和生物有机质，这种组成的垃圾很受农民欢迎，可用作农田肥料。现代城市垃圾的化学组成则完全不同，含有各种重金属和其他有害物质。垃圾围城成为不少城市的心病。

4. 粪便

土壤历来被当作粪便处理的场所。粪便主要由人、畜粪尿组成。一般成年人每人每日可产粪便约0.25 kg，排泄尿约1 kg。粪便中含有丰富的氮、磷、钾和有机物，是植物生长不可或缺的养料。但新鲜人畜粪便中含有大量的致病性微生物和寄生虫卵，如不经无害化处理而直接用到农田，即可造成土壤的生物病原体污染，导致肠道传染病、寄生虫病、结核、炭疽等疾病的传播。

5. 公路交通污染源

随着社会的发展、家庭轿车等机动车辆剧增、运输活动越来越频繁，公路交通成为流动的污染源。交通运输可以产生三种污染危害：一是交通工具运行中产生的噪声污染；二是交通工具排放尾气产生的污染，如含硫化合物、含氮化合物、碳氧化合物、碳氢化合物、铅等；三是运输过程中有毒、有害物质的泄漏。据报道，美国由汽车尾气排入环境中的铅，已达到3 000万t，且大部分蓄积于土壤中。研究报道，汽车尾气及扬尘可使公路两侧300～1 000 m的土壤受到严重污染，其中主要是重金属铅和多环芳烃(PAHs)的污染。

6. 电子垃圾

电子垃圾是世界上增长最快的垃圾，这些垃圾中包含铅、汞、镉等有毒重金属和有机污染物，处理不当会造成严重的环境污染。据联合国环境规划署估计，每年有2 000万～5 000万t电子产品被当作废品丢弃，它们对人类健康和环境构成了严重威胁。据资料显示，一节一号电池污染，能使1 m^2 的土壤永久失去利用价值；一粒纽扣电池可使60 t水受到污染，相当于一个人一生的饮水量。电池污染具有周期长、隐蔽性大等特点，其潜在危害相当严重，处理不当还会造成二次污染。

在为数众多的土壤污染来源中，影响大、比例高的污染来源主要包括工业污染源、农业污染源、市政污染源等。不同土壤由于其主要的生产生活等种类的不同，加之复合污染的存在，使污染场地表现出单污染源和复合污染源并存的情况，出现了更为复杂的土壤污染来源。图1-3-1所示为土壤重金属及PAHs工业污染源贡献率。

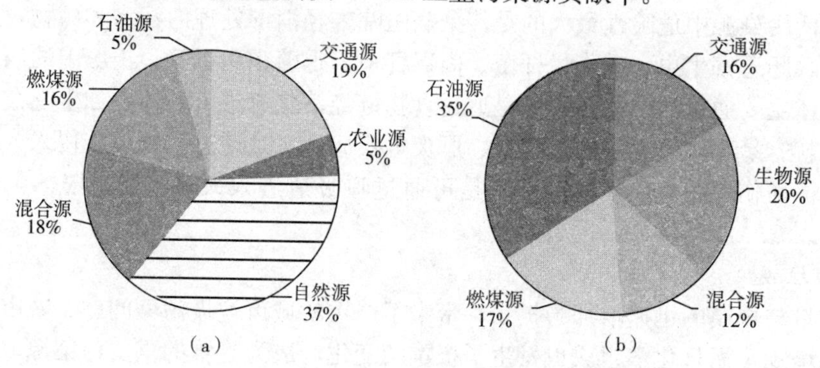

图1-3-1 土壤重金属及PAHs工业污染源贡献率

(a)重金属；(b)PAHs

任务实施

土壤有机污染物含量测定

1. 试验目的与意义

石油烃、POPs、农药、多氯联苯等有机物为土壤常见污染物类型，测定其含量对判定土壤的有机污染程度有重要的指示意义，对有机污染土壤的修复有重要的参考价值，也是判定其修复效果的重要参数。

一般测定土壤中的有机污染物含量均涉及将土壤中的有机物抽提到高溶解性的有机相中，再对其进行进一步的研究和分析，如GC、GC—MS等，也可通过质量法对其进行粗略的测定与分析。一般土壤中有机污染物的抽提方法有索氏提取、超声波提取、溶剂浸提等。本试验采用广泛的索氏提取法，用自动索氏提取仪对土壤的有机污染含量进行测定与分析。

2. 试验仪器与材料

(1)SXT-06索氏抽提器、研钵、定性滤纸、镊子。

(2)试剂：氯仿(分析纯)。

(3)材料：脱脂棉。

3. 试验步骤

(1)从土壤样品(烘干、风干或阴干)中称取约20 g(依有机污染物含量水平可做调整)，倒入研钵中，加入适量(约半药匙)无水硫酸镁，将其研碎，以增加固液接触面积。

(2)取一张直径为15 cm的定性滤纸，折叠，在底部放一块经氯仿处理过的脱脂棉，倒入样品，再盖上一块同样的脱脂棉，包好。

(3)用长镊子将滤纸包送入玻璃抽提筒内，再将抽提筒与抽提瓶旋好，注意过程中不要使滤纸破损。

(4)倒入适量氯仿。

(5)将玻璃仪器放入索氏抽提器中，固定好，打开循环水，并开启索氏抽提器开关，温度设定为75 ℃。

(6)抽提时间以氯仿无色为准。

(7)关闭阀门，加热蒸干抽提瓶内的氯仿，再称瓶质量(空瓶质量事先称好记下)。

4. 结果计算

土壤中有机污染物的含量可按下式进行计算：

$$C_0=\frac{M_1-M_0}{m}\times 1\ 000\ 000$$

式中 C_0—— 土壤有机污染物含量(mg/kg，干土)；

M_1—— 抽提结束后抽提瓶加有机物的质量(g)；

M_0—— 抽提瓶的质量(g)；

m—— 土壤样品的质量(g，干重)；

1 000 000 ——土壤中有机污染物含量的换算系数。

反思评价

根据任务的组织准备、任务实施等情况，进行小组讨论，并完成表 1-3-1 的内容，以便下次任务能够更好地完成。

表 1-3-1 土壤有机污染物含量测定任务反思评价表

任务程序		任务实施中需要注意的问题	任务表现	
			自评	互评
人员组织				
知识准备				
材料准备				
实施步骤	1. 仪器设备的准备、调试			
	2. 药品配制			
	3. 操作步骤			
	4. 数据分析			

拓展阅读

畜禽粪便异位发酵床处理模式

吉安县温氏畜牧有限公司安塘猪场位于吉安县安塘乡，存栏母猪 9 000 头，按每头生猪 0.33 m^3 的垫料，共建设了两处异位发酵床，面积合计约为 2 000 m^2，通过"雨污分流、粪尿收集、调节均质、生物发酵、残渣肥料化"工艺流程，在舍外建设垫料发酵间，生猪不直接接触垫料，粪尿通过锯末、稻壳等垫料吸附并经发酵床中的微生物分解转化，从而控制粪污直接排出场外，实现"零排放、零污染、可循环、纯生态"的目标。

新余市桃源生态农业开发公司存栏母猪 900 余头，建设日处理 120 t 粪污，占地面积为 4 000 m^2 的异位发酵床，建设投资 260 万元，但省去了建设厌氧发酵及后端处理等粪污设施的费用。运行 1～2 年的垫料做有机肥，有机肥集团内部使用替代化肥或出售，每年增加效益约 170 万元。

畜禽粪污资源化利用

赣州市定南县建立生态循环农业示范园，通过以沼气发电站和有机肥厂、皇竹草种植利用为核心纽带，分别形成“养殖—能源—种植”“种植—能源—养殖”农业循环利用链，同时，结合废弃矿山修复治理，形成了“生态循环农业+废弃稀土矿山治理”模式，该经验做法入选2020年《国家生态文明试验区改革举措和经验做法推广清单》，得到农业农村部、国家发展改革委的充分肯定。

目前，示范园与全县所有规模养猪场签订粪污处理协议，日均收集处理粪污1 090 t，年发电量2 000万kW·h，年产固体有机肥3万t、液态肥30万t，覆盖全县17.3万亩油茶、果业、蔬菜、水稻基地。同时，在废弃稀土矿山上种植能源作物皇竹草2 000余亩，有效治理废弃稀土矿山，年消纳沼液肥18万t，年产草量1.8万t，用于发展牛羊养殖，2021年定南县牛出栏同比增长293.82%。示范园通过沼气发电，销售固态有机肥和沼液肥，以及皇竹草制作的青贮饲料，可实现年产值3 750万元、年利润560多万元，生态效益、经济效益、社会效益明显。

任务二　认识土壤污染物的种类

任务目标

知识目标

1. 了解土壤污染物类型；掌握土壤污染发生类型。
2. 理解土壤污染发生类型的原理。

技能目标

1. 能根据土壤污染类型采取合理的治理措施。
2. 能根据学过的知识修复污染土壤，改善土壤生态环境。

素养目标

1. 培养吃苦耐劳、刻苦钻研、团结合作的创新精神。
2. 树立保护环境、护土爱土意识，以及践行生态文明、保护绿水青山的职业素质。

任务卡片

根据班级人数进行分组，以小组为单位对当地土壤污染物种类进行调查，收集相关的资料和图片，了解当地土壤中污染物的来源，与企业人员和农民对污染物的来源、种类进行分析，并提出合理的修复措施。

知识准备

一、根据污染物性质分类

根据污染物性质，可将土壤污染物大致分为无机污染物和有机污染物两大类(表1-3-2)。

表 1-3-2　土壤主要污染物质

污染物种类			主要来源
无机污染物	重金属	汞(Hg)	制碱、汞化物生产等工业废水和污泥，含汞农药，金属汞蒸气
		镉(Cd)	冶炼、电镀、染料等工业废水、污泥和废气，肥料
		锌(Zn)	冶炼、镀锌、纺织等工业废水、污泥和废渣，含锌农药，磷肥
		铬(Cr)	冶炼、电镀、制革、印染等工业废水和污泥
		铅(Pb)	颜料、冶炼等工业废水，汽油防爆燃烧排气，农药
		镍(Ni)	冶炼、电镀、炼油、染料等工业废水和污泥
	放射元素	铯(Cs)	原子能、核动力、同位素生产等工业废水和废渣，大气层核爆炸
		锶(Sr)	
	其他	氟(F)	冶炼、氟硅酸钠、磷酸和磷肥等工业废气，肥料
		盐碱	纸浆、纤维、化学等工业废水
		酸	硫酸、石油化工、酸洗、电镀等工业废水
		砷(As)	硫酸、化肥、农药、医药、玻璃等工业废水和废气
		硒(Se)	电子、电路、油漆、墨水等工业的排放物
有机污染物	有机农药		农药生产和使用
	酚		炼油、合成苯酚、橡胶、化肥、农药等工业废水
	氰化物		电镀、冶金、印染等工业废水，肥料
	苯并芘		石油、炼焦等工业废水
	石油		石油开采，炼油，输油管道漏油
	有机洗涤剂		城市污水，机械工业
	有害微生物		厩肥

（一）无机污染物

污染土壤的无机物主要有重金属（汞、镉、铅、铬、铜、锌、镍，以及类金属砷、硒等）、放射性元素（137Cs、90Sr 等）、氟、酸、碱、盐等。其中尤以重金属和放射性物质的污染危害最为严重，因为这些污染物都是具有潜在威胁的，一旦污染了土壤，就难以彻底消除，并较易被植物吸收，通过食物链而进入人体，危及人类的健康。

（二）有机污染物

污染土壤的有机物主要有人工合成的有机农药、酚类物质、氰化物、石油、多环芳烃、洗涤剂及有害微生物、高浓度耗氧有机物等。其中尤以有机氯农药、有机汞制剂、多环芳烃等性质稳定不易分解的有机物为主，它们在土壤环境中易累积，污染危害大。

二、根据危害及出现频率大小分类

（一）重金属

金属元素在自然界是广泛存在的，金属对生物和人类的生存尤为重要，表 1-3-3 列出了已被确认的与人体健康和生命有关的微量金属元素。例如，铁元素是合成血红蛋白的必需元素，血液中铁的浓度过低会导致缺铁性贫血。锌元素能增强食欲，促进生长发育，具有重要生理功能，增强创伤组织的再生能力，加速组织愈合等作用。人体缺锌，将引起锌酸活力减退而产生营养不良；嗅觉、味觉丧失，视力下降，贫血、肝脾肿大、生殖器官发育不全等症，还可引起心血管疾病。

表 1-3-3　人体或生物必需的微量金属元素及其主要的生理功能

元素	生理功能
铁	血红蛋白中氧的载体，多种氧化还原体系中的必需成分，是多种酶的活性铁成分
锌	多种酶的必需成分，与正常发育有关，已发现大约 80 种酶的活性与锌有关
铜	氧化还原体系中有效的催化剂，影响酶的活性，在人体的结缔组织(皮肤、软骨、骨质)的新陈代谢中起重要作用
锰	参与多种酶的催化反应，与钙、磷代谢有关
铬	人体必需元素，与糖类和脂肪代谢有关
钴	维生素 B_{12} 的必要成分
钼	嘌呤转化为尿酸的催化酶组分，是能量交换所必需的
碘	合成甲状腺激素的必需元素氟
氟	坚硬骨骼、预防龋齿的必需元素
硒	谷胱甘肽过氧化酶的组分，抗不生育，防止营养不良，多种金属的解毒剂
钒	菌类藻类所必需，人和动物的必需微量元素
镍	激活酶的活性，是否为人体必需尚无定论
砷	与硒的营养生物化学作用相关联，是否为人体所必需尚无定论

土壤重金属污染是指由于人类活动将金属加入土壤中，致使土壤中重金属含量明显高于原生含量并造成生态环境质量恶化的现象。

1. 重金属污染来源

(1)矿业污染源：在重金属矿山开采过程中，尾矿未加处理或处理不当都会使土壤环境遭受重金属污染，洗矿用水如果未经处理直接排放也会造成土壤环境重金属污染，另外，矿山开采的粉尘随大气沉降也会造成土壤重金属污染。矿业污染源的特点是，以矿山开采点为起点沿矿石运输方向、水流下游方向及下风向分布，污染面积较大。

(2)工业污染源：一般来说，工业中各个行业都会有重金属废料排放，其中冶炼业、电镀业、加工业、化学工业及其他大量使用金属作为原材料或生产资料的行业都是重金属污染比较严重的行业。工业污染源的主要特点是，污染物排放浓度较高、成分复杂、难以治理，大部分工业污染源排放的污染物都可以直接影响周围居民，“三废”的处理不当均可以进入土壤环境造成污染事故。

(3)农业污染源：农业污染源中的重金属污染主要来自农药和化肥及污水灌溉。农药和化肥中会含有少量的重金属，随着农药和化肥的施用进入农田土壤环境；用含重金属的污水灌溉农田也会导致土壤重金属污染。污染物危害农作物生长，影响产量。富集重金属的农作物进入食物链则会影响人类健康。农业污染源的主要特点是，污染的主要土壤环境是农田，农田周边的土壤也会受到影响，对人类健康有着直接的影响。

(4)交通污染源：交通污染源是指交通运输中，尤其是汽车运输中所排出的尾气中含有重金属，导致周边土壤环境受到重金属污染。汽车使用的汽油中一般含有重金属铅，随尾气的排放，会在公路两侧造成铅污染。交通污染源的特点是，沿公路两侧分布，主要污染物是铅。

2. 重金属危害

(1)过量重金属可引起植物生理功能紊乱、营养失调，镉、汞等元素在作物籽实中富集系数较高，即使超过食品卫生标准，也不影响作物生长、发育和产量；另外，汞、砷能减弱和抑制土壤中硝化、氨化细菌活动，影响氮素供应。

(2)重金属污染物在土壤中移动性很小，不易随水淋滤，不为微生物降解，通过食物链进入人体后，潜在危害极大，应特别注意防止重金属对土壤的污染。

(3)一些矿山在开采中尚未建立石排场和尾矿库，废石和尾矿随意堆放，致使尾矿中富含难降解的重金属进入土壤，加之矿石加工后余下的金属废渣随雨水进入地下水系统，造成严重的土壤重金属污染。

3. 土壤重金属污染的主要特征

(1)形态多变。随 pH 值、氧化还原电位、配位体不同，常有不同的价态、化合态和结合态，形态不同其毒性也不同。

(2)难以降解。污染元素在土壤中一般只能发生形态的转变和迁移，难以降解。

(二)石油类污染物

土壤中石油类污染物组分复杂，主要有 C_{15}～C_{36} 的烷烃、烯烃、苯系物、多环芳烃、酯类等，其中美国规定的优先控制污染物多达 30 种。

石油已成为人类最主要的能源之一，随着石油产品需求量的增加，大量的石油及其加工品进入土壤，给生物和人类带来危害，造成土壤的石油污染日趋严重，这已成为世界性的环境问题。全世界大规模开采石油是从 20 世纪初开始的，1900 年全世界的消费量约 2 000 万 t，100 多年来这一数量已经增加了 100 多倍。每年的石油总产量已经超过了 22 亿 t，其中约 18 亿 t 是由陆地油田生产的，仅石油的开采、运输、储存及事故性泄漏等原因造成每年有 800～1 000 万 t 石油烃进入环境(不包括石油加工行业的损失)，引起土壤、地下水、地表水和海洋环境的严重污染。中国目前是世界上第二大石油消费国，在《2024 年世界能源统计回顾》中显示，中国 2023 年石油消费量每天 1 657.7 万桶，同比增长 10.7%，占全球石油消费量的 16.5%。从 2013 年到 2023 年，中国的石油消费量平均每年增长 4.6%。

在石油生产、储运、炼制、加工及使用过程中，由于事故、不正常操作及检修等原因，都会有石油烃类的溢出和排放，如油田开发过程中的井喷事故、输油管线和储油罐的泄漏事故、油槽车和油轮的泄漏事故、油井清蜡和油田地面设备检修、炼油和石油化工生产装置检修等。

石油烃类大量溢出时，应当尽可能予以回收，但有的情况下回收很困难，即使尽力回收，仍会残留一部分，对环境(土壤、地面和地下水)造成污染。由于过去数十年各大油田区域采油工艺相对落后，密闭性不佳，加之环境保护措施和影响评价体系相对落后，污染控制和修复技术缺乏，我国土壤石油类污染程度较高，石油污染呈逐年累积加重态势。

近年来，随着我国国民经济和各类等级公路的飞速发展，以及汽车保有量的大量增加，汽车加油站数量在迅速增加的同时也给环境带来了巨大的潜在危险，加油站埋地储油罐一旦腐蚀渗漏就会污染土壤和地下水。我国加油站从 20 世纪 80 年代中期开始快速增长，截至 2023 年，我国加油站总量约为 10.58 万座。

(三)持久性有机污染物(POPs)

最为常见的持久性有机污染物包括多环芳烃(PAHs)、多杂环烃(PHHs)、多氯联苯(PCBs)、多氯二苯二噁英(PCDDs)、多氯二苯呋喃(PCDFs)，以及农药残体及其代谢产物。

农药是存在于土壤环境中一类重要的有机污染物。农药的作用是对付、杀死自然界中各种昆虫、线虫、蛹、杂草、真菌病原体，在农药生产过程和农业生产使用过程中可能导致土壤污染。目前，农业上农药的使用量一般达到 0.2～5.0 kg/hm^2，而非农业目的的应用，其用量往往更高。例如，在英国，大量除草剂用于铁路或城市道路上清除杂草，其用量也在不断增加，增长率达到 9%。一般来说，只有小于 10%的农药到达设想的目标，其余则残留在土壤中。进入土壤中的农药，部分挥发进入大气，部分经淋溶过程进入地下水，或经排水进入水体或河流。大部分农药的水溶性大于 10 mg/L，因而在土壤中有淋溶的倾向。在肥沃的土壤中，许多农药的半减期为 10 d～10 a，因此，在许多场合足以被淋溶。如阿特拉律的半减期为 50～100 d，能够引起广泛的地下水污染问题。

由于涉及的化合物种类很多，这种类型的污染物在土壤环境中的生态行为及其对植物、动物、微生物甚至人类的毒性差异很大。许多农药还有可能降解为毒性更大的衍生物，导致敏感作物的植物毒性问题。与土壤的农药污染有关的最为严重的问题是进一步导致地表水、地下水的污染，以及通过作物或农业动物进入食物链。

(四)其他工业化学品

据估计，目前有 6 万～9 万种化学品已经进入商业使用阶段，并且以每年上千种新化学品进入日常生活的速度增加。尽管并不是所有的化学品都存在潜在毒性危害，但是有许多化学品，尤其是优先有害化学品(DDT、六六六、艾氏剂等)，由于储藏过程的泄漏、废物处理及在应用过程中进入环境，可导致土壤的污染问题。

(五)富营养废弃物

污泥(也称生物固体)是世界性的土壤污染源。随着污水处理事业的发展，中国产生越来越多的污泥。目前，污泥的处理方式主要有农业利用(美国占 22%，英国占 43%)、抛海(英国占 30%)、土地填埋和焚烧等。

污泥是有价值的植物营养物质的来源，尤其是氮、磷，还是有机质的重要来源，对土壤整体稳定性具有有益的影响。然而，它的价值有时因为含有一些潜在的有毒物质(如镉、铜、镍、铅和锌等重金属及有机污染物)而抵消。污泥中还含有一些在污水处理中没有被杀死的致病生物，可能会通过食用作物进入人体而危害健康。

厩肥及动物养殖废弃物含有大量氮、磷、钾等营养物质，它们对于作物的生长具有营养价值。但与此同时，因为其含有食品添加剂、饲料添加剂及兽药，常常会导致土壤的砷、铜、锌和病菌污染。

(六)放射性核素

核事故、核试验和核电站的运行，都会导致土壤的放射性核素污染。最长期的污染问题被认为是由半衰期为 30 年的^{137}Cs引起的，在土壤和生态系统中其化学行为基本上与钾接近。核武器的大气试验，导致大量半衰期为 25 年的^{90}Sr扩散，其行为类似生命系统中的钙，由于储藏于骨骼中，对人体健康构成严重危害。

(七)致病生物

土壤还常常被细菌、病毒、寄生虫等致病生物所污染，其污染源包括动物或病人尸体的埋葬、废物和污泥的处置与处理等。土壤被认为是这些致病生物的“仓库”，能够进一步构成对地表水和地下水的污染，土壤颗粒的传播使植物受到危害，动物和人感染疾病。

土壤重金属含量测定

铅和镉都是动植物非必需的有毒有害元素，可在土壤中蓄积，并通过食物链进入人体。下面介绍土壤样品中铅和镉的常用测定方法——原子吸收分光光度法。该方法具有灵敏度高、选择性好、操作简便和快速的特点，是测定土壤重金属元素的主要方法之一。

一、方法原理

样品导入原子化器后，形成的原子对特征电磁辐射产生吸收，将测得的样品吸光度和标准溶液的吸光度进行比较，即可得样品中被测元素的浓度。测定土壤中铅和镉的总量，可将土样消化后进行。铅和镉含量低时可用碘化钾—甲基异丁基酮萃取富集分离后测定，可以排除背景和基体效应的干扰。铅和镉含量较低时可用石墨炉无火焰法测定；含量较高时，可不经萃取，直接将消化液喷入空气—乙炔火焰中进行测定。

二、主要仪器和试剂

(1)主要仪器。主要仪器包括原子吸收分光光度计和石墨炉无火焰装置、铅和镉元素空心阴极灯。

(2)主要试剂。主要试剂包括：

①氢氟酸(HF)、硝酸(HNO_3)、盐酸(HCl)、高氯酸(HClO)。

②碘化钾溶液。

③抗坏血酸。

④甲基异丁基酮(MIBK)。

⑤铅标准储备液：称取 1.000 g 金属铅(含 Pb 99.99%)，溶于 HNO_3(6 mol/L)，用水稀释至 1 L，溶液中的 HNO_3 为 0.5 mol/L，Pb 含量为 1 000 μg/mL。

⑥镉标准储备液：准确称取 1.000 0 g 金属镉(含 Cd 99.99%)，加入少量稀 HNO_3(6 mol/L)溶解，在水浴上蒸干后，加 5 mL 1 mol/L HCl，再蒸干，加 HCl 和 H_2O 溶解残渣，用水稀至 1 000 mL，控制此溶液酸度为 0.5 mol/L，此溶液含 Cd 1 000 μg/mL。分析中使用的酸和标准物质均为符合国家标准或专业标准的优级纯试剂，其他为分析纯试剂，水为去离子水。

三、测定步骤

1. 标准曲线的制作

(1)火焰法：用逐级稀释法配制成含 Cd 10.00 μg/mL 的标准液，再配制成含 Cd 0.00 μg/mL、0.10 μg/mL、0.20 μg/mL、0.30 μg/mL、0.40 μg/mL、0.50 μg/mL 和 1.00 μg/mL 的标准系列。用逐级稀释法稀释 Pb 标准储备液至 50.0 μg/mL 溶液，再配制成含 Pb 为 0.00 μg/mL、0.50 μg/mL、1.00 μg/mL、1.50 μg/mL、2.00 μg/mL 和 2.50 μg/mL 的标准系列，酸度为 0.5 mol/L HCl。

(2)石墨炉无火焰法：Cd 的标准系列可配成 0.0 μg/L、2.0 μg/L、4.0 μg/L、6.0 μg/L、8.0 μg/L、10.0 μg/L、12.0 μg/L、16.0 μg/L、20.0 μg/L，Pb 的标准系列可配制成 0.00 μg/mL、5.00 μg/mL、10.0 μg/mL、20.0 μg/mL、50.0 μg/mL、100 μg/mL、200 μg/mL，酸度为 0.2 mol/L HCl。分别吸取标准系列溶液 5.00 mL 于 25 mL 具塞试管中，加 4 mL 水，加 2 mL 1 mol/L HCl，加 0.2 g 抗坏血酸，摇溶，再加 4 mL 饱和碘化钾溶液。激烈振荡 0.5 min 后，准确加入 5.00 mL 甲基异丁基酮，萃取振荡 1 min，静置分层后测定有机相。

2. 土壤样品的消化

称取经 105～110 ℃烘干，过 0.149 mm 孔径(100 目)以上筛孔的土样 0.5～1 g(精确至 0.000 1 g)于 30 mL 聚四氟乙烯坩埚内，加几滴去离子水湿润，加 10 mL HF，加5 mL 1∶1 $HClO_4$—HNO_3混合液，加盖低温消化(100 ℃以下)1 h 后，去盖，升高温度(低于 250 ℃)继续消化至 $HClO_4$ 大量冒烟。再加 5 mL HF 和 5 mL 1∶1 $HClO_4$—HNO_3混合液，消化至 $HClO_4$ 冒浓厚白烟时，加盖，使黑色有机碳化物充分分解。待坩埚上的黑色有机物消失后，开盖驱赶白烟到近干，加 5 mL HNO_3；消化至白烟基本冒尽，且内容物呈干裂状，取下趁热加 5 mL 2 mol/L HCl，加热溶解残渣(不能冒烟)。然后转移到 25 mL 容量瓶中，用去离子水定容，摇匀待测。同时做两份试剂空白。

3. 样品的测定

含量高的样品可用火焰法直接测土样消化液，含量低时可用石墨炉无火焰法测定。取适量消化液(5～10 mL)按标准曲线萃取法，与标准曲线同时测定，按照仪器性能可以直接测元素浓度或测定吸光度，然后在相应标准曲线上查得元素含量。

$$c=c_1\times V\times t_s/m$$

式中 c——土壤铅或镉的含量(μg/g)；

c_1——测得的铅或镉的浓度(pg/mL)；

V——测定时定容体积(m^3)；

t_s——分取倍数；

m——样品质量(g)。

四、注意事项

若萃取液中铅和镉含量超出标准曲线范围时，不可用甲基异丁基酮稀释测定，而应减少消化液的量，重新萃取，否则将带来较大的误差。

高氯酸的纯度对空白值影响很大，直接关系结果的准确度，因此在消化时所加入的高氯酸的量应保持一致，并尽可能地少加，以便降低空白值。消化时应尽可能将高氯酸白烟驱尽，否则加入碘化钾时会产生大量高氯酸钾的沉淀，但少量沉淀并不影响测定。

反思评价

根据任务的组织准备、任务实施等情况，进行小组讨论，并完成表 1-3-4 的内容，以便下次任务能够更好地完成。

表 1-3-4　土壤重金属含量测定任务反思评价表

任务程序		任务实施中需要注意的问题	任务表现	
			自评	互评
人员组织				
知识准备				
材料准备				
实施步骤	1. 仪器设备的调试			
	2. 药品配置			
	3. 操作步骤			
	4. 数据处理			
	5. 存在问题的分析			

拓展阅读

镉水之“痛”：日本“富山骨痛病事件”

日本“富山骨痛病事件”被列为20世纪“十大环境污染事件”之一，也是日本“四大环境公害事件”的代表。由于金属冶炼厂排放的含镉废水污染了水体，两岸居民食用含镉稻米和饮用含镉水而中毒，患者骨骼多处畸形、极易骨折、疼痛难忍，常常大叫“痛死了”，因此此病又名“疼痛病”。“富山骨痛病事件”发生后，富山县成立了“富山县地方特殊病对策委员会”，开始了国家级的调查研究，由此大力推进了日本环保法律体系和治理体系的日益完善。

神通川横贯日本中部富饶的富山平原，不但给沿岸居民提供了生活用水，也涵养出日本最负盛名的粮食主产地。上游山地蕴藏着金、银、铜、铅、锌等丰富的金属矿，16 世纪末银矿开采逐渐兴盛。1889 年三井组获得全部矿山经营权；1904 年日俄战争导致对铅和锌的需求大增，神冈矿山由采银为主逐步转向铅锌生产。第一次世界大战后神冈矿山成为日本最大的产锌基地，第二次世界大战期间神冈矿山被指定为海军军需工厂，产能急剧扩张，采矿产生的废水顺着神通川川流而下。

20 世纪初，人们发现神通川里的鱼开始大量死亡，两岸稻田也开始大面积减产。20 世纪 30 年代初，居民开始出现了一种怪病，患者大多是妇女，症状初始是腰、背、手、脚等关节疼痛，后期骨骼软化萎缩、严重畸形，甚至轻微活动或咳嗽都能引起多发性病理骨折，最后衰弱疼痛而死。这种怪病在日本引起极度恐慌，但谁也不清楚这是什么病。1967 年，日本厚生省研究小组发表联合报告，表明“疼痛病”主要是由于神通川上游的神冈矿山废水引起的重金属中毒尤其是镉中毒造成的。镉属于 1A 级致癌物，具有致癌、致畸和致突变作用，被列为环境污染中最为危险的 5 种物质之一。“疼痛病”在当地流行数十年，造成 200 多人死亡。

“富山骨痛病事件”敲响了重金属污染防治的警钟，我国部分地区重金属污染依然较重。为此，针对尤其是工矿业废弃地有关土壤环境污染问题，要充分吸取日本经验教训。“富山骨痛病事件”启示：高度重视重金属污染的长期性、潜伏性；加快完善重金属污染防治法律标准体系；加强重金属污染防治全链条管理；构建多主体参与的重金属污染防治体系。

项目习题

1. 简述污染物的来源。
2. 污染物的常见种类有哪些？各有什么特点？
3. 土壤重金属污染的主要特征是什么？

项目四　认识土壤污染物的迁移与转化

主要任务

污染物在环境中会呈现不同的形态，而不同形态的污染物在环境中有不同的化学行为，并表现出不同的毒性效应。污染物在环境中还会通过迁移及转化，扩散至更广泛的区域，或者产生新的污染物，对土壤造成更大影响。本项目主要介绍土壤污染物的形态、迁移及转化方式。

任务一　认识土壤污染物的迁移

任务目标

知识目标

1. 了解污染物的形态。
2. 掌握污染物的迁移方式。

技能目标

能识别污染物迁移的方式。

素养目标

1. 培养团结协作、严谨负责的职业素养。
2. 提高正确认识问题、分析问题和解决问题的能力。

知识准备

一、污染物在土壤中的形态

污染物在环境中的形态是指污染物的外部形状、化学组成和内部结构在环境中的表现形式。不同形态的污染物在环境中有不同的化学行为，并表现出不同的毒性效应。例如，甲基汞的毒性远远超过无机汞。污染物在土壤中的形态按其物理结构与性状可分为固体、流体(气体和液体)、射线等。按化学组成和内部结构，污染物可分为单质和化合态两类。土壤中污染物的迁移、转化及其对动植物的毒害和环境的影响程度，除与土壤中污染物的含量有关外，还与其在土壤中具体的存在形态有关。实践表明，重金属和有机污染物的生物毒性在很大程度上取决于其存在形态，用污染物的总量指标很难准确地评价土壤中污染物污染的程度、风险和修复效果。清楚土壤中污染物的残留规律、形态及其转化的基本规律，以及不同形态的植物可利用性，将为制订土壤中该类污染物的环境标准、评价土壤污染风险、合理选择修复途径、保障土壤环境安全、指导农业生产等提供重要的基础依据。

二、土壤中重金属的形态

土壤中的重金属元素与不同成分结合形成不同的化学形态，它与土壤类型、土壤性质、外源物质的来源和历史、环境条件等密切相关。土壤中重金属形态的划分有两层含义，一是指土壤中化合物或矿物的类型；二是指操作定义上的重金属形态。由于重金属元素在土壤中化学结合形态的复杂和多样性，难以进行定量的区分，通常意义上所指的“形态”为重金属与土壤组分的结合形态，即“操作定义”。对于重金属的操作形态，目前还没有统一的定义及分类方法。常见土壤和沉积物中重金属形态分析方法有以下几种：Tessier五步提取法是目前应用最广泛的形态分析法之一，该方法将沉积物或土壤中重金属元素的形态分为可交换态、碳酸盐结合态、铁锰氧化物结合态、有机物结合态和残渣态5种形态；Cambrell认为土壤和沉积物中的重金属存在7种形态，即水溶态、易交换态、无机化合物沉淀态、大分子腐殖质结合态、氢氧化物沉淀吸收态或吸附态、硫化物沉淀态和残渣态；Shuman将其分为交换态、水溶态、碳酸盐结合态、松结合有机态、氧化锰结合态、紧结合有机态、无定形氧化铁结合态和硅酸盐矿物态8种形态；为融合各种不同的分类和操作方法，欧洲参考交流局提出了较新的划分方法，即BCR法，将重金属的形态分为4种，即酸溶态(如碳酸盐结合态)、可还原态(如铁锰氧化物态)、可氧化态(如有机态)和残渣态。

1. 可交换态重金属

可交换态重金属主要是通过扩散作用和外层络合作用非专性地吸附在土壤黏土矿物及其他成分上，如氢氧化铁、氢氧化锰、腐殖质上的重金属。该存在形态的重金属是土壤中活动性最强的部分，对土壤环境变化最敏感，在中性条件下最易被释放，也最容易发生反应转化为其他形态，具有最大的可移动性和生物有效性，毒性最强，是引起土壤重金属污染和危害生物体的主要来源。另外，水溶态重金属存在土壤溶液中，其含量常低于仪器的检出限，且难与交换态区分，通常将两者合并研究。

2. 碳酸盐结合态重金属

碳酸盐结合态重金属以沉淀或共沉淀的形式赋存在碳酸盐中，该形态对土壤pH值最敏感。随着土壤pH值的降低，碳酸盐态重金属容易重新释放而进入环境中，移动性和生物活性显著增加，而pH值升高有利于碳酸盐态的生成，即其在不同pH值条件下能够发生迁移转化，具有潜在危害性。

3. 铁锰氧化物结合态重金属

铁锰氧化物结合态重金属一般以较强的离子键结合吸附在土壤中的铁或锰氧化物上，即指与铁或锰氧化物反应生成结合体或包裹于沉积物颗粒表面的部分重金属，可进一步分为无定形氧化锰结合态、无定形氧化铁结合态和晶体型氧化铁结合态3种形态。土壤pH值和氧化还原条件对铁锰氧化物中重金属的分离有重要影响，当环境氧化还原状况降低(如淹水、缺氧等)时，这部分形态的重金属可被还原而释放，造成对环境的二次污染。

4. 有机物结合态重金属

有机物结合态重金属主要是以配合作用存在于土壤中的重金属，即土壤中各种有机质如动植物残体、腐殖质及矿物颗粒活性基团与土壤中重金属络合而形成的螯合物，或是硫离子与重金属生成难溶于水的硫化物，也可分为松结合有机物态和紧结合有机物态，普遍使用氧化萃取剂来分离该态，该形态重金属较为稳定，释放过程缓慢，一般不易被生物所吸收利用。但当土壤氧化电位发生变化，如在碱性或氧化环境下，有机质发生氧化作用而分解，可导致少量重金属溶出释放。

5. 残渣态重金属

残渣态重金属是非污染土壤中重金属最主要的结合形式，常赋存于硅酸盐、原生和次生矿物等土壤晶格中。一般而言，残渣态重金属的含量可以代表重金属元素在土壤或沉积物中的背景值，主要受矿物成分及岩石风化和土壤侵蚀的影响。其在自然界正常条件下不易释放，能长期稳定结合在沉积物中，用常规的提取方法未能提取出来，只能通过漫长的风化过程释放，因而迁移性和生物可利用性不大，毒性也最小。

三、土壤中有机污染物的形态

进入土壤中的有机污染物，一小部分会溶解在土壤溶液中，这与有机物本身的水溶性、土壤的机械组成、土壤酸碱度及土壤温度等有关；大部分有机污染物进入土壤后，会与土壤黏粒或土壤有机质发生吸附作用，暂时保持吸附态或悬浮态于土壤颗粒表面；还有一部分有机污染物会进入土壤矿物和有机质内部形成结合态。国际纯粹与应用化学联合会(IUPAC)、联合国粮农组织(FAO) 和国际原子能机构 (IAEA) 确定的农药结合残留，是指用甲醇连续提取 24 h 后仍残存于样品中的农药残留物。因此，有机污染物在土壤中的存在形态可分为溶解态、吸附态、结合态和残留态等不同形态，且各形态间可以相互转化。

溶解态有机污染物的生物活性较高，能够直接对环境产生危害，但在环境中的代谢和降解也快。吸附态和结合态有机污染物会与土壤中的天然吸附剂通过各种相互作用结合在一起，吸附态和结合态有机污染物的生物活性较低，不会直接对环境产生危害，但在一定条件下可以转化为溶解态，从而对环境产生危害。残留态有机污染物几乎没有生物活性，一般不会轻易转化为其他形态，因此，不会对环境产生危害。

也有研究将有机污染物在土壤中的残留形式分为可提取态残留和结合态残留。前者是指无须改变化学结构、可用溶剂提取并用常规残留分析方法所鉴定分析的这部分残留；后者则难以直接萃取。两部分之间的界限并不是十分明显。

(1)可提取态残留。可提取态残留物的生物活性较高，能直接对生物(植物、微生物)产生影响，但在环境中降解也快，包括溶解态和吸附态。有研究表明，土壤中甲磺隆残留物的可提取态残留率随时间延长而逐渐降低；培养 112 d 后，其可提取态残留量为初始量的 16.1%～75.5%；有些研究则表明，甲磺隆进入土壤初期主要以可提取态残留存在，且可提取态残留能转变形成结合态残留或直接降解。另有研究表明，土壤 pH 值与甲磺隆可提取态残留率呈显著正相关，甲磺隆在碱性土壤中降解较慢，可提取态残留比例较高。

(2)结合态残留。许多合成物和农用化学品具有与土壤腐殖质相同的结构，所以在腐殖化过程中，这些外源性有机物与土壤有机质易结合成结合态残留。结合态残留可以是有机污染物的母体化合物，也可以是其代谢物。我国每年农药使用量达(50～60)×10^4 t，其中约80%的农药直接进入环境，而在通常使用的农药中，有90%可以在土壤和植物中形成结合态残留，其结合态残留量一般占施药量的20%～70%。

四、典型重金属在土壤中的形态与分布

污染物进入土壤后，由于其污染来源、迁移能力、与土壤物质的结合能力及进入植物体内能力的不同，导致它们在空间及形态上表现出不同的分布特征。对杭州市各区县农业土壤中Hg、As、Cu、Pb、Cr、Cd的调查表明：余杭区的Hg、As、Pb平均含量均高于其他区县，淳安县的Cu、Cr平均含量高于其他区县。在所有采样点中，淳安县出现了As、Cr和Cd含量最大值。主城区和萧山区农业土壤中各种重金属平均含量均处于较低水平。不同于杭州市各区县的分布特征，不同作物的农业土壤中，水稻田中的Hg、Pb、Cr、Cd平均含量均高于其他作物类型土壤中的含量。蔬菜地中Hg的平均含量也处于第一位，且出现了Hg含量最大值。对南京市不同功能区城市土壤重金属分布的初步调查发现：重金属含量分布不均匀，以矿冶工业区含量最高，其次为居民区、商业区、风景区、城市绿地、开发区；垂直分布也各不相同，城市中心区有表聚现象，风景区和新开发区则有亚表层积累趋势。

在葫芦岛铅锌冶炼厂附近的土壤中，Zn和Cd的主要形态为酸可溶态和残余态，Pb和Cu的主要形态为可还原态和残渣态，酸可溶态含量较低，四种元素的可氧化态含量都较小。Zn、Pb、Cd的酸可溶解态占总量的比例随着pH值的增大而降低，有机质与Cd的酸可溶解态、可还原态和可氧化态含量显著正相关，阳离子交换量(CEC)与几种重金属的形态分布都不显示相关性。

1. 砷的形态与分布

土壤中砷以无机态为主，多以As(Ⅲ)或As(Ⅴ)价态存在，又以As(Ⅴ)为主。As(Ⅲ)和As(Ⅴ)之间可以通过氧化-还原反应而发生价态转变，两者之间保持动态平衡。砷进入土壤后，一小部分留在土壤溶液中，一部分吸附在土壤胶体上，大部分转化为复杂的难溶性砷化物。因此，土壤中砷形态可分为水溶性砷、吸附性砷、难溶性砷3类。水溶性砷和吸附性砷总称为可给态砷或有效态砷；难溶性砷又分为铝型砷、铁型砷、钙型砷和闭蓄型砷4种，其中铝型砷和铁型砷对植物的毒性小于钙型砷。酸性土壤中以铁型砷占优势，碱性土壤以钙型砷占优势；水溶态的砷含量很低，一般小于总砷的5%。对刁江沿岸砷污染农田的数据分析发现：闭蓄型砷含量占总砷含量的65.76%，Ca—As占23.33%，Fe—As占8.1%，Al—As占2.55%，水溶态As占0.37%。土壤加入不同浓度的砷后，土壤中砷的形态分布发生明显变化。随着加砷量的增加，土中各种砷形态含量均增大。固定态砷占总砷的百分数随砷浓度增加明显增加，而水溶态砷、交换态砷、活性砷占总砷的百分数则随砷浓度增加明显降低。改变土壤pH值，将显著地改变土壤中水溶态砷的含量。有试验表明，土壤对砷的吸附量随pH值的变化呈抛物线形变化。当pH值为2～7时，土壤对砷的吸附力较强；当pH≈4时，吸附量最大；当pH>10或pH<1时，土壤颗粒对砷的吸附量很少，土壤中的砷主要以水溶态存在。

2. 汞的形态与分布

汞在土壤中以金属汞、无机化合态汞和有机化合态汞的形式存在。对贵州省万山汞矿

区周围土壤中汞的形态与分布特征的调查发现：表层土壤中汞含量在东部区域普遍较高，西部区域相对较低，并呈现随污染源距离的增加逐渐降低的趋势。剖面土壤中的汞则表现出明显的表层富集规律，5 个剖面汞的最大值均出现在上层土壤中（0～40 cm），当土壤深度大于 80 cm 后，汞含量呈大幅度降低趋势。在形态组成上，研究区土壤中汞的形态主要以残渣态、难氧化降解有机质及某些硫化物结合态和易氧化降解有机质结合态汞为主，而水溶态、交换态和碳酸盐、铁锰氧化物及部分有机态 3 种形态的汞含量极低，腐殖酸结合或络合态的汞由于腐殖酸对汞的较强吸附能力而使其在总汞含量中占一定程度的比例。各形态的汞含量与土壤总汞含量密切相关，随总汞含量的增加而增加。而各形态汞含量占总量的百分比也呈现出较为一致的规律，即残渣态＞难氧化降解有机质及某些硫化物结合态≈易氧化降解有机质结合态汞＞铁锰氧化物及部分有机态汞、腐殖酸结合或络合态＞碳酸盐、铁锰氧化物及部分有机态＞水溶态＞交换态。对不同形态汞在土壤垂直方向上的空间分布特征的研究发现：

(1)残渣态、难氧化降解有机质及某些硫化物结合态和碳酸盐、铁锰氧化物及部分有机态汞含量均随土壤深度的加深而不规则增加。可见汞在土壤中随时间和迁移距离的增加，其各形态间相互转化，最终进一步向残渣态等较稳定的形态转化，从而使其含量在深层土壤中得到相应的增加。

(2)水溶态、交换态、腐殖酸结合态汞则主要分布于表层土壤，随采样深度的加深不规则地减少。其在土壤中会随时间在各土壤环境条件的影响下向其他较稳定形态转化，且由于表层土壤直接受人为耕作、接受枯枝落叶等因素的影响，有机质、腐殖酸等含量也较为丰富，使其主要富集于表层土壤中。

(3)易氧化降解有机质结合态则随采样深度的加深先增加后减少。这主要受汞迁移能力的影响。万山汞矿区位于湘黔汞矿带，土壤中的汞背景值相对较高。在长期的迁移转化作用下，汞在下层土壤中得到富集，使土壤中汞含量由表层向下逐渐增加。但汞在土壤中的迁移转化除受时间的影响外，还受土壤理化性质、环境条件、人为活动等因素的共同影响，使汞在土壤中的迁移速率较慢。这就造成了汞在剖面土壤中随采样深度的增加呈先增加后减少的规律。

五、典型有机污染物在土壤中的形态与分布

有机污染物进入土壤环境后，会由于污染物的理化性质、土壤的性质及环境条件的影响而在土壤中呈现出不同的形态。对于污染物的存在形态，目前文献中既有按操作形态进行报道的，也有按物质的分子结构进行测定分析的。

1. 有机氯农药（OCPs）

有机氯农药种类繁多，其中，DDTs 和 HCHs 是我国土壤有机氯农药污染最普遍的污染物，其主要原因是我国生产的 DDTs 和 HCHs 产量巨大，使用范围广，从而导致全国大部分地区尤其在农村地区普遍存在 DDTs 和 HCHs 残留。土壤中有机氯农药的残留水平与土地利用模式有关。对福建鹫峰山脉表层土壤中有机氯农药残留水平的研究发现，残留量表现为水稻田＞蔬菜地＞茶叶地＞林地；而在不同地形中，山区地带的有机氯农药残留量一般要高于平原地区。

2. 石油烃

自20世纪80年代以来，土壤石油烃类污染成为世界各国普遍关注的环境问题。石油能自然溢流进入环境，但土壤石油烃类污染主要源于石油钻探、开采、运输、加工、储存、使用产品及其废弃物的处置等人为活动。目前，对石油烃在土壤中的存在主要侧重于总含量和大类组成的分析。

六、污染物在土壤中的迁移

污染物在土壤中的迁移方式归纳起来有机械迁移、物理-化学迁移和生物迁移3种。污染物在环境中的迁移受到两方面因素的制约：一方面是污染物自身的物理化学性质；另一方面是外界环境的物理化学条件，其中包括区域自然地理条件。

1. 机械迁移

由于土壤的相对稳定性，污染物在土壤中的机械迁移主要是通过大气和水的传输作用来实现的。土壤多孔介质的特点为污染物在多种方向上的扩散和迁移提供了可能。从总体上来看，污染物在土壤中的迁移包括横向的扩散作用和纵向的渗滤过程。由于水的重力作用，污染物在土壤中的迁移总体上是向下的趋势。

2. 物理-化学迁移

物理-化学迁移是污染物在土壤环境中最重要的迁移方式，其结果决定了污染物在环境中的存在形式、富集状况和潜在危害程度。对于无机污染物而言，是以简单的离子、配合物离子或可溶性分子的形式，通过溶解-沉淀作用、吸附-解吸作用、氧化-还原作用、水解作用、配位或螯合作用等在环境中迁移。对于有机污染物，除上述作用外，还可以通过光化学分解和生物化学分解等作用实现迁移。

3. 生物迁移

污染物通过生物体的吸附、吸收、代谢、死亡等过程发生的生物性迁移，是它们在环境中迁移的最复杂、最具有重要意义的迁移方式。这种迁移方式，与不同生物种属的生理生化和遗传变异特征有关。某些生物对环境污染物有选择性吸收和积累作用，某些生物对环境污染物有转化和降解能力。食物链的积累和放大作用是生物迁移的重要表现形式。

任务实施

识别土壤中不同重金属形态的特征

1. 可交换态重金属

该存在形态的重金属是土壤中活动性最强的部分，对土壤环境变化最敏感，在中性条件下最易被释放，也最容易发生反应转化为其他形态，具有最大的可移动性和生物有效性，毒性最强，是引起土壤重金属污染和危害生物体的主要来源。

2. 碳酸盐结合态重金属

碳酸盐结合态重金属以沉淀或共沉淀的形式赋存在碳酸盐中，该形态对土壤pH值最敏感。在不同 pH 值条件下能够发生迁移转化，具有潜在危害性。

3. 铁锰氧化物结合态重金属

铁锰氧化物结合态重金属一般以较强的离子键结合吸附在土壤中的铁或锰氧化物上，即指与铁或锰氧化物反应生成结合体或包裹于沉积物颗粒表面的部分重金属，土壤 pH 值和氧化还原条件改变时，这部分形态的重金属可被还原而释放，具有潜在危害性。

4. 有机物结合态重金属

有机物结合态重金属主要是以配合作用存在于土壤中的重金属，该形态重金属较为稳定，释放过程缓慢，一般不易被生物所吸收利用。但当土壤氧化电位发生变化，如在碱性或氧化环境下，有机质发生氧化作用而分解，可导致少量重金属溶出释放。

5. 残渣态重金属

残渣态重金属是非污染土壤中重金属最主要的结合形式，一般而言，残渣态重金属的含量可以代表重金属元素在土壤或沉积物中的背景值，在自然界正常条件下不易释放，迁移性和生物可利用性不大，毒性也最小。

反思评价

根据任务的组织准备、任务实施等情况，进行小组讨论，并完成表 1-4-1 的内容，以便下次任务能够更好地完成。

表 1-4-1 土壤污染调查任务反思评价表

任务程序	任务实施中需要注意的问题	任务表现	
		自评	互评
知识准备			
识别土壤中不同重金属形态的特征			

拓展阅读

土壤中有机污染物的迁移和吸收与其亲水性有关。有机污染物按照亲水性的强弱，通常分为亲水性有机污染物和憎水性有机污染物。憎水性有机污染物是指含有疏水性基团的有机污染物，亲水性有机污染物进入土壤后被土壤吸附部分在淋溶和重力作用下向深层土壤不断扩散，最终到达地下层，并可以随地下水而迁移扩散，造成地下水污染。持久性有机污染物多属于憎水性有机污染物，在水中的溶解度很低，易于被土壤中的有机—矿物复合体所吸附。憎水性有机污染物以自由态或与土壤中可溶性有机物形成胶体，或者吸附于细微的胶粒表面向下渗透迁移，进入地下含水层中。土壤中的有机污染物通常有以下几种状态：溶解于水、悬浮于水或吸附在土壤颗粒上。有机污染物的植物吸收途径有两种，即根部的吸收和地上部分的吸收。

任务二　认识土壤污染物的转化

任务目标

知识目标

了解污染物的转化方式。

技能目标

能识别污染物转化的方式。

素养目标

1. 培养团结协作、严谨负责的职业素养。

2. 提高正确认识问题、分析问题和解决问题的能力。

知识准备

一、重金属污染物在土壤中的转化

污染物在环境中通过物理的、化学的或生物的作用改变形态，或者转变成另一种物质的过程称为转化。污染物的转化过程取决于其本身的物理、化学性质和所处的环境条件，根据其转化形式可分为物理转化、化学转化和生物转化 3 种类型。

1. 物理转化

重金属的物理转化除汞单质可以通过蒸发作用由液态转化为气态外，其余的重金属主要通过吸附-解吸进行形态的改变。有机污染物在土壤中的挥发是其物理转化的重要形式，可以用亨利定律进行描述。

2. 化学转化

在土壤中，金属离子经常在其价态上发生一系列的变化，这些变化主要受土壤 pH 值的影响和控制。pH 值较低时，金属离子溶于水呈离子状态；pH 值较高时，金属离子易与碱性物质化合呈不溶型的沉淀。氧化还原电位也会影响金属的价态，如在含水量大的湿地土壤中砷主要呈三价的亚砷酸形态；而在旱地土壤中，由于与空气接触较多，主要呈五价的砷酸盐形态。常见的重金属污染物在土壤中的化学转化包括沉淀-溶解、氧化-还原、络合反应。

3. 生物转化

生物转化是指污染物通过生物的吸收和代谢作用而发生的变化。污染物在有关酶系统的催化作用下，可经各种生物化学反应过程改变其化学结构和理化性质。各种动物、植物和微生物在环境污染物的生物转化中均能发挥重要作用。土壤中的微生物具有个体小、比表面积大，种类繁多、分布广泛，代谢强度高、易于适应环境等特点，在环境污染物的转化和降解方面显示出巨大的潜能。

二、影响重金属在土壤中转化的因素

1. pH 值的影响

相关分析研究表明，土壤中交换态重金属随 pH 值升高而减少，例如，贵州中部黄壤中的交换态锰、易还原态锰与 pH 值成极显著负相关；碳酸盐结合态和铁锰化物结合态重金属与 pH 值成正相关。有机态重金属随 pH 值升高而升高。铁锰氧化态重金属含量随 pH 值的升高缓慢增加，当 pH 值在 6 以上，则含量随 pH 值升高迅速增加，这可能与土壤氧化铁锰胶体为两性胶体有关。当 pH 值小于零点电荷时，胶体表面带正电，产生的专性吸附作用随产生正电荷的增加而削弱，从而对重金属的吸附能力增加缓慢；当 pH 值升到氧化物的零点电荷以上，胶体表面带负电荷，对重金属的吸附能力必然急剧增加。另外，pH 值还通过影响其他因素从而影响重金属的形态，如土壤有机质和氧化物胶体对重金属的吸附容量随 pH 值升高而显著增大，土壤中有机态、氧化态重金属含量随之增加。

2. EH 值的影响

在氧化条件下砷主要是以 As(V)形式存在，在还原条件下 As(Ⅲ)是稳定的形式。将淹水状态下的水稻土风干处理后，重金属形态均有明显的变化，表现为 Cu 残渣态比例增加 25%，氧化物结合态和有机结合态比例有所降低；Pb 有机结合态比例增加 33%，残渣态减少 33%，酸可提取态和氧化物结合态变化不大；Ni 受氧化还原条件影响更为强烈，表现为酸可提取态所占比例降低超过 25%，氧化物结合态也明显降低，残渣态提高超过 60%；对 Cd 的影响主要表现为有机结合态所占比例降低约 15%，残渣态提高约 35%，酸可提取态和氧化物结合态变化不明显。

3. 土壤类型的影响

不同土壤类型中重金属形态构成差异明显。Cr、Pb 在紫色土、石灰土、黄壤、水稻土中均以残渣态为主；Cd 在黄壤、紫色土中以离子态、残渣态为主，其中离子态平均构成在两类土中分别高达 37.44%、29.97%。可利用态 As 和可利用态 Cr 在紫色土中的平均值分别为 0.04 mg/kg 和 0.96 mg/kg，可利用态 Cd 在水稻土和紫色土中的平均值分别为 0.13 mg/kg 和 0.09 mg/kg，可利用态 Pb 在黄壤中的平均值为 1.94 mg/kg，表现出较高的生物有效性；石灰土中各重金属可利用态总体较低。

4. 土壤酶活性的影响

土壤中重金属各形态与土壤酶活性有一定的关系。刘霞等的研究表明：重金属对过氧化氢酶、转化酶、脲酶、碱性磷酸酶 4 种土壤酶活性均有不同程度的抑制作用。重金属在低质量比时对土壤酶有激活作用。土壤中重金属含量为 5 mg/kg 时对 4 种土壤酶活性才开始产生抑制作用。相关分析表明，土壤中总量重金属、各形态重金属含量与过氧化氢酶、碱性磷酸酶活性均呈显著或极显著负相关，而与脲酶活性的负相关性很小，只有交换态镉与转化酶，有机结合态镉与脲酶活性的相关性显著。土壤重金属污染与土壤酶活性关系的综合分析表明，当总量重金属对土壤酶活性影响不显著时，有的形态的重金属却已显著抑制土壤酶的活性。说明以重金属的形态分析来研究重金属对土壤酶活性的关系要比用总量更为准确，所以研究土壤中重金属形态尤为重要。

5. 外源重金属的影响

外源重金属进入土壤以后各形态有不同的变化趋势。可溶态重金属进入土壤后其浓度迅速下降；交换态重金属先缓慢上升，然后迅速下降；碳酸盐态重金属浓度变化情况与交换态重金属变化相似；铁锰氧化态重金属浓度先上升后下降；有机态重金属不断上升；残渣态重金属变化不大，说明外源重金属在土壤中一直在不断变化，处于动态的形态转化过程中。

三、影响有机污染物在土壤中转化的因素

1. 土壤溶液的 pH 值

pH 值与溶液中其他离子的存在既可增加也可减小水解反应的速率。但是农药的水解受土壤 pH 值的影响较大。研究表明，农药在土壤中的水解有酸催化或碱催化的反应，水解还可能是由于黏土的吸附催化作用而发生的反应，如扑灭津的水解是由土壤有机质的吸附作用催化的。

2. 土壤类型和性质

农药在不同土壤的降解特性是由土壤所有特性综合影响的结果。

3. 土壤水分和温度

土壤水分对农药降解的影响因农药品种而异。土壤湿度的变化影响光解速率的可能机制：当湿度变大时，溶于水中的农药量也随之增大，而且水中的氧化基团因光照也随之增加，从而使农药的氧化降解速率加快。另外，水分增加能增强农药在土壤中的移动性，有利于农药的光解。

4. 老化作用

有机污染物进入土壤后，随着时间的推移将会产生"老化"现象，使其与土壤组分的结合更为牢固，从而降低了生物可利用性，使其矿化率明显减少。

任务实施

污染物的转化方式主要包括物理转化、化学转化和生物转化。这些转化方式描述了污染物在环境中如何改变其形态或转变为另一种物质的过程。

1. 物理转化

物理转化主要形式包括蒸发、渗透、凝聚、吸附及放射性元素的蜕变等。这些过程可能单独或同时发生，使污染物从一种物理状态转变为另一种状态。例如，污染物可能通过蒸发从液态转变为气态，或者通过渗透进入土壤或地下水。

2. 化学转化

化学转化在环境中更为普遍，其形式包括光化学氧化、氧化还原和络合水解等。例如，重金属的氧化还原反应可以使污染物的价态发生变化，三价铬转化为六价铬，三价砷转化为五价砷。

3. 生物转化

生物转化是极其复杂的生物化学反应，通过生物体的吸收、代谢作用而实现。微生物在合适的环境条件下会使含氮、硫、磷的污染物转化为其他无毒或毒性不大的化合物，如有机氮被生物转化为氨态氮或硝态氮，硫酸盐还原菌可使土壤中的硫酸盐还原成硫化氢气体进入大气。有机污染物的转化主要通过生物降解作用来完成，这是自然界中污染物质降解的主要途径之一。

反思评价

根据任务的组织准备、任务实施等情况，进行小组讨论，并完成表 1-4-2 的内容，以便下次任务能够更好地完成。

表 1-4-2　土壤污染调查任务反思评价表

任务程序		任务实施中需要注意的问题	任务表现	
			自评	互评
人员组织				
知识准备				
材料准备				
实施步骤	1. 物理转化			
	2. 化学转化			
	3. 生物转化			

拓展阅读

污染物的转化主要发生在大气、水体、土壤中。

1. 在大气中的转化

在大气中，污染物转化以光化学氧化、催化氧化反应为主。大气中氮氧化物、碳氢化合物等气体污染物通过光化学氧化作用生成臭氧、过氧乙酰硝酸酯(PAN)及其他类似的氧化性物质(统称为光化学氧化剂)。例如，气体污染物二氧化硫经光化学氧化作用或在催化氧化作用后转化为硫酸或硫酸盐。双对氯苯基三氯乙烷(DDT)在大气中受日光辐射很易光解为对氯苯基(DDE)和 6 羟基—2 萘基二硫醚(DDD)。

2. 在水体中的转化

在水体中，污染物的转化主要通过氧化还原、络合水解和生物降解等作用。环境中的重金属在一定的氧化还原条件下，很容易发生接受电子或失去电子的过程，从而出现价态的变化。其结果不仅是化学性质发生变化，迁移能力也会发生变化。水解是污染物与水发生反应，不仅使其性质发生变化，而且促使这些物质进一步分解和转化。水中含有各种无机和有机配位体或螯合剂，它们都可以与水中的物质发生络合反应而改变其存在状态。例如，在水体底泥中的厌氧性细菌作用下，无机汞会转化为甲基汞或二甲基汞。

3. 在土壤中的转化

污染物在土壤中的转化及其行为取决于污染物和土壤的物理、化学性质。土壤是自然环境中微生物最活跃的场所，所以生物降解在这里起重要的作用。土壤中的固体、液体、气体三相的分布是控制污染物运动和微生物活动的重要因素。土壤的 pH 值、湿度、温度、通气、离子交换能力和微生物种类等是污染物转化的依存条件。例如，水田土壤中缺乏空气，则大多处于还原状态；旱地土壤因通气性能较好，一般都处于氧化状态。土壤的这种氧化或还原条件控制着土壤中污染物的转化状况和存在状态。

金属离子的转化受土壤pH值的影响或控制，当pH值小于7时，金属溶于水而呈离子状态；当pH值大于7时，金属易与碱性物质化合成不溶态的盐类。

许多有机物通过微生物作用，可以分解转化为其他衍生物或二氧化碳和水等无害物。微生物在合适的环境条件下能使含氮、硫、磷的污染物转化为其他无毒或毒性不大的化合物。

项目习题

1. 污染物在土壤中转化的形式有哪几种?
2. 重金属污染物在土壤中存在的形态有哪些? 哪种形态的毒性最强?
3. 影响重金属在土壤中转化的因素有哪些?

项目五　检测土壤中的污染物

主要任务

通过检测土壤中的污染物，可以更高效地修复污染土壤。本项目主要包括土壤污染调查、土壤样品的采集、土壤样品的处理及保存三个任务，涵盖了污染物检测的全过程。

任务一　土壤污染调查

任务目标

知识目标

1. 了解土壤污染调查的程序。
2. 掌握土壤污染情况调查的方法。

技能目标

1. 能熟练准确地进行土壤污染调查。
2. 能根据土壤污染调查目的收集相关资料。

素养目标

1. 培养团结协作、严谨负责的职业素养。
2. 提高正确认识问题、分析问题和解决问题的能力。

任务卡片

为了对污染土壤进行有效修复，要先了解污染土壤的情况，因此，本次的任务是土壤污染调查，包括资料收集与分析、现场踏勘、人员访谈、结论分析等方法，并需要满足调查要求、注意相关事项。通过上述环节的全面考虑，在规范操作流程、节约管理成本的基础上，全面翔实地对污染土壤的状况初步做出了解。

知识准备

一、资料收集与分析

资料收集主要是对场地利用变迁资料、场地环境资料、场地相关记录、由政府机关和权威机构所保存及发布的环境资料，以及场地所在区域的自然和社会信息等资料的收集整理。当调查场地与相邻场地存在相互污染的可能时，需调查相邻场地的相关记录和资料。

1. 场地利用变迁资料

场地利用变迁资料主要包括用来辨识场地及其相邻场地的开发与活动状况的航片或卫星图片，场地的土地使用和规划资料，以及其他有助于评价场地污染的历史资料，如土地登记信息资料等；还包括有关场地利用变迁过程中的场地内建筑、设施、工艺流程和生产污染等的变化情况的资料。

2. 场地环境资料

场地环境资料是指场地土壤及地下水污染记录、场地危险废物堆放记录，以及场地与自然保护区、水源地保护区、文物保护单位及居民区的位置关系等的资料。

3. 场地相关记录

场地相关记录包括产品、原辅材料及中间体清单、平面布置图、工艺流程图、地下管线图、化学品储存及使用清单、泄漏记录、废物管理记录、地上及地下储罐清单、环境监测数据、环境影响报告书或表、环境审计报告和地勘报告等。

4. 由政府机关和权威机构所保存及发布的环境资料

其包括区域环境保护规划、环境质量公告、企业在政府部门相关环境备案和批复，以及生态和水源保护区规划等。

5. 场地所在区域的自然和社会信息

自然信息包括地理位置图、地形、地貌、土壤、水文、地质和气象资料等；社会信息包括人口密度和分布，敏感目标分布，土地利用方式，区域所在地的经济现状和发展规划，相关国家和地方的政策、法规与标准，以及当地地方性疾病统计信息等。

最后，调查人员应根据专业知识和经验来识别资料中的错误及不合理的信息，如资料缺失影响判断场地污染状况时，应在报告中说明。

二、现场踏勘

根据前期了解的场地基本情况，现场踏勘人员在重复踏勘前必须掌握相应的安全卫生防护知识，并装备必要的防护用品。现场踏勘范围的确定主要以场地内为主，根据专业知识和经验，对污染物可能迁移的方向、距离做出基本判断，以便确定是否需要对场地的周围区域进行踏勘及踏勘的大致范围。

现场踏勘的重点包括场地的现状与历史情况、相邻场地的现状与历史情况、周围区域的现状与历史情况、区域的地质、水文地质和地形等。其中，场地的现状与历史情况是指可能造成土壤和地下水污染物质的使用、生产、储存，以及三废排放、处理及泄漏状况。场地历史使用中可能造成土壤或地下水污染异常的迹象，如罐槽泄漏及废物临时堆放污染的痕迹等。相邻场地的现状与历史情况则主要针对相邻场地的使用现况与污染源，以及过去使用中留下的可能造成土壤和地下水污染的异常迹象，如罐槽泄漏、废物临时堆放污染的痕迹、植被损害、各种容器及排污设施损坏和腐蚀痕迹，场地内的气味、地面、屋顶及墙壁的污渍和腐蚀痕迹等。周围区域的现状与历史情况踏勘主要是对周围区域目前或过去土地利用的类型，如住宅、商店和工厂等，应尽可能观察和记录。观察和记录场地及周围是否存在可能受污染物影响的居民区、学校、医院、饮用水源保护区及其他公共场所，并在报告中明确其与场地的位置关系；周围区域的废弃和正在使用的各类井，如水井、污水处理和排放系统、化学品和废弃物的储存及处置设施，地面上的沟、河、池、地表水体、雨水排放和径流，以及道路和公用设施。地质、水文地质和地形的描述重点在于协助判断周围污染物是否会迁移到调查场地，以及场地内污染物是否会迁移到地下水和场地之外。

现场踏勘的重点对象一般应包括有毒有害物质的使用、处理、储存、处置，生产过程和设备，储槽与管线，恶臭、化学品味道和刺激性气味，污染和腐蚀的痕迹，排水管或渠，污水池或其他地表水体、废物堆放地、井等。同时应该观察和记录场地及周围是否存在可能受污染物影响的居民区、学校、医院、饮用水源保护区及其他公共场所等，并在报告中明确其与场地的位置关系。现场踏勘可通过对异常气味的辨识、摄影和照相、现场笔记等方式初步判断场地污染的状况。

不同行业的场地污染特征不同，污染物种类和造成污染的环节都不同，需结合各行业的污染特征，有针对性地开展现场踏勘工作。踏勘时遇到没有封闭或存在损坏储存容器的场地，需要记录储存容器的数量和容器类型，尤其遇到地上、地下储存设施及其配套输送管线损坏的情况，需要记录储藏池(库)数量、储存物质、容量、建设年代、监测数据、周边管线等内容。对各类集水池进行踏勘时应注意其是否含危险物质，对盛装未知物质的容器无论是否发生泄漏都应调查并记录储存容器的数量、容器类型和储存条件。应特别关注电力及液压设备场地是否使用含多氯联苯的设备。对场地内道路、停车设施及与场地紧邻的市政道路情况的踏勘重点是识别并察看可能运输危险物质的进场路线。询问熟悉生产线情况的人员物料是否已从生产线完全卸载，反应釜、塔、容器、管道中的物料是否已基本清除。在确保健康与安全的条件下可进行适当的直接观察。核查建筑物内是否有明显的固体废物堆积，观察存放情况，是否有固体废物存放在容器内，以及容器的密封状况。检查设备保温层的完整性，了解保温材料的类型和使用时间。对于建(构)筑物的现状及完善情况踏勘，如建筑物的数量、层数、大致年代等，生产装置区、储存区、废物处置场所等区域的地面铺装情况，是否存在由于生产装置的腐蚀和跑冒滴漏造成的地面、屋顶、墙壁的污渍及腐蚀痕迹。记录采暖和制冷系统所用冷热媒介的类型及储存情况，以及建(构)筑物和各种管线的保温情况。应重点关注石棉的使用、储存情况。特别注意生产装置区、储存区、废物处置场所等以外区域的室外地面铺装情况，地面污渍痕迹，以及室外可能因污染引起的植被生长不正常情况，相关构筑物的使用情况，污水处理系统的建设年代和处理工艺等，建筑垃圾或其他固体废物形成的土堆等。场地内所有的水井，是否存在颜色、气味等水质异常情况也要踏勘记录。

三、人员访谈

人员访谈是将资料收集和现场踏勘所涉及的疑问进行整理，并采取当面交流、电话交流、电子或书面调查表等途径，向了解场地现状或历史情况的管理机构和地方政府官员、环境保护行政主管部门官员、场地过去和现在各阶段的使用者，以及场地所在地或熟悉场地的第三方等寻求帮助的方法。希望对其中可疑处和不完善处进行核实及补充，并将其作为调查报告的附件。

四、结论与分析

污染物的识别调查结论应明确场地及周围区域是否存在可能的污染源，并进行不确定性分析。若存在可能的污染源，应说明可能的污染类型、污染状况和来源，并应提出第二阶段场地环境调查的建议。重视污染物识别阶段的场地调查，充分收集相关资料，注重现场问询。不能只关注生产工艺描述，重点进行特征污染物识别，尤其是溶剂、杂质、二次衍生物等污染物的分析：系统进行污染源分析，区分一次污染源和二次污染源，对污染物迁移路径进行分析和概化，加强时空概念；建立场地污染概念模型，掌握污染物迁移规律，指导现场环境调查工作，并对后续风险评估和场地污染修复提供基础信息。同时随着对场地污染特征的深入掌握，逐步细化。污染概念模型应贯穿场地污染修复工作的全过程。

任务实施

1. 资料收集与分析

资料收集主要是对场地利用变迁资料、场地环境资料、场地相关记录、有关政府文件及场地所在区域的自然和社会信息等资料的收集整理。当调查场地与相邻场地存在相互污染的可能时，需调查相邻场地的相关记录和资料。

2. 现场踏勘

(1)确保已掌握安全卫生防护知识，并装备必要的防护用品。

(2)现场踏勘范围的确定主要以场地内为主，根据专业知识和经验，对污染物可能迁移的方向、距离做出基本判断，以便确定是否需要对场地的周围区域进行踏勘及踏勘的大致范围。

3. 人员访谈

将资料收集和现场踏勘所涉及的疑问进行整理，并采取当面交流、电话交流、电子或书面调查表等途径，向了解场地现状或历史情况的管理机构和地方政府官员、环境保护行政主管部门官员、场地过去和现在各阶段的使用者，以及场地所在地或熟悉场地的第三方等寻求帮助。

4. 结论与分析

明确场地及周围区域是否存在可能的污染源，并进行不确定性分析。若存在可能的污染源，应说明可能的污染类型、污染状况和来源，并应提出第二阶段场地环境调查的建议。

反思评价

根据任务的组织准备、任务实施等情况，进行小组讨论，并完成表 1-5-1 的内容，以便下次任务能够更好地完成。

表 1-5-1　土壤污染调查任务反思评价表

任务程序	任务实施中需要注意的问题	任务表现	
		自评	互评
人员组织			

续表

任务程序		任务实施中需要注意的问题	任务表现	
			自评	互评
知识准备				
材料准备				
实施步骤	1. 资料收集与分析			
	2. 现场踏勘			
	3. 人员访谈			
	4. 结论与分析			

拓展阅读

地下水污染调查工作包括了解污染场地的特性与自然条件、污染物的浓度、分布范围及其在地下环境中的传输状况与变化趋势，以及地下水污染对人民健康与生活环境所带来的潜在危害。污染场地地下水监测中，监测井的设置技术、取样技术等在地下水污染调查中占有非常重要的地位。其中，监测井技术是地下水污染调查的基础，通过它可以确定地下水污染物的成分、分布范围及迁移路径等许多重要参数。进行地下水污染调查首先要建造监测井，然后采集地下水样品，分析污染物的浓度、分布范围及其在地下环境中的传输状况与变化趋势。

任务二　土壤样品的采集

任务目标

知识目标

1. 了解土壤样品采集的工具。
2. 掌握土壤样品的采集方法。

技能目标

1. 能熟练准确地根据污染土壤类型选择样品采集工具。
2. 能熟练采集土壤样品。

素养目标

1. 培养团结协作、严谨负责的职业素养。
2. 提高正确认识问题、分析问题和解决问题的能力。

任务卡片

污染土壤的调查工作已经结束，现在需要在采样点进行土壤样品的采集，并将采集后的土壤样品安全运回实验室进行处理。根据前期资料显示，本次污染土壤采集工作所涉及的污染土壤场地有两块，分别为汞污染土壤和多环芳烃污染土壤。

知识准备

(1)采集工具。采集工具的选择与污染物种类有关。土壤分层样品可通过土壤剖面或土壤原状采样器采集。

(2)采集方法。由于土壤存在小范围内的高度变异性，所以在土壤样品的采集时，一般采集混合样品，以确保所采样品能代表指定的位置和深度，但不能将不同采样区域或不同采样层次的样品进行混合。混合样品可采用对角线、梅花点、棋盘法或蛇行法，由 3 个以上的采样点样品混合而成。目标污染物为挥发性和半挥发性有机物的样品宜使用具有聚四氟乙烯密封垫的直口螺口瓶收集。用于分析土壤挥发性有机物的样品只能采集单独样品，而不能采集混合样品，因为土壤的混合过程会导致挥发性有机物的挥发损失。

(3)采集深度。在土壤样品的采样深度方面，污染场地样品与常规环境监测样品有较大的差别。在常规环境监测中，农业土壤的一般采样深度为 0～20 cm，城市土壤的一般采样深度为 0～60 cm，林地土壤的一般采样深度为 0～50 cm，而污染场地土壤样品的采样深度则需要根据污染物的性质和采样的目的确定。例如，对于一般的污染物种类，土壤样品的采集深度一般为 0～20 cm，最大不会超过 60 cm；对于某些易于迁移的污染物，因可能向下迁移，在土壤样品的采集时往往需要根据前期采样的分析结果确定采样的深度，一般在 1～2 m。如果是为了了解地下储罐或管道泄漏需要采集土壤样品，采样深度则需要根据储罐或管道的埋深再向下适当延伸。

(4)采样地点。采样地点的选择应具有代表性。因土壤本身在空间分布上具有一定的不均匀性，故应多点采样、混合均匀以使所采样品具有代表性。同时，要写好两张标签，一张在袋内，一张扎在袋口上，标签上记载采样地点、深度、日期及采集人等。

注意：在采样现场，土壤样品必须逐件与样品登记表、样品标签和采样记录进行核对，核对无误后分类装箱。在样品运输过程中严防样品损失、混淆和污染。样品送至目的地后，送样人员应与接样者当面清点核实样品，并在样品交接单上签字确认。样品交接单由双方各存一份备查。

任务实施

(1)选择合适的采集工具。根据污染物种类，选择恰当的采集工具，通常情况下，无机污染物的土壤分析样品应采用竹片或硬塑料片采集，有机物污染物的土壤分析样品应用铁锹或土钻采集。

(2)确定采集方法、深度。对于一般的污染物种类，土壤样品的采集深度一般为 0～20 cm，最大不会超过 60 cm；对于某些易于迁移的污染物，因可能向下迁移，在土壤样品的采集时往往需要根据前期采样的分析结果确定采样的深度，一般在 1～2 m。

(3)样品采集、混合。采集土壤样品，应根据采样目的混合土壤样品。混合样品可采用对角线、梅花点、棋盘法或蛇行法，由 3 个以上的采样点样品混合而成。

(4)样品信息填写。为了确保土壤样品不混淆，要写好两张标签，一张在袋内，一张扎在袋口上，标签上记载采样地点、深度、日期及采集人等。

反思评价

根据任务的组织准备、任务实施等情况，进行小组讨论，并完成表 1-5-2 的内容，以便下次任务能够更好地完成。

表 1-5-2　土壤样品的采集任务反思评价表

任务程序		任务实施中需要注意的问题	任务表现	
			自评	互评
人员组织				
知识准备				
材料准备				
实施步骤	1. 采集工具选择			
	2. 采样深度选择			
	3. 样品采集、混合			
	4. 整理资料及器材			

拓展阅读

土壤取样器是指用于获取土壤样品的工具，常用的有土钻、铁锹和铁铲。土钻由硬质材料(钢或硬塑料)制成的钻头和手柄组成。钻头常为螺旋形或筒形，螺旋形钻头的顶端是一对可以旋转切入土壤的锐利刀口，紧接着刀口有一个膨大的盛土空腔，随着手柄的旋转向下钻入土面，可将欲采集土层的土样导入空腔；筒形土钻的直径在两端稍有差异，与手柄相连的一端略大于与土壤接触的一端，保证土钻取土时已经进入圆筒内的土壤不会因土钻的移动而散落。土钻的手柄上刻有刻度以便控制采样深度。土钻提出土面后即可从中取出土样，可以继续在原采样孔采集不同深度的土样，但要注意在从土壤中拔出土钻时，防止采样孔四周的土壤碎屑流入取土孔中。土钻取样对土壤破坏小，可以分层取土。铁锹常用于挖掘剖面坑以便采集剖面样品或整段标本。

任务三　土壤样品的处理及保存

任务目标

知识目标

1. 了解土壤样品的处理要求。
2. 掌握土壤样品的处理和保存方法。

技能目标

1. 能熟练准确地对土壤样品进行处理。
2. 能选择适合的条件进行土壤样品保存。

素养目标

1. 培养团结协作、严谨负责的职业素养。
2. 提高正确认识问题、分析问题和解决问题的能力。

任务卡片

土壤样品的采集工作已经结束，在进行土壤污染物检测分析之前，需要对土壤样品进行处理，并将处理得当的土壤样品妥善保存。

知识准备

一、土壤样品的处理

1. 样品处理的目的

(1)挑出植物残茬、石块、砖块等，以除去非土样的组成部分。

(2)适当磨细、充分混匀，使分析时所称取的少量样品具有较高的代表性，以减少称样误差。

(3)全量分析项目，样品需要磨细，以使分析样品的反应能够完全一致。

(4)使样品可以长期保存，不致因微生物活动而霉坏，引起性质的改变。

土壤样品的处理包括风干、去杂、磨细、过筛、混匀、装瓶保存和登记操作。

2. 风干和去杂

采回的土样，应及时进行风干，即将土壤样品弄成碎块平铺在干净的纸上，摊成薄薄的一层放在阴凉干燥通风、无特殊的气体(如氯气、氨气、二氧化硫等)、无灰尘污染的室内风干。风干的过程应该经常翻动，加速干燥。切忌阳光直接曝晒或烘烤，影响土壤的性质。在土样半干时，须将大土块捏碎(尤其是黏性土壤)，以免完全干后结成硬块，难以磨细。样品风干后，应挑拣出枯枝落叶、植物根、残茬等。若土壤中有铁锰结核、石灰结核或石子过多，应细心拣出称重，记下所占的百分数。

3. 磨细和过筛

不同分析要求和目的所需要的磨细程度不同。在进行物理分析时，取风干土样 100～200 g，放在木板或胶板上用胶塞或圆木棍碾碎，放在有盖底的孔径 1 mm 的土壤筛中，使之通过 1 mm 的筛子，留在筛上的土块再倒在木板上重新碾碎，如此反复多次，直到全部通过为止，不得抛弃或遗漏，但石砾切勿压碎。留在筛上的石砾称重后须保存，以备石砾称重计算用。用时将过筛的土样称重，以计算石砾质量百分数，然后将土样充分混合均匀后盛于广口瓶中，作为土壤颗粒分析及其他物理性质测定用。

在化学分析时，取风干样品一份，仔细挑去石块、根茎及各种新生体和侵入体，再用木棍将土样碾碎，使其全部通过孔径 1 mm 的土壤筛，这种样品可供速效性养分及交换性能 pH 值等项目的测定。若需要测定土壤全氮、有机质等项目的样品，可用通过 1 mm 筛孔的土样，用四分法或多点取样法取出样品约 50 g，放入瓷研钵中进一步研磨，使其全部通过孔径 0.25 mm 的土壤筛。

总体来说，要根据检测项目对应的方法要求，对土壤进行不同程度的研磨处理。

4. 样品登记

样品装入广口瓶(或自封袋)后，应贴上标签，记明土样号码、土类名称、采样地点、深度、日期、孔径、采集人等。瓶内的样品应保存在样品架上，尽量避免日光、高温、潮湿或酸碱气体等的影响，否则影响分析结果的准确性。

二、土壤样品的保存

无机分析土壤样品应先置于塑料袋中，然后放入棉布袋，在常温、通风的条件下保存。有机化合物样品应置于棕色玻璃瓶中，装满、盖严，用聚四氟乙烯胶带密封，在 4 ℃以下保存，保存期为半个月。样品的保存时间并不相同，如含有重金属的样品保存在玻璃或塑料容器中，可保存 180 d；含有汞的样品在 4 ℃条件下，置于玻璃或塑料容器中，可保存28 d；含有六价铬的土壤样品在 4 ℃条件下，在玻璃或塑料容器中可保存 48 h。

任务实施

随机分组，每 4～6 人为一组，设组长 1 名。

准备工具：土壤样品处理工具(土壤筛、研钵等)、土壤样品保存工具(土壤袋、土壤标签、玻璃瓶、塑料瓶)等。

1. 土壤样品的制备

野外采回的土壤样品最好在 1～2 d 内制备完成。具体步骤：首先将样品平铺在瓷盘状器物中或牛皮纸上，摊成约 2 cm 厚度，然后置于晾土架上进行风干，并随时翻动使之均匀风干；若有较大土块，应在半干时用手捏碎。风干场所必须干燥、通风良好，防止阳光直射。注意：不得受酸碱蒸汽、水气、NH_4 等及尘埃侵入，以免影响分析结果。采回的土样风干时间不宜过长，如果样品过湿，也可以在烘箱中烘干，温度设置为 40～50 ℃，以快速干燥样品。样品干燥后，挑出粗大的动植物残体、石块等杂物。

2. 土样的磨细和过筛

风干后的土样用木棒在木板上压碎，不可用铁棒或矿物粉碎机磨细，以防污染土样。

压碎的土样用孔径为 2 mm 的筛子过筛。筛上未通过的土壤团聚体需要用木棒、橡胶棒等碾压破碎，直至全部通过为止。粒径 2 mm 这一指标在土壤分析上非常重要，按照国际通用的土壤粒级分类标准，这一指标是土壤物质与非土壤物质之间的区别。在实际检测中，也可以根据检测项目的要求，选择其他尺寸的筛子。对于不能通过该尺寸筛孔的动植物残体和石砾，切勿研碎，应丢弃。如果石块较多，必须拣出、称重，计算其占全部风干土样质量的百分数，要注意在土壤粒径分析时，不包括直径＞2 mm 的石砾。大的动植物残体也需要单独称重记录，少数细碎的植物根、叶经碾压后能通过 2 mm 筛孔者，可视为土壤有机质部分，不再挑出。上述通过 2 mm 筛孔的土样，经充分混匀后保存，一般用于土壤颗粒粒径组成、土壤颗粒密度、吸湿水含量、pH 值、阳离子交换量、有效养分含量等项目分析。如果分析土壤全量养分(如全氮、全磷、全钾、有机质含量等)，需要从上述样品中通过四分法再取适量样品，通常为 20～50 g，用玛瑙研钵研磨，使之全部通过 0.149 mm 筛孔，然后装入广口瓶，贴上标签。

3. 风干土样的保存

需要长期保存的土壤样品，如长期定位实验样品和标准样品，可保存在广口瓶中；不需要长期保存的样品，用布袋或封口袋保存即可。样品瓶或样品袋上须贴上标签，注明土样编号、采样地点、土类名称、试验区号、采样深度、采样日期、采样人、筛孔径等信息。

反思评价

根据任务的组织准备、任务实施等情况，进行小组讨论，并完成表 1-5-3 的内容，以便下次任务能够更好地完成。

表 1-5-3　土壤样品的处理及保存任务反思评价表

任务程序		任务实施中需要注意的问题	任务表现	
			自评	互评
人员组织				
知识准备				
工具准备				
实施步骤	1. 土壤样品的制备			
	2. 土样的磨细和过筛			
	3. 风干土样的保存			

拓展阅读

土壤样品组分复杂，污染组分含量低，并且处于固体状态。在测定之前，往往需要处理成液体状态和将欲测组分转变为适合测定方法要求的形态、浓度，以及消除共存组分的干扰。土壤样品预处理方法主要有分解法和提取法；前者主要用于元素的测定，后者主要用于有机污染物和不稳定组分的测定。溶剂：有机溶剂、水和酸。

对于需要保存的土壤样品，要依据欲分析组分性质选择保存方法。风干土样存放于干燥、通风、无阳光直射、无污染的样品库内，保存期通常为半年至一年。在保存期内，应定期检查样品存储状况，防止霉变、鼠害和土壤标签脱落等。用于测定挥发性和不稳定性组分的新鲜土样，将其放在玻璃瓶中，置于低于 4 ℃的冰箱内存放，保存期为半个月。

模块二　污染土壤修复

项目一　污染土壤物理修复

主要任务

土壤污染修复技术的种类很多，按照修复原理可划分为物理修复技术、化学修复技术和生物修复技术。物理修复技术是指通过物理方法将污染物从土壤中去除或分离的技术。本项目介绍常见的几种物理修复技术。

任务一　气相抽提技术

任务目标

知识目标

1. 掌握土壤气相抽提技术的原理。
2. 掌握土壤气相抽提技术的影响因素。
3. 掌握土壤气相抽提技术的优点及缺点。

技能目标

能判断污染土壤能否应用气相抽提技术进行修复。

素养目标

1. 培养团结协作、严谨负责的职业素养。
2. 提高正确认识问题、分析问题和解决问题的能力。

任务卡片

有一块污染土壤待修复，已经完成了污染土壤的检测工作，发现污染土壤中含有挥发性有机物，找出污染土壤适合的修复技术。

知识准备

1. 技术概述/原理

土壤气相抽提技术(Soil Vapor Extraction，SVE）是通过在不饱和土壤层中布置抽提井，利用真空泵产生负压驱使空气流通过污染土壤的孔隙，解吸并夹带有机污染物流向抽取井，由气流将其带走，经抽提井收集后最终处理，从而使包气带污染土壤得到净化的方法，抽出的气体通过热脱吸附、活性炭吸附及生物气体处理法等处理。土壤气相抽提技术又称土壤通风、原位真空抽提、原位挥发或土壤气相分离，该技术广泛应用于挥发性有机物污染土壤的修复。

典型 SVE 系统包括抽真空系统、抽提井、管路系统、除湿设备、尾气处理系统及控制系统等(图 2-1-1)，或者在地面增加塑料布或柏油路面的防渗层，防止抽气时空气从邻近地表进入而形成短路，并防止水分渗入地下。多数情况下，污染土壤中需要安装若干空气注射井，通过真空泵引入可调节气流。此技术可操作性强，处理污染物范围宽，可由标准设备操作，不破坏土壤结构，对回收利用废物有潜在价值，SVE 技术在美国超级基金项目中占 25%。

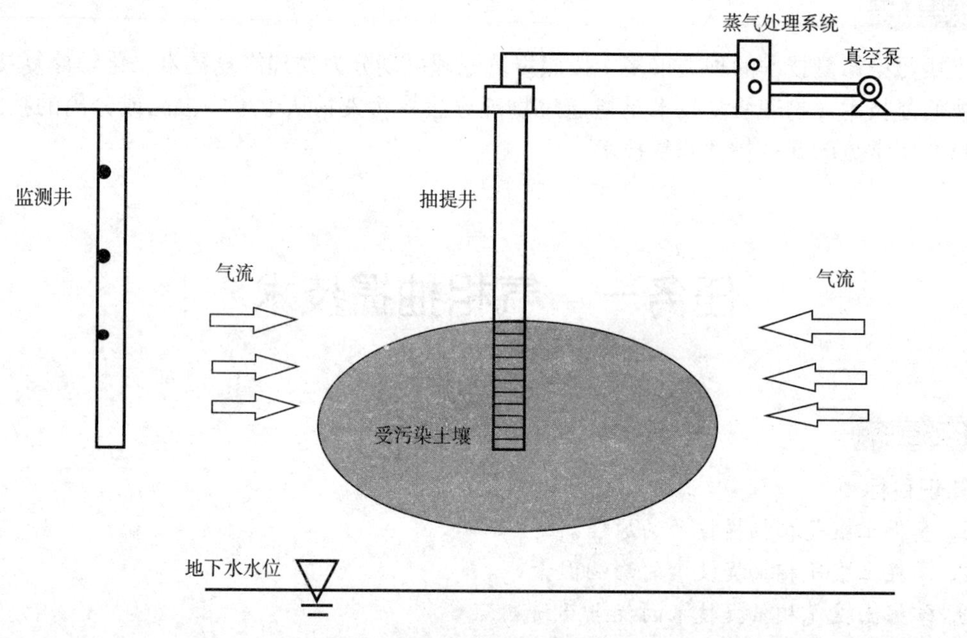

图 2-1-1　土壤气相抽提技术示意图

2. 技术分类

土壤气相抽提技术属于一种原位修复技术，但是在必要时也可用于异位修复。

3. 影响因素

(1)土壤的渗透性。土壤的渗透性与质地、裂隙、层理、地下水水位和含水量都有关系。细质地土壤(黏质土)的渗透性较低，而粗质地土壤的渗透性较高。土壤气相抽提技术用在砾质土和砂质土上效果较好，用在黏质土和壤质土上的效果不好，用在粉砂土和壤土上的效果中等。裂隙多的土壤其渗透性较高。有水平层理的土壤会使蒸汽侧向流动，从而降低了 SVE 效率。SVE 一般不适于地下水水位较高的土壤，较高的地下水水位可能淹没部分污染土壤和提取井，致使气体不能流动，降低提取效率，这一点对于水平提取而言尤为重要。当真空提取时，地下水水位还可能上升。因此，地下水水位最好在地表 3 m 以下。当地下水水位在 0.9～3.0 m 时，需要采取空间控制措施。高的土壤含水量会降低土壤的渗透性，从而影响 SVE 的效果。

土壤渗透率(k)越高，越有利于气体流动，也就越适用于 SVE。研究表明，当 $k<10^{-10}\ cm^2$ 时，SVE 的去除作用很小；当 $10^{-10}\ cm^2<k<10^{-8}\ cm^2$ 时，SVE 可能有效，还需进一步评估；当 $k>10^{-8}\ cm^2$ 时，SVE 一般情况下都有效。

(2)土壤含水量。土壤水分能够影响 SVE 过程的地下气体流动。一般而言，土壤含水量越高，土壤的通透性越低。同时，土壤的水分能够影响污染物在土壤中存在的相态。受有机污染的土壤，污染物的相态主要有土壤孔隙当中的非水相、土壤气相中的气态、土壤水相中的溶解态、吸附在土壤表面的吸附态。当土壤含水量较高时，土壤水相中溶解的有机物含量也会相应增加，这不利于挥发性有机化合物向气相传递。另外，研究表明，土壤含水量并不是越低越有利于挥发性有机化合物的去除，当土壤含水量小于一定值之后，由于土壤表面吸附作用使污染物不容易解吸，从而降低了污染物向气相的传递速率。

(3)污染物的性质。污染物物理、化学性质对其在土壤中的传递具有重要影响，SVE 更加适用于挥发性有机污染的土壤，通常情况下挥发性较差的有机物不适合使用 SVE 修复。污染物进入土壤气相的难易程度一般采用蒸汽压、亨利常数及沸点衡量，SVE 适用于 20 ℃时蒸汽压大于 67 Pa 的物质，即亨利常数大于 100 atm (10^7 Pa)的物质，或者沸点低于 300 ℃的物质。蒸汽压受温度影响很大，当温度升高时，蒸汽压也会相应增大，因此出现了通入热空气或水蒸气修复蒸汽压较低的污染物污染土壤的强化技术。对于一般的成品油污染，SVE 适用于汽油的污染修复，对柴油污染的修复效果不是很好，不适用于润滑油、燃料油等重油组分的修复。

4. 适用范围

SVE 可用来处理挥发性有机污染物和某些燃料。该技术适合处理质地均一、渗透能力强、孔隙度大、湿度小和地下水水位较深的污染土壤。

5. 优点及缺点

SVE 技术的优点：设备简单，容易安装，可操作性强，对处理地点的破坏很小；修复时间较短、在理想的条件下，通常 6～24 个月即可达到污染物去除效果；可以与其他技术结合使用，可以处理固定建筑物下的污染土壤。SVE 技术的缺点：很难达到 90%以上的去除率；在低渗透土壤上有效性不确定，只能处理不饱和带的土壤，不能处理饱和带土壤和地下水。

任务实施

1. 资料收集与分析

收集污染场地资料、污染物情况等资料。

2. 判断能否应用 SVE 技术

(1)判断土壤渗透性是否适合。

(2)判断污染物是否具有高挥发性。

(3)判断其他条件是否具备。

反思评价

根据任务的组织准备、任务实施等情况，进行小组讨论，并完成表 2-1-1 的内容，以便下次任务能够更好地完成。

表 2-1-1　土壤气象抽提技术任务反思评价表

任务程序		任务实施中需要注意的问题	任务表现	
			自评	互评
人员组织				
知识准备				
工具准备				
实施步骤	1. 资料收集与分析			
	2. 判断能否应用 SVE 技术			

拓展阅读

SVE 可以与其他技术结合使用，对污染物的去除效果更好。例如，空气注入技术，也是一种原位处理技术，它包括了将空气注入亚表层饱和带土壤，气流向不饱和带流动时移走亚表层污染物的过程。在空气注入过程中，气泡穿过饱和带和不饱和带，相当于一个可以去除污染物的剥离器。当空气注入技术与 SVE 一起使用时，气泡将蒸汽态的污染物带进 SVE 系统而被去除，提高了污染物去除效率。再如，可以提高土著细菌的活性，促进有机物的原位生物降解的生物通气技术（BV），当挥发性有机物经过生物活性高的土壤时其降解被促进。BV 可用于处理所有可以被好气降解的有机组分，对于石油产品污染的修复特别有效。一个场地是否适用 SVE 技术，可通过图 2-1-2 的决策树进行判断。当污染场地被确定适用于 SVE 技术修复后，就要确定如何对 SVE 系统进行设计。SVE 系统初步设计的最重要参数是抽出的挥发性有机化合物浓度、空气流速、通风井的影响半径、所需井的数量和真空鼓风机的大小等。一般进行场地修复时，需要先获得空气渗透率的数值。土壤空气渗透率通常通过土壤物理性质相关性分析、实验室检测、现场测试等方法获取。

土壤气相抽提过程的数学模拟

渗流带挥发性有机污染物通常以四相出现：以溶解态存在于土壤水中；以吸附态存在于土壤颗粒表面；以气相存在于土壤孔隙中；以自由液态形式存在，即泄漏后在重力作用下可以自由移动的部分，会沿着地下水运动的方向发生迁移，同时随地下水位的上下变化而上下移动。

土壤气相抽提设计过程中抽气井数量和位置的选择是原位土壤蒸气提取系统设计的重

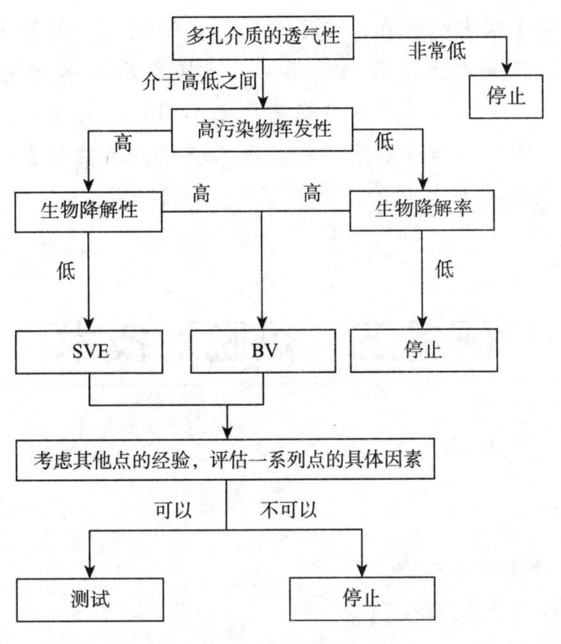

图 2-1-2　SVE 决策树

要任务之一。其设计主要基于影响半径(R_1)的大小，R_1可定义为压力降非常小(P_{R1}约为 1 atm)的位置距抽提井的距离。特殊场址的 R_1值应该从稳态初步试验求得。一般场址 R_1和抽提井的数量可以通过数学模型获得。

(1)流场模拟。21 世纪初期，由于美国和欧洲等发达国家或地区土壤修复产业迅速发展，且 SVE 是应用最为广泛的技术，因此大量学者开始对其进一步深入研究，并对 SVE 的流场和传质过程进行了数学建模和模拟，其中以 2000 年的 MISER 模型最为经典。MISER 模型是基于概念化的土壤流体系统，MISER 模拟了三种流体相：不流动的有机液体、流动的气相、流动的水相。由于流体通过井被抽提或注入，或者由于自然补给及地表水灌溉所引起的压力和密度差，气相和水相可以同时流动。

MISER 模型假设水相饱和度和残余非水相无关，只和气液两相滞留数据相关；气液两相滞留数据采用 Van Genuchteri 公式表达；流动水相和气相的相对渗透性用 Parker 模型估计；忽略滞留和相对渗透函数中的迟滞；不考虑有机液体的内部源/汇，假设不流动的非水相饱和度的变化只在相间质量传递时存在。

(2)传质过程模拟。SVE 传质模拟可以获得挥发性有机物的修复过程和修复效率。有很多学者建立了 SVE 过程相关的数学模型，其中一些模拟程序已经商业化，如 AIRFLOW/SVE、FEHM、STOMP 等模拟软件。采用实验室或者模拟的方法确定 SVE 的操作时间和操作条件等，成为影响 SVE 修复效果及修复成本的重要问题。研究表明，在 SVE 初期，当还存在非水相时，传质为动力学控制，相平衡能够瞬间达到。这个阶段可以使用较大的抽气流量，抽提出的尾气浓度不会因为抽气量的增大而降低，可以加快修复速度。当某种物质快要完全移除时，为非平衡状态，此时应当降低抽提速度，或者停止抽提，一段时间之后再开始抽提，可降低尾气处理成本。

在实际应用中，SVE 数学模型的建立须根据如下基本假设：流动与传质在恒温下进行；忽略水蒸气在土壤气相中的存在；除了生物通风研究，一般情况下忽略污染物的生物降解和其他转化行为；只考虑土壤气相的运动，土壤水和非水相视为停滞流体；SVE 过程中不考虑地下水水位变化及土壤中水分散失；土壤固相视为不可压密介质，土壤气相及有机物蒸气视为理想气体，多组分非水相视为理想液体；污染物在气液固相界面处的局部平衡为 Heney 模式；忽略毛细作用力有机物蒸气压的影响。

任务二　热脱附技术

任务目标

知识目标

1. 掌握土壤热脱附技术的原理。
2. 掌握土壤热脱附技术的影响因素。
3. 掌握土壤热脱附技术的优点及缺点。

技能目标

能判断污染土壤能否使用热脱附技术修复。

素养目标

1. 培养团结协作、严谨负责的职业素养。
2. 提高正确认识问题、分析问题和解决问题的能力。

任务卡片

有一块污染土壤待修复，已经完成了污染土壤的检测工作，发现污染土壤中含有半挥发性有机物和农药，找出污染土壤适合的修复技术。

知识准备

一、技术概述/原理

热脱附技术(Thermal Desorption)也称热解吸修复技术，是指通过直接或间接热交换的方式，将污染介质升温至特定温度(通常为 150～540 ℃)，从而使污染物从介质中以挥发等形式分离的过程。空气、燃气或惰性气体常被作为被蒸发成分的传递介质。热脱附技术是将污染物从一相转化成另一相的物理分离过程，热脱附并不是焚烧，所以修复过程并不出现对有机污染物的破坏作用，而是通过控制热脱附系统的床温和物料停留时间有选择地使污染物得以挥发，而不是氧化、降解这些有机污染物。因此，人们通常认为，热脱附是一种物理分离过程，而不是一种焚烧方式。热脱附技术的有效性可以根据未处理的污染土壤中污染物水平与处理后的污染土壤中污染物水平的对比来测定。与化学氧化、生物修复、电动力学修复、土壤洗涤等技术相比，土壤热脱附技术具有高去除率、速度快等优势，成为常见的有机污染物修复技术。热脱附技术可应用在广泛意义上挥发性有机物和挥发性金属(如 Hg)、半挥发性有机化合物（SVOCs）、农药，甚至高沸点氯代化合物等污染土壤的治理与修复上。

根据系统运行温度的不同，热脱附系统分为高温热脱附（HTTD）和低温热脱附（LTTD）两种。高温热脱附系统的运行温度为 320～560 ℃，常与焚烧、固定/稳定化、脱卤等技术联用，能够将目标污染物的最终排放浓度降低到 5 mg/g。低温热脱附系统的运行温度为 90～320 ℃，能够成功修复石油烃污染土壤。在后燃室，污染物的处理效率大于 95%，如略做改进，处理效率可以满足更严格的要求。除非低温热脱附系统的运行温度接近其温度区间的上限，所分离的污染物仍保留其物理特性，处理后土壤的生物活性也能够满足后续生物修复的要求。

二、技术分类

热脱附技术既可以进行原位修复，也可以进行异位修复。

1. 原位热脱附

(1)概述。土壤的原位热脱附是通过一定的方式加热土壤介质，促使污染物蒸发或分解，从而达到污染物与土壤分离的目的。地下温度的升高有利于提高污染物的蒸汽压和溶解度，同时促进生物转化和解吸。增加的温度也可降低非水相液体的黏度和表面张力。工艺如图 2-1-3 所示。

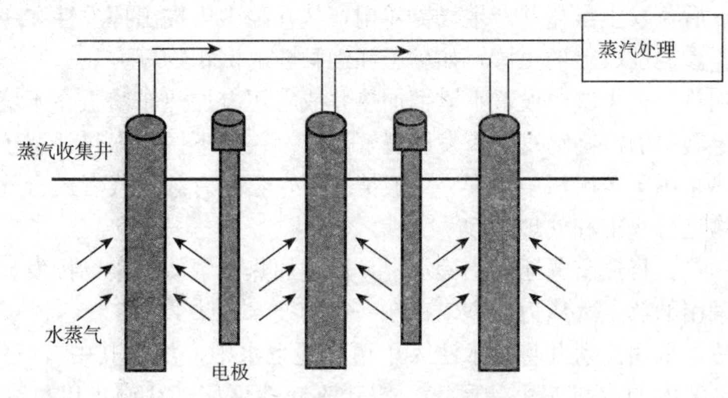

图 2-1-3　原位热脱附技术工艺示意

土壤原位热脱附系统主要包括土壤加热系统、气体收集系统、尾气处理系统、控制系统等。这种方法可视为 SVE 技术的强化，能够处理传统 SVE 技术所不能处理的土（含水量较高的土壤），当污染物变为气态时，通过抽提井收集挥发的气体，送至尾气处理部分。使用原位热脱附技术时需注意，由于加热会造成局部压力增大，可能会造成热蒸汽向低温地带迁移，并有可能污染地下水；还需注意下潜的易燃易爆物质的危害。

(2)加热方式。主要的加热方式有蒸汽注入、射频加热（RF）、电阻加热、热传导加热、热空气加热、热水加热等，也可以根据场址情况考虑其他潜在的原位加热技术。

①蒸汽注入。蒸汽注入是将热蒸汽注入污染区域，导致温度升高，产生热梯度，利用蒸汽的热量降低污染物的黏度，使其蒸发或挥发，蒸汽注入还能增加污染物的溶解和非水相液体的回收。有大量报告证明了蒸汽注入的优点，整治不饱和区的注入蒸汽试验在劳伦斯利弗莫尔国家实验室取得了成功。

实践工作已表明，由嗜热菌生物降解众多烃类物质也是蒸汽注入过程中的一个重要贡献，尤其是作为土壤冷却剂的空气被作为微生物源时。地下土层脉冲注入蒸汽并迅速降压，土层不太厚的情况下可以停止注入蒸汽，依靠孔隙中液体的自发蒸发及通过对相邻高渗透区土层施加高真空度所带来的突然压降，增加低渗透层的污染物的去除。单独注入热空气或与蒸汽同时注入，都可加速土壤/地下水污染物的去除。使用热空气时较少的水被注入地下，可减少污染物的溶解和迁移，须被泵输送和处理的水也较少。但因为空气的热含量比蒸汽的总热含量低得多(主要是由于从蒸汽到水的相变过程中释放热量)，注入相同体积蒸汽比注入相同体积热空气的热效应更加明显。

②射频加热。射频电能也可以用来加热土壤，通过蒸发和蒸汽辅助联合作用造成地下温度升高，促进土壤中污染物挥发，然后可以用 SVE 系统除去挥发的污染物。电极被安装在一系列钻孔中，与地面的电源相连。原理上使用这种方法可以使土壤的温度高于 300 ℃，小试验中射频加热过程远高于 100 ℃的情况容易实现，但对于实际修复规模，不能在热传导器附近超过 100 ℃，特别是潮湿的土壤。由于表面效应，射频电能在热传导器转换成熟，并且依靠热传导进行热传递，而非热辐射。射频加热过程影响成本的其他因素还有土壤体积、土壤含水量和最终处理温度。

③电阻加热。电阻加热是依靠地下电流电阻耗散加热的一种方法。当土壤和地下水被加热到水的沸点后，发生汽化并产生气提作用，从孔隙中气提出挥发性和一些半挥发性污染物，一般用于渗透性较差的土壤，如黏土和细颗粒的沉积物等。

④热传导加热。在土壤中设置不锈钢加热井或者用电加热布覆盖在土壤表面，这样的加热方式会使土壤中的污染物发生挥发和裂解反应。一般不锈钢加热井用于土壤深层污染修复，而电加热布用于表层污染治理。一般情况下，会配有载气或者进行气相抽提对挥发的水分和污染物进行收集和处理。

⑤热空气加热。将热空气通入土壤水中，通过加热土壤使污染物挥发。在深层土壤修复阶段，往往采用的热空气压力较高，存在一定的技术风险。

⑥热水加热。采用注射井将热水注入土壤和地下水中，加强其中有机污染物的气化，降低非水相和高浓度的有机污染物黏度，使其流动性更好，从而可以更好地进行污染物回收。

2. 异位热脱附

(1)概述。异位热脱附通过异位加热土壤、沉积物或污泥，其中的污染物蒸发，再通过一定的方式将蒸发的气体收集并处理，从而达到修复目的，主要由原料预处理系统、加热系统、解吸系统、尾气处理系统和控制系统组成。主要的加热方式有辐射加热、烟气直接加热、导热油加热等。异位热脱附可分为土壤连续进料型和间接进料型，可用于处理含有石油烃挥发性有机化合物、半挥发性有机化合物、多氯联苯、呋喃、杀虫剂等物质的土壤。异位热脱附原理如图 2-1-4 所示。

(2)影响异位热脱附的因素。

①粒径分布。划分细颗粒和粗颗粒的界限是 0.075 mm，黏土和粉土中细颗粒较多。在旋转干燥系统中，细颗粒可能会被气体带出，从而加大对尾气处理系统设备的负荷，有可能超过除尘设备的处理能力。

②土壤组成。从传热和机械操作角度考虑，粒径较大的物质，如砂粒和砾石，不易形

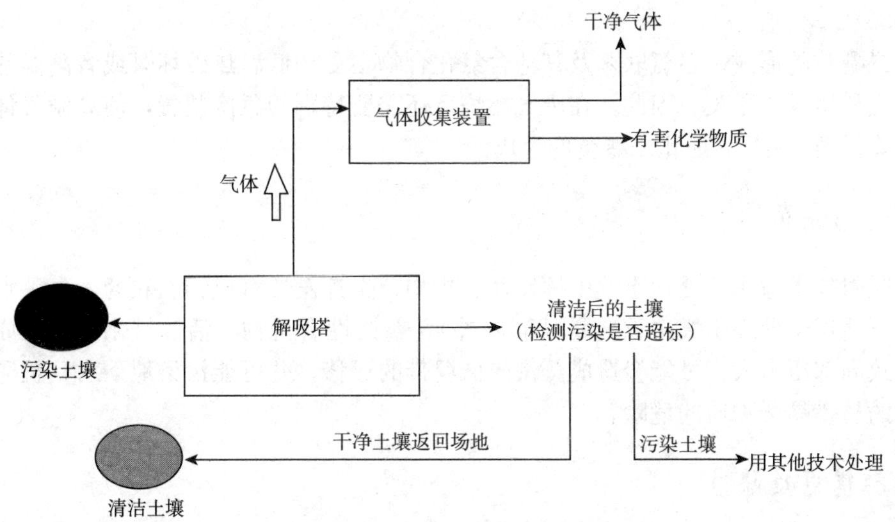

图 2-1-4　异位热脱附技术原理示意图

成团聚体，有更多的表面积可暴露于热介质，比较容易进行热脱附。对于团聚的颗粒，热量不易传递到团聚颗粒内部，污染物不易蒸发，因而质量传递也较困难。一般在旋转干燥系统中，进料最大的直径为 5 cm。

③含水量。由于加热过程中水分蒸发会带走大量的热，所以含水量增加则能耗加大。同时，水分的蒸发也会使尾气湿度增加，会加大尾气处理的负荷和难度。在旋转热脱附系统中，原料含水量 20%以下都不会对后续操作和费用造成显著影响。当含水量超过 20%时，则需要进行含水量与操作费用的影响评价。原料含水量也不能过低，一方面，少量的水分能够减少粉尘；另一方面，由于水蒸气的存在，会降低污染物气相中的分压，促进污染物挥发。一般进料含水量以 10%～20%为宜。

④卤化物含量。土壤中卤化物有可能造成尾气酸化，当尾气中相应的卤代酸含量超过排放标准时，需要增加相应的除酸过程。

三、影响因素

(1)土壤特征。

①土壤质地。土壤中砂土、壤土和黏土的比例，直接影响土壤热脱附的速率和效果。

②含水量。水分蒸发会消耗大量热量。当土壤含水量为 5%～35%时，需要热量为 490～1 197 kJ/kg。含水量须低于 25%，以保证处理效果。

③土壤粒径分布。细颗粒土壤可能会对尾气处理系统造成堵塞等，最大土壤粒径不应超过 5 cm。

(2)污染物特性。

①污染物浓度。污染物浓度升高会增加热值，可能会损坏热脱附设备，甚至有爆炸的危险。因此，尾气中有机物浓度要低于爆炸下限的 25%，当有机物含量高于 3%时，不适用直接热脱附系统，宜采用间接热脱附处理。

②沸点范围。常见直接热脱附的处理温度为 150～650 ℃，间接热脱附的处理温度为

120～530 ℃。

③二噁英的形成。多氯联苯及其他含氯化合物在受到低温热破坏时或者高温热破坏后低温过程易生成二噁英。因此，在废气燃烧后还需要特别的急冷装置，使高温气体的温度能迅速降低至 200℃，防止二噁英的生成。

四、适用范围

热脱附技术适用于处理土壤中挥发性有机物、半挥发性有机物、农药、高沸点氯代化合物，不适用于处理土壤中重金属（Hg 除外）、腐蚀性有机物、活性氧化剂和还原剂。加热会导致局部压力大，可能会造成蒸汽向低温带的迁移，并可能污染地下水，且应注意地下潜在的易燃易爆物质的危险。

五、优点及缺点

热脱附技术具有污染物处理范围广泛、设备便于移动、修复后土壤可再利用等优点，特别对 PCBs 这类含氯有机物，非氧化燃烧的处理方式可以显著减少二噁英生成。热脱附技术也有一定的局限性，如相关设备价格昂贵、脱附时间过长、处理成本过高等问题。

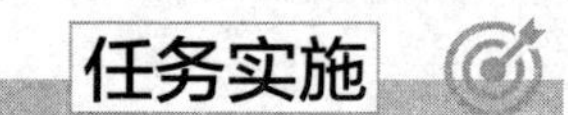

准备热脱附的系统构成及主要设备

热脱附系统按脱附方式，可分为直接热脱附和间接热脱附；按脱附温度，可分为高温热脱附和低温热脱附。直接热脱附由进料、脱附和尾气处理系统构成。进料系统进行破碎、筛分等处理，并将土壤运送至脱附系统。脱附系统将土壤进行加热至污染物达到汽化温度以上，从而实现分离的目的。尾气处理系统富集尾气，并进行统一的无害化处理。间接热脱附由进料、脱附和尾气处理系统构成。与直接热脱附的区别在于脱附和尾气处理系统。在脱附系统，污染土壤被间接加热至污染物的沸点后，实现与污染物分离。在尾气处理系统，富集汽化污染物的尾气通过过滤器、冷凝器、超滤设备等环节去除尾气中的污染物。气体通过冷凝进行有机污染物和水的收集。其主要设备包括进料系统，如破碎机、筛分机、振动筛、传送带、除铁器等；脱附系统，回转式设备或传送式设备；尾气处理系统，旋风除尘器、二燃室等。

反思评价

根据任务的组织准备、任务实施等情况，进行小组讨论，并完成表 2-1-2 的内容，以便下次任务能够更好地完成。

表 2-1-2　热脱附技术任务反思评价表

任务程序		任务实施中需要注意的问题	任务表现	
			自评	互评
人员组织				
知识准备				
工具准备				
实施步骤	热脱附的系统构成及主要设备			

拓展阅读

热脱附修复技术根据给料方式的不同，可将其分为连续给料系统和批量给料系统。连续给料系统采用异位修复的方式，将污染物挖出后经过预处理后方可加入处理系统，代表性的该类处理系统有直接接触热解吸系统——螺旋干燥机、间接接触热解吸系统——旋转干燥机和热螺旋。批量给料系统可以是异位修复，如加热灶和热空气浸提(HAVE)热解吸系统；也可以是原位修复，如热毯、热井系统和土壤气体抽提系统。

任务三　电动修复技术

任务目标

知识目标

1. 掌握电动修复技术的原理。
2. 掌握电动修复技术的影响因素。
3. 掌握电动修复技术的优点及缺点。

视频：电动修复技术

技能目标

能判断污染土壤能否使用电动修复技术进行修复。

素养目标

1. 培养团结协作、严谨负责的职业素养。
2. 提高正确认识问题、分析问题和解决问题的能力。

任务卡片

经过专家分析，某块污染土壤适宜采用电动修复技术，那么在修复过程中，如何保障修复效果？

知识准备

一、技术概述/原理

电动修复技术，又称电动力学修复技术，是通过向土壤施加直流电场，在电解、电迁移、扩散、电渗透、电泳等的共同作用下，使土壤溶液中的离子向电极附近富集从而被去除的技术。

电迁移，就是指离子和离子型络合物在外加直流电场的作用下向相反电极的修复技术。电迁移速率取决于土壤孔隙水流密度、颗粒大小、离子移动性、污染物浓度和总离子浓度。电迁移过程的效率更多地取决于孔隙水的电传导性和在土壤中传导途径的长度，对土壤液体通透性的依赖性较小。由于电迁移不取决于孔隙大小，所以在粗质地和细质地土壤同样适用。当施加一个直流电场于充满液体的多孔介质时，液体就产生相对于静止的带电固体表面的移动，即电渗透。当表面带负电荷时(大多数土壤都带负电荷)，液体移向阴极(图 2-1-5)。这一过程在饱和的、细质地的土壤上进行得很好，溶解的中性分子很容易随电渗流而移动，因此可以利用电渗透作用去除土壤中非离子化的污染物。往阳极注入清洁液体或清洁水，可以改善污染物的去除效率。影响土壤中污染物电渗透移动的因素是土壤水中离子和带电颗粒的移动性，以及水化作用、离子浓度、介电常数(取决于孔中有机和无机颗粒的数量)和温度。

电泳是指带电粒子或胶体在电场的作用下的移动，结合在可移动粒子上的污染物也随之移动。在电动力学过程中，最重要的发生在电极的电子迁移作用是水的电解作用。

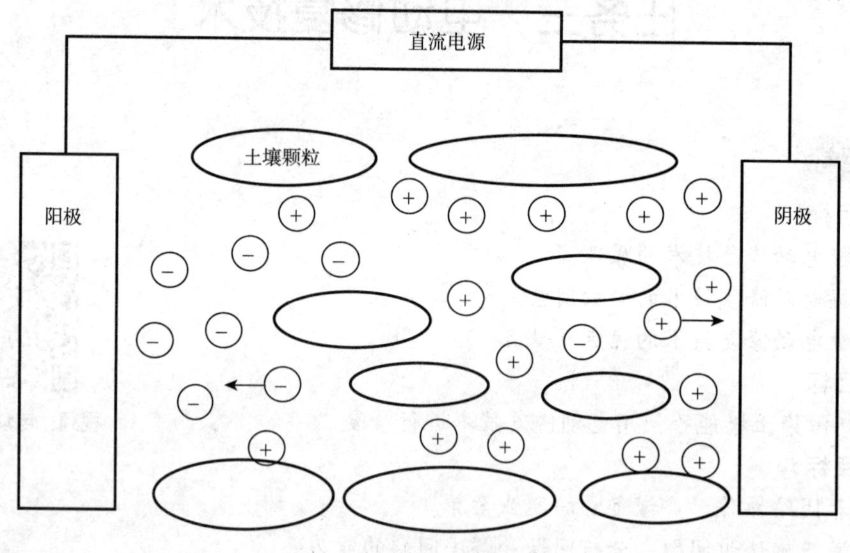

图 2-1-5　电动修复示意图

二、技术分类

电动修复技术一般属于原位修复。

1. 电极材料

电动修复中，在阳极发生的是失电子反应，且水解反应中阳极始终处于酸性环境，所以阳极材料需要选择耐腐蚀的材料，通常有石墨、铁、铂、钛铱合金等。而阴极则只需有良好的导电性能即可。由于污染场地修复的规模通常较大，电极材料的成本也需要认真考虑。因此，在选择电极的材料时，应该满足导电性能良好、耐腐蚀、成本便宜、易得等。在电动修复的实际操作中，通常要对修复过程中的电解液进行循环处理，电极要加工成多孔和中空的结构，所以电极的易加工和易安装性能也非常重要。通常石墨和铁都是选用较多的电极材料。

2. 电极设置方式

在实际的污染土壤修复中，由于污染土壤面积大、土壤性质复杂，因此采取合适的电极设置方式直接关系到修复成本和污染物去除效率。

电极设置方式通常有以下几种。

(1)一维电极设置方式。正负电极的设置采取简单的一对正负成对电极，形成均匀的电场梯度。

(2)二维电极设置方式。通常在田间设置成对的片状电极，形成均匀的电场梯度，这种是比较简单、成本较低的电极设置方式。但这种电极设置方式会在相同电极之间形成一定面积电场无法作用的土壤，从而影响部分污染土壤的修复。在二维电极设置方式中，可在中心设置阴极/阳极，四周环绕阳极/阴极，带正电/带负电污染物在电场作用下从四周迁移到中心的阴极池中。电极设置形状可分为六边形、正方形和三角形等。这种电极设置方式能够有效扩大土壤的酸性区域而减少碱性区域，但形成的电场是非均匀的。这 3 种电极设置方式如图 2-1-6 所示。一般情况下，六边形是最优的电极设置方式，可同时保持系统稳定性和污染物去除均匀性。在 3 种电极设置方式中，通常阴极和阳极都是固定设置的，电动处理过程中土壤中的重金属等污染物会积累到阴极附近的土壤中，完全迁移出土体往往需要耗费较多时间，同时阳极附近土壤中重金属已经完全迁移出土体，此时继续施加电场也会浪费电能。

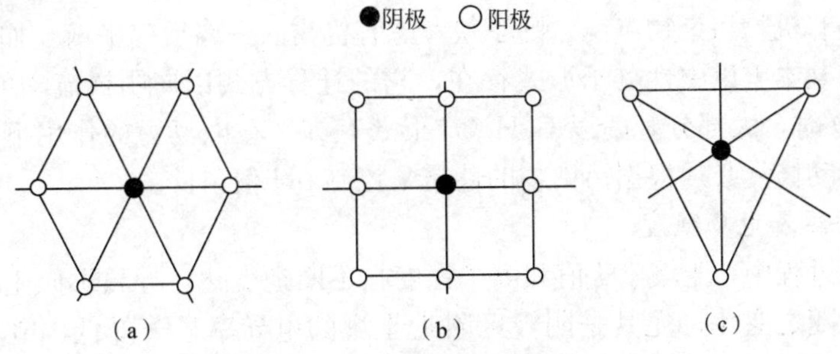

图 2-1-6 二维电极设置方式

(a)六边形设置方式；(b)正方向设置方式；(c)三角形设置方式

3. 供电模式

一般电动修复中采取稳压和稳流两种供电方式。在稳压条件下，电动修复过程中电流会随土壤电导率的变化而发生变化，由于在电动修复过程中土壤导电粒子会在电场作用下向阴阳两极移动，土壤的电导率会逐渐下降，电流逐渐减小，因此修复过程中的电流不会超过直流电源的最大供电电流。在稳流条件下，电动修复过程中电压会随着土壤电导率的逐渐下降而升高，有时电压会超过直流电源的最大供电电压，这对直流电源的供电电压要求比较高。一般而言，电动修复中的电场强度为 50～100 V/m，电流密度为 1～10 A/m^2，在实际的操作中采用较多的是稳压供电模式，具体采用的供电模式和施加电场大小要根据实际情况。近年也有报道展示了新的供电方式，即通过原电池、生物燃料电池或太阳能作为电源供应进行污染土壤电动修复，这些方式充分利用自然能源，降低了电能消耗。

三、影响因素

影响电动修复的因素有许多，电解液组分、pH 值、土壤电导率、电场强度、土壤的 Zeta 电势、土壤含水量、土壤结构、重金属污染物的存在形态及电极分步组织等，都可能对电动修复过程和效率产生影响。

1. 电解液组分和 pH 值

电解液组分随着修复的时间不断发生变化：阳极产生 H^+，阴极产生 OH^-；土壤中的重金属污染物、离子在电场的作用下，分别进入阴、阳极溶液中，并在阴极发生还原反应，在阳极发生氧化反应。

电解水产生 H^+ 和 OH^-，它们会导致阳极区附近的土壤酸化，阴极区附近的土壤碱化，土壤 pH 值的变化又对土壤产生一系列的影响，如土壤毛细孔溶液的酸化可能会导致土壤中的矿物溶解。

电动力修复过程中，阳极产生一个向阴极移动的酸区；阴极产生一个向阳极移动的碱区，酸区的移动速度大于碱区的移动速度，通常通电一段时间后，土壤中邻近阳极的大部分区段都会呈酸性，酸区和碱区相遇时 H^+ 和 OH^- 反应生成水，并产生一个 pH 值的突跃。这将导致污染物的溶解性降低，会降低污染物的去除效率。

对特殊的金属污染物来说，在不同的 pH 值条件下，它们都能以稳定的离子形态存在。由于重金属污染物能不能去除与污染物在土壤中是否以离子状态（液相）存在直接相关，因此，控制土壤 pH 值是电动力修复重金属污染土壤的关键。

但对于一些有机物污染物来说，则必须考虑有机物的解离反应平衡。如苯酚，在弱酸性环境下，苯酚基本上以中性分子形式存在，它的迁移方式以向阴极流动的电渗流为主。然而，当 $pH>9$ 时，大部分苯酚以 $C_6H_5O^-$ 形式存在，在电场力的作用下，它将向阳极迁移。因此，电动修复必须根据污染物的性质来控制 pH 值条件。

2. 土壤电导率和电场强度

在电动修复过程中，土壤 pH 值和离子强度在不断地变化，导致不同土壤区域的电导率和电场强度也随之变化，尤其是阴极区附近土壤的电导率显著降低、电场强度明显升高。这些现象是由于阴极附近土壤 pH 值增加及重金属的沉降引起的。

阴极区的土壤高电场强度将引起该区域的 zeta 电势增加，进一步导致这一区域产生逆向电渗，并且逆向电渗通量有可能大于其他土壤区域产生的向阴极迁移的物质通量，从而整个系统的污染物流动产生动态平衡，再加上阳极产生的酸区向阴极迁移，降低整个土壤中污染物的迁移量，以及重金属氢氧化物和氢气的绝缘性最终使得整个土壤中的物质流动逐渐降为最小。

当土壤溶液中离子浓度达到一定程度时，土壤中的电渗量降低甚至为零，离子迁移将主导整个系统的物质流动。然而，由于pH值的改变，引起在阴极附近土壤中的离子被中和、沉降、吸附和化合，导致电导率迅速下降，离子迁移和污染物的迁移量也随之下降。但在一些以实际污染土壤为样品的试验中，可能是由于离子溶解和土壤温度升高，导致土壤电导率随着时间增加逐渐升高。

3. zeta电势

zeta电势是指胶体双电层之间的电势差。根据胶体双电层的概念，胶体电层内的电势随着离胶体表面的距离增大而减小。当胶体颗粒受外力而运动时，并不是胶体颗粒单独移动，而是与固相颗粒结合着的一层液相和胶体颗粒一起移动。这一结合在固相表面上的液相固定层与液体的非固定部分之间的分界面上的电势即是胶体的zeta电势。zeta电势可以用动电试验方法测量出来，其大小受电解质浓度、离子价数、专性吸附、动电电荷密度、胶体形状大小和胶粒表面光滑性等一系列因素影响。

由于土壤表面一般带负电荷，所以土壤的zeta电势通常为负。这使得土壤溶液电渗流方向一般是向阴极迁移。然而，土壤酸化通常会降低zeta电势，有时甚至引起zeta电势改变符号，进一步导致逆向电渗。

4. 土壤化学性质

土壤的化学性质可以通过吸附、离子交换和缓冲等方式来影响土壤污染物的迁移。离子态重金属污染物首先必须脱附以后，才能迁移。当土壤中重金属浓度超过土壤的饱和吸附量时，重金属更容易去除。土壤pH值的改变也会影响土壤对污染物的吸附能力。阳极产生的H^+在土壤中迁移的过程中，置换土壤吸附的金属阳离子；同样，阴极产生的OH^-置换土壤吸附的$Cr_2O_4^-$。H^+和OH^-对污染物的脱附作用又取决于土壤的缓冲能力。

5. 土壤含水率

水饱和土壤的含水率是影响土壤电渗速率的因素之一。在电动修复过程中，土壤的不同区域有不同的pH值，pH值的差异导致不同区域的电场强度和zeta电势不同，进一步使得不同土壤区域的电渗速率不同，这就使得土壤中水分分布变得不均匀，并产生负毛孔压力。电动修复过程中，土壤温度升高引起的水分蒸发也会对土壤中的水分含量产生影响。尽管温度升高可以加快土壤中的化学反应速率，但通常也会导致土壤干燥。

6. 土壤结构

土壤电动修复过程中，土壤的结构和性质会发生改变。有些黏土土壤例如蒙脱土，由于失水和萎缩，物理化学性质都会发生很大的变化。重金属离子和阴极产生的氢氧根离子化合产生的重金属氢氧化物堵塞土壤毛细孔，从而阻碍物质流动。例如，土壤中铝在酸的作用下，转化为Al^{3+}，Al^{3+}在阴极区附近生成氢氧化物沉淀，对土壤毛细孔造成堵塞。由上可知，土壤电动修复过程中，必须尽量减少重金属污染物在土壤内沉降和转化为难溶化合物。

7. 重金属在土壤中的存在形态

电动修复效率与重金属的存在形态有关。土壤中的重金属有六种存在形态，即水溶态、可交换态、碳酸盐结合态、铁锰氧化物结合态、有机结合态、残留态。不同的存在形态具有不同的物理化学性质。

8. 电极特性、分布和组织

电极材料能直接影响土壤电动修复的效果，但是在实际应用中由于受成本消耗的限制，常用电极通常具备易生产、耐腐蚀及不引起新的污染的特点。有时为了特殊需要，也采用还原性电极作为阳极。实验室和实际应用中最常用的电极是石墨电极，镀膜钛电极在实际中也有一些应用。电极的形状、大小、排列及极距，都会影响电动力的修复效果。

四、适用范围

电极是电动修复技术中最重要的设备。适合实验室研究的电极材料包括石墨、白金、黄金和银；但在田间试验中，可以使用一些由较便宜的材料制成的电极，如铁电极、不锈钢电极或塑料电极。可以直接将电极插入湿润的土体中，也可以将电极插入一个电解质溶液中，由电解质溶液直接与污染土壤或通过膜与土壤接触。电动修复技术可以影响的污染物包括重金属、放射性核素、有毒阴离子(硝酸盐、硫酸盐)、高密度非水相的液体(DNAPLs)、石油烃(柴油、汽油、煤油、润滑油)、炸药、有机-离子混合污染物、卤代烃、非卤化污染物、多环芳香烃，但最适合电动修复技术处理的污染物是金属污染物。

对于砂质污染土壤而言，已经有几种有效的修复技术，因此电动力学修复技术主要是针对低渗透性的、黏质的土壤。适合电动力学修复技术的土壤应具有以下特征：水力传导率较低、污染物水溶性较高、水中的离子化物质浓度相对较低。黏质土在正常条件下，离子的迁移很弱，但在电场或水压的作用下得到增强。电动修复技术对低透性土壤(如高岭土等）中的砷（As)、镉（Cd)、铬(Cr)、钴（Co)、汞(Hg)、镍（Ni)、锰(Mn)、钼(Mo)、锌(Zn)、铅（Pb)的去除效率可以达到85%～95%，但并非对所有黏质土的去除效率都很高。对阳离子交换量高、缓冲容量高的黏质土而言，去除效率会因较长的修复时间而下降。要在这些土壤上达到较好地去除效率，必须使用较高的电流密度、较大的能耗和较高的费用。可以添加增强溶液以提高络合物的溶解度，或改善重金属污染物的电迁移特征。

对大多数土壤而言，在获得较好的费用效益比例的前提下，最合适的电极之间的距离是3～6 m。各部分费用的大致比例：电极费用约占40%，电费占10%～15%，劳力约占17%，其他物质约占17%，许可证和其他固定开支约占16%。影响原位电动力学修复过程费用的主要因素：土壤性质、污染深度、电极和处理区设置的费用、处理时间、劳力和电费。

五、优点及缺点

电动修复技术的主要优点有以下几个方面：

(1)适用于任何地点，因为土壤处理仅发生在两个电极之间。

(2)可以在不挖掘的条件下处理土壤，减少对土壤的扰动及土壤挖掘运输成本。

(3)可以处理有机和无机污染物，处理的污染物种类范围较广。

(4)费用效益比较好，可以在有限的成本条件下获得较好的修复效果。

但该技术也有以下局限性：

(1)污染物的溶解度高度依赖于土壤pH值。

(2)当高电压使用到土壤时，由于温度的升高，过程的效率降低。

(3)如果土壤含碳酸盐、岩石、石砾时，去除效率会显著降低。

任务实施

1. 场地调查与评估

调查污染场地，了解污染物的种类、分布和浓度。

2. 制订修复方案

结合电动修复技术的特点和适用条件，制订修复方案。

3. 电场设置与电极布置

根据修复方案，在污染土壤中设置电场，并布置合适的电极。电极材料的选择应考虑到其导电性、稳定性及与污染物的反应性能。

反思评价

根据任务的组织准备、任务实施等情况，进行小组讨论，并完成表 2-1-3 的内容，以便下次任务能够更好地完成。

表 2-1-3　电动修复技术任务反思评价表

任务程序		任务实施中需要注意的问题	任务表现	
			自评	互评
人员组织				
知识准备				
工具准备				
实施步骤	场地调查与评估			
	制订修复方案			
	电场设置与电极布置			

拓展阅读

电动力学修复技术的应用方法通常有以下几种：直接将电极插入污染土壤的原位修复，污染修复过程对现场的影响较小；污染土壤被输送到修复设备分批处理的序批修复；受污染土壤中，依次排列一系列电极用于去除地下水中的离子状态污染物的电动栅修复。在这几种方法中，人们通常倾向于采用原位修复方法，但每种方法的适用性最终取决于现场土壤条件和污染物的特性。

鉴于该技术对重金属有独特的优势，几乎无需化学试剂投入，对环境无任何负面影响，且成本低、效率高，逐渐受到高度重视和关注。但由于是新近发展起来的新型修复技术，仍需全面的试验研究以确定不同场地和污染情况下该技术的适用性。

采用电动力学修复技术，现场评估则显得十分重要。在应用之前需进行试验研究，以确定该场地是否适于电动力学修复技术。首先，要进行现场导电性调查，观察是否存在高电导性沉积物；其次，要进行不饱和土壤水质化学分析，分析溶解的阴阳离子和污染物的成分、浓度，以及水的电导性和 pH 值，从而评估污染物的传输系数；最后，要进行土壤化学分析确定土壤的性质和缓冲性能。

根据电动修复的特点，衍生出了电动修复的改进技术工艺，此处主要介绍其中 5 种。

1. 电化学地质氧化法技术工艺

电化学地质氧化法的原理是给插入地表的电极通以直流电，引用电流产生的氧化还原反应使电极间的土壤及地下水的有机物矿化或无机物固定化。这种技术的优点是靠土壤及岩石颗粒表面自然发生传导而引发的极化现象，如土壤本身含有铁、镁、钛和碳等，可起到催化作用，因此，无需在污染土壤修复时外加催化剂。缺点是难以准确判断现场的情形、操作难易度及欲去除的化学成分，且修复的时间较长，需 60～120 d。该技术已经应用于德国的污染土壤和地下水的修复。

2. 电化学离子交换技术工艺

电化学离子交换技术是由电动修复技术和离子交换技术相结合去除自然界中的离子污染物，其原理是在污染土壤中插入一系列的电极棒使电极棒置于可循环利用的电解质的多孔包覆材料中，离子化的污染物被捕集至这些电解质中并抽置地表。被回收的溶液在地表穿过电化学离子交换材料后，将污染物交换出来，电解质经离子交换后回至电极周围以循环利用。该技术能够独立回收去除土壤中的重金属、卤化物和特定的有机污染物。

3. 生物电动修复技术工艺

生物电动修复技术是通过活化污染土壤中的休眠微生物族群，将电动修复技术产生的营养物注入土壤中的活性微生物和其他生物，促进微生物的生长、繁殖、代谢，以转化有机污染物，并利用微生物的代谢作用改变重金属离子的存在状态，从而增强迁移性或降低其毒性；同时在施加电场的作用下可以加速传质过程，提高微生物与重金属离子的接触效率，并可以将改变形态的重金属离子去除。

生物电动修复技术的优点：成本低，不需外加微生物和营养剂，能均匀地扩散到污染土体或直接加在特定的地点，可以降低营养剂的成本且避免了因微生物穿透细致土壤时所衍生的问题。其缺点：高于毒性受限阈值的有机污染物浓度将限制微生物族群，混合的有机污染物的生物修复可能产生对微生物有毒性的副产品，限制微生物的降解。

4. 电动分离技术工艺

电动分离技术的原理是通以直流电的电极放置于受污染土壤的两侧，在电极添加或散布调整液(如适当的酸)，以促进污染土壤的修复效果，离子或孔隙流体流动的同时将从污染土壤中去除污染物，同时，污染物向电极移动。该技术的处理效率受化学物质种类、浓度及土壤的缓冲能力的影响。该技术对重金属污染物的去除率较高，缺点是处理多种高浓度有机污染物共存的土壤时，修复周期长，修复成本高。

5. 电动吸附技术工艺

电动吸附技术的原理是在电极表面涂装高分子聚合物形成圆筒状电极棒组。电极放置于土壤开孔中通以直流电且在高分子聚合物中充满 pH 值缓冲试剂，以防止因 pH 值变化而产生胶凝。离子在电流的影响下穿过孔隙水在电极棒高分子上富集。在设计中高分子聚合物可含有离子交换树脂或其他吸收物质，将污染物离子在到达电极前加以捕集。该技术在修复土壤过程中 pH 值的突变对污染物的富集能力影响较大，因此，所用的高分子聚合物应先浸渍 pH 值缓冲试剂。

任务四 固化/稳定化技术

任务目标

知识目标

1. 掌握固化/稳定化技术的原理。
2. 掌握固化/稳定化技术的影响因素。
3. 掌握固化/稳定化技术的优点及缺点。

技能目标

能根据程序进行固化/稳定化技术修复。

素养目标

1. 培养团结协作、严谨负责的职业素养。
2. 提高正确认识问题、分析问题和解决问题的能力。

视频：固化/稳定化技术

任务卡片

如果污染土壤需要通过固化/稳定化技术进行修复，那么需要按照怎样的程序进行修复?

知识准备

一、技术概述/原理

固化/稳定化技术(Solidification/Stabilization，S/S)是将污染土壤与黏结剂或稳定剂混合，使污染物实现物理封存或发生化学反应形成固体沉淀物(如形成氢氧化物或硫化物沉淀等)，从而防止或降低污染土壤释放有害化学物质过程的一组修复技术，实际上分为固化和稳定化两种技术。其中，固化技术是将污染物封入特定的晶格材料中，或在其表面覆盖渗透性低的惰性材料，以限制其迁移活动的目的；稳定化技术是从改变污染物的有效性出发，将污染物转化为不易溶解、迁移能力或毒性更小的形式，以降低其环境风险和健康风险。一般情况下，固化技术和稳定化技术在处理污染土壤时是结合使用的，包括原位和异位固化/稳定化修复技术。

固化/稳定化技术包括固化和稳定化两个概念，固化是指将污染物包裹起来，使之呈颗粒状或板块状形态，进而使污染物处于相对稳定的状态；稳定化是指利用氧化、还原、吸附、脱附、溶解、沉淀、生成络合物中的一种或多种机理改变污染物存在的形态，从而降低其迁移性和生物有效性。虽然固化和稳定化这两个专业术语常常结合使用，但是它们具有不同的含义。

固化技术是将低渗透性物质包裹在污染土壤外面，以减少污染物暴露于淋溶作用的表面，限制污染物迁移的技术。其中，污染土壤与黏结剂之间可以不发生化学反应，只是机械地将污染物固封在结构完整的固态产物(固化体)中，隔离污染土壤与外界环境的联系，从而达到控制污染物迁移的目的。固化技术涉及包裹污染物以形成一个固化体，是通过废物和水泥、炉灰、石灰和飞灰等固化剂之间的机械过程或化学反应来实现的。在细颗粒废物表面的包囊作用称为微包囊作用，而大块废物表面的包囊作用称为大包囊作用。

稳定化技术是用化学反应来降低废物的浸出性的过程，是通过和污染土壤发生化学反应或通过化学反应来降低污染物的溶解性来达到目的。在稳定化的过程中，废物的物理性质可能在这个过程中改变或不变。

二、技术分类

(1)原位固化/稳定化技术。原位固化/稳定化技术是指直接将修复物质注入污染土壤中进行相互混合，通过固态形式利用物理方法隔离污染物或将污染物转化成化学性质不活泼的形态，从而降低污染物质的毒害程度。原位固化/稳定化修复不需要将污染土壤从污染场地挖出，其处理后的土壤仍留在原地，用无污染的土壤进行覆盖，从而实现对污染土壤的原位固化/稳定化。原位固化/稳定化技术的工艺流程及示意图如图 2-1-7、图 2-1-8 所示。

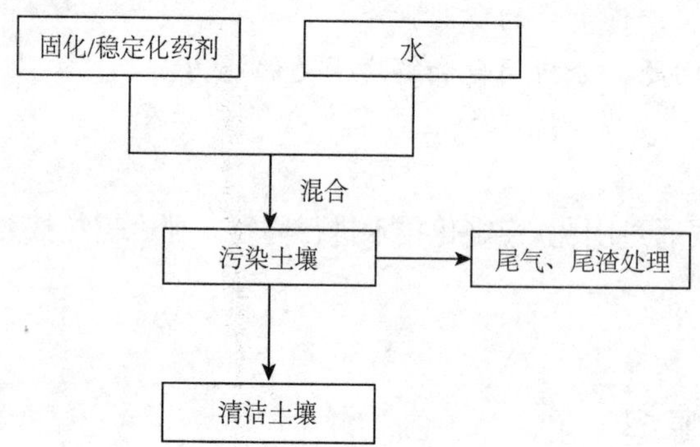

图 2-1-7　原位固化/稳定化技术工艺流程图

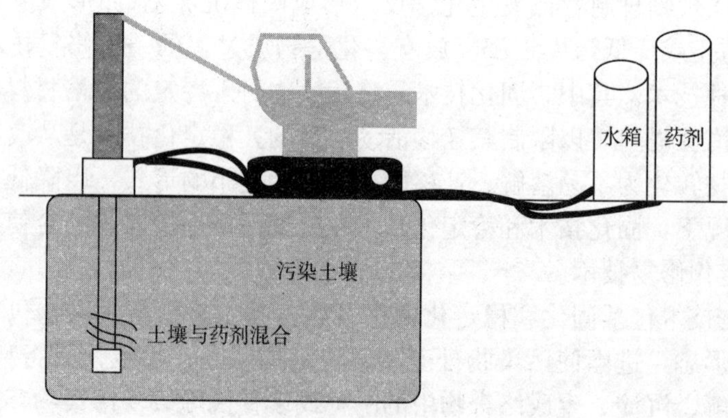

图 2-1-8　原位固化/稳定化技术示意图

(2)异位固化/稳定化技术。异位固化/稳定化土壤修复技术通过将污染土壤与黏结剂混合形成物理封闭(如降低孔隙率等)或发生化学反应(如形成氢氧化物或硫化物沉淀等),从而达到降低污染土壤中污染物活性的目的。这一技术的主要特征是将污染土壤或污泥挖出后,在地面上利用大型混合搅拌装置对污染土壤与修复物质(如石灰或水泥等)进行完全混合,处理后的土壤或污泥再被送回原处或进行填埋处理。异位固化/稳定化通常用于处理无机污染物质,对于半挥发性有机物质及农药、杀虫剂等污染物污染的情况,进行修复的适用性有限。异位固化/稳定化技术的工艺流程及示意图如图 2-1-9、图 2-1-10 所示。

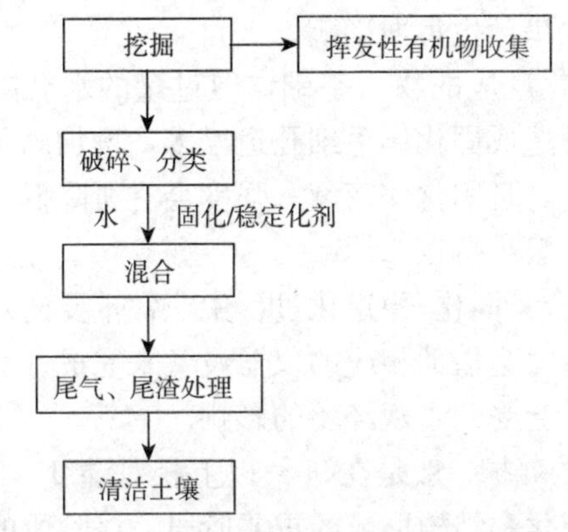

图 2-1-9　异位固化/稳定化技术工艺流程图

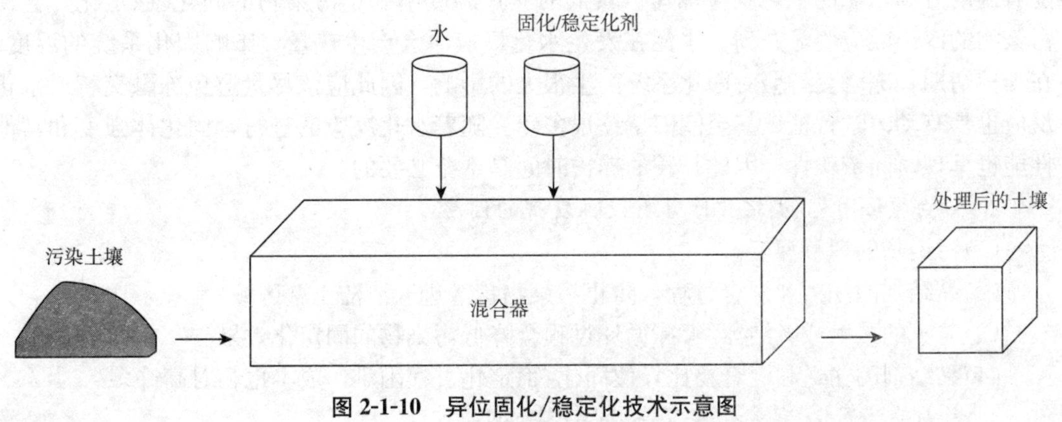

图 2-1-10　异位固化/稳定化技术示意图

三、影响因素

1. 影响固化/稳定化工艺的性能的因素

(1)胶凝材料和添加剂的品种与用量。不同的污染物需要选择不同的胶凝材料。添加剂是实现污染物稳定化的重要保证,根据作用不同分为金属稳定剂、有机污染物吸附剂和过程辅助剂 3 类。金属稳定剂可以通过物理吸附、控制介质的 pH 值和氧化还原电位、与污染物形成沉淀或络合物等方式实现污染物稳定化,常用的有可溶性碳酸盐、硅酸盐、磷酸盐、硫化物、氧化还原剂、络合剂、黏土矿物及火山灰类物质。有机污染物吸附剂主要通过物理吸附作用限制污染物的迁移,屏蔽它们对胶凝材料水化的不利影响,如活性炭、有机改性石灰和黏土、表面活性剂。促凝剂、减水剂和膨松剂等过程辅助剂可以改善胶凝材料的水化和凝硬过程，优化固化体的物理特性。氧化剂和还原剂多用于处理变价金属。

固化剂用量对重金属污染土壤的固化效果是十分重要的。氢氧化物是固化体中重金属的重要存在形式，它们的溶解度受到介质 pH 值的影响，即在碱性的某个 pH 值具有最小的溶解度，当 pH 值升高或降低时其溶解度就增大。胶凝材料掺量越多，水化硅酸钙凝胶及钙矾石等硅酸盐矿物对重金属的稳定起重要作用的水化产物越多，固化体则越密实，从而重金属浸出浓度越低。固化剂常具有较强碱性，会强烈影响固化体的 pH 值，因此加入量太大会对重金属的稳定效果产生负面影响。

(2)水分含量。水是水化反应的物质基础，但过量的水会阻碍固化过程。另外，水化反应后剩余水分会逐渐蒸发造成固化体毛细孔道增多，增加固化体的渗透性及污染物的移动性，不利于污染物的稳定，且固化体密度和强度会有所降低。为保证水泥进行正常的水化反应，水与水泥的比值一般维持在 0.25。

(3)混合均匀程度。混合是固化/稳定化过程中非常重要的步骤，是为了保证固化剂和污染物之间的紧密接触，有时会借助相应的仪器设备来完成。在大多数情况下，混合程度是用肉眼判断的，因此效果会受到主观经验的影响。

(4)养护条件。固化体的养护一般是在 95%以上相对湿度、20 ℃条件下进行养护 28 d。混合处理后的两周时间是硬化和结构形成的重要阶段，该阶段的养护条件直接关系到固化体的结构孔隙和密实程度，影响污染物的浸出效应，因此对固化/稳定化效果至关重要。随着温度升高水泥的水化反应加速。较低的养护温度不利于污染物的固化/稳定化，会使污染物的浸出效应明显升高。水泥在发生水化反应时会产生热量，影响固化系统的温度。在养护初期，冻融交替会对固化系统产生很大的影响，因此应该尽量避免冻融交替。水化反应也具有动力学特征，甚至能够持续很多年。随着水化反应的进行，固化体强度和其他性能也呈现时间依赖性，因此较长的养护时间是十分必要的。

2. 影响原位固化/稳定化修复有效性发挥的因素

(1)污染物的埋藏深度。

(2)黏结剂的注射和混合过程，防止污染物扩散进入清洁土壤区域。

(3)与水的接触或者结冰/解冻循环过程会降低污染物的固定化效果。

(4)黏结剂的输送和混合要比异位固化/稳定化过程困难，成本也相对高许多。

3. 影响异位固化/稳定化修复有效性发挥的因素

(1)环境条件可能会影响污染物的长期稳定性。

(2)一些工艺可能会导致污染土壤或固体废物体积显著增大。

(3)有机物质的存在可能会影响黏结剂作用的发挥。

(4)VOCs 通常很难固定，在混合过程中就会挥发逃逸。

(5)石块或碎片比例太高会影响黏结剂的注入和与土壤的混合，处理之前必须除去直径大于 60 mm 的石块或碎片。

4. 适用范围

根据污染土壤类型、固化稳定剂的种类，进行小范围试验，来判断污染土壤能否应用该技术。

5. 优点及缺点

相较于其他土壤修复技术，固定/稳定化技术具有明显的优势：操作简单，费用相对较低；修复材料大多来自自然界的原生物质，具有环境安全性；固定后土壤基质的物化性质具有长期稳定性，综合效益好；固化材料的抗生物降解性能强且渗透性低。固化/稳定化技术的主要缺点就是污染物可能因为外界条件的改变而再次释放出来。

任务实施

固化/稳定化技术的应用程序

在对污染土壤进行修复工程前，首先要在恒定温度和湿度环境条件下进行实验室内的可行性研究，确定固化特定污染土壤的最佳固化剂，现场小型试验之后再应用于污染场地处置工程的实施，通常包括以下阶段。

(1)确定修复材料。固化/稳定化技术使用的修复材料，根据其化学性质可分为无机黏合剂、有机黏合剂和专用添加剂3类。无机黏合剂是最主要的黏合剂，有水泥、火山灰质材料、石灰、磷灰石和矿渣等，目前报道的固化/稳定化项目约有90%是使用无机黏合剂；有机黏合剂包括有机黏土、沥青、环氧化物、聚酯和蜡类等；专用添加剂包括活性炭、pH值调节剂、中和剂和表面活性剂等。针对不同类型的污染物质，有机黏合剂和无机黏合剂既可单独使用也可混合使用，专用添加剂通常与其他两种黏合剂混用以加速修复过程、稳定修复结果。

(2)土壤样品采集。为了全面了解研究区的土壤污染状况和机械特性等性质，需要采集足够数量的土壤样本。场地历年的使用状况资料对掌握其污染类型和范围是十分重要的。值得注意的是，当采集挥发性有机物污染土壤样品时，要尽量减少这些物质的损失或变化。也有研究者根据污染土壤的特征，利用模拟土壤进行实验室固化试验，这种方法可能会导致模拟土壤与现场土壤的差异，给污染场地土壤修复工程带来困难。

(3)土壤物理化学性质分析。一般而言，土壤酸碱度、含水量、机械组成、污染物质种类和含量是主要指标。在分析结果的基础上确定主要关注的土壤污染物种类，为后续处理确立目标污染物。

(4)固化/稳定化修复工艺确定。根据目标污染物性质，确定样品前处理过程。设置多种胶凝材料和添加剂的批量试验，根据评价指标来确定最佳组合。由于影响因素太多，为了抓住最主要因素简化试验过程，目前的大多数试验研究通常采用恒定的水分添加量，以及固定的混合手段、养护温度和养护时间。

(5)固化/稳定化效果评价。目前，对于固化/稳定化处理效果的评价，主要可以从固化体的物理性质、污染物的浸出毒性和浸出率、形态分析与微观检测、小型试验等方面予以评价。

①物理性质。经过固化/稳定化处理后的固化体可以进行资源化利用，通常可以把它们作为路基或一些建筑材料，因此处理后的固化体应具有良好的抗浸出性、抗渗透性及足

够的机械强度等；同时，为了节约成本，固化过程中材料消耗要低，增容比也要低。抗压强度和增容比是评价固化体作为路基、建筑材料或填埋处理的主要指标。

②浸出毒性。目前主要是通过污染物的浸出效应来评价添加剂对污染物的固化/稳定化效果。固体废物遇水浸沥，浸出的有害物质迁移转化，污染环境，这种危害特性称为浸出毒性。判别一种废物是否有害的重要依据是浸出毒性，为了评价固体废物遇水浸溶浸出的有害物质的危害性，我国颁布了《固体废物浸出毒性浸出方法 水平振荡法》(HJ 557—2010)、《固体废物 浸出毒性浸出方法 硫酸硝酸法》(HJ/T 299—2007)和《固体废物 浸出毒性浸出方法 醋酸缓冲溶液法》(HJ/T 300—2007)，浸出液中任一种污染物的浓度超过《危险废物鉴别标准 浸出毒性鉴别》(GB 5085.3—2007)规定的浓度限值，则判定该固体废物是具有浸出毒性特征的危险废物。

③形态分析与微观检测。形态分析是表征重金属生物有效性的一种间接方法，利用萃取剂提取重金属可以明确重金属在土壤中的化学形态分布及可被溶出的能力。

(6)盆栽试验、现场小型试验。盆栽试验及现场小型试验是评估原位修复效果最常用的方法，通过观察植物生长状况及测定植物生物量和植物组织中重金属浓度，可以确定经过固化/稳定化修复后土壤中重金属毒性的变化。

反思评价

根据任务的组织准备、任务实施等情况，进行小组讨论，并完成表 2-1-4 的内容，以便下次任务能够更好地完成。

表 2-1-4　固化/稳定化技术任务反思评价表

任务程序		任务实施中需要注意的问题	任务表现	
			自评	互评
人员组织				
知识准备				
工具准备				
实施步骤	固化/稳定化技术的应用程序			

拓展阅读

固化/稳定化通常采用的方法：首先，利用吸附质(如黏土、活性炭和树脂等)吸附污染物，浇上沥青；然后添加某种凝固剂或黏合剂(可用水泥、硅土、小石灰、石膏或碳酸钙)，使混合物成为一种凝胶，最后固化为硬块，其结构类似矿石，使金属离子和放射性物质的迁移性及对地下水污染的威胁降低。

固化/稳定化修复技术的关键是材料的选择，常用的胶凝材料可分为：无机黏结物质，如水泥、石灰、碱激发胶凝材料等；有机黏结剂，如沥青等热塑性材料；热硬化有机聚合物，如尿素、酚醛塑料和环氧化物等；以及化学稳定药剂。

1. 水泥固化/稳定化

水泥是通过将石灰石与黏土在水泥窑中经高温煅烧而制得，其主要构成元素为硅酸三钙与硅酸二钙。作为一种水硬性胶凝材料，水泥遇水后会发生水化反应，逐渐固化并增强硬度。在水泥结构中，硅酸盐阴离子以孤立的四面体形态存在，水化过程中这些四面体会逐步连接形成二聚体乃至多聚体——水化硅酸钙，并伴随氢氧化钙的生成。水化硅酸钙作为一种由不同聚合程度的水化物构成的固态凝胶，是水泥实现凝结作用的核心物质。它能够通过物理包裹、化学沉淀形成新相，以及离子交换生成固溶体等方式，有效吸附并稳定土壤中的有害物质。此外，其营造的强碱性环境有助于将重金属转化为溶解度较低的氢氧化物或碳酸盐，进而抑制固化体中重金属的浸出。水泥的种类繁多，包括普通硅酸盐水泥、火山灰质硅酸盐水泥、矿渣硅酸盐水泥、矾土水泥及沸石水泥等，可根据受污染土壤的具体特性和需求进行针对性选择。

水泥固化有耐压性好、材料易得、成本低、处理时间短、技术成熟、操作简单、可以处理多种污染物等优点，但是缺点也很明显，比如增容很大，同时水泥固化/稳定化污染土壤只是一种暂时的稳定过程，其长期有效性无法保障。

2. 石灰固化/稳定化

石灰作为一种非水硬性胶凝材料，能通过其含有的钙元素与土壤中的硅酸盐反应生成水化硅酸钙，从而对污染物起到固定或稳定化的作用。与水泥类似，石灰基固化/稳定化系统同样能提供高 pH 值环境，然而，石灰的强烈碱性并不利于两性元素的固化或稳定化。此外，该系统生成的固化产品多孔，易于污染物质的浸出，同时抗压强度和抗浸泡性能相对较弱，因此较少单独应用。

石灰能够激活火山灰类物质中的活性组分，生成具有黏结性的物质，从而实现对污染物的物理和化学稳定化，所以石灰常与火山灰类物质联合使用。

3. 土聚物固化/稳定化

土聚物是一种新型无机聚合物材料，其分子结构由硅、氧、铝等元素通过共价键紧密连接，形成类似沸石的网络架构。这种材料主要通过将烧结土(如偏高岭土)与碱性激活剂作为核心原料，在特定工艺条件下经过化学反应制备而成，其性能与陶瓷材料相近，能够长期承受辐射和水的侵蚀而不发生老化。土聚物的最终聚合产物展现出独特的牢笼型结构，该结构对金属元素的固化作用是通过物理包覆和化学键合的双重机制实现的。

若能将含有重金属的污泥转化为土聚水泥，利用土聚物的形式来固化这些重金属，其效果比硅酸盐水泥更好。此外，土聚物材料因其低渗滤性，不仅能对重金属元素实施物理束缚，还能通过化学键合进行固定。加之其强度远高于由硅酸盐水泥制成的混凝土，使得土聚物的固化产物及材料在道路建设和其他建筑领域具有广泛的应用潜力。作为资源化利用的一种方式，土聚物材料在未来发展中展现出广阔的前景。

4. 化学药剂稳定化技术

化学药剂稳定化技术通常利用化学药剂与土壤间的化学反应，将土壤中的有毒有害物质转化为低迁移性、低溶解度和低毒性的形态。该方法所应用的化学药剂大致分为有机和无机两类。针对污染土壤中不同类型的重金属，常用的无机稳定剂包括硫化物、氢氧化钠、铁酸盐及磷酸盐等。有机稳定剂则多为螯合型高分子化合物，例如乙二胺四乙酸二钠盐(EDTA)，它能与土壤中的重金属离子发生配位反应，形成难溶于水的高分子络合物，从而实现重金属的稳定化。另一种常用的有机稳定剂是硫脲(H_2NCSNH_2)，其稳定化机制与硫化钠和硫代硫酸钠相似，主要通过与重金属形成硫化物沉淀来实现固化/稳定化，且在达到相同稳定效果时，硫脲的用量仅为硫化钠最佳用量的1/2。

固化/稳定化技术对污染土壤修复的有效性可以从处理后土壤的物理性质和对污染物质浸出的阻力两个方面进行评价。

固化/稳定化技术是少数几个能够原位修复金属污染介质的技术之一，具有以下优点：

(1)可处理多种复杂的金属废物。

(2)费用低，经济性好。

(3)加工设备转移方便。

(4)处理后形成的固体毒性降低，稳定性增强。

(5)凝结在固体中的微生物很难生长，不至破坏结块结构。

任务五　水泥窑协同处置技术

任务目标

知识目标

1. 掌握水泥窑协同处置技术的原理。
2. 掌握水泥窑协同处置技术的影响因素。
3. 掌握水泥窑协同处置技术的优点及缺点。

技能目标

能正确应用水泥窑协同处置技术。

视频：水泥窑协同处置技术

视频：水泥窑协同技术

素养目标

1. 培养团结协作、严谨负责的职业素养。
2. 提高正确认识问题、分析问题和解决问题的能力。

任务卡片

有一种物理修复技术可以在生产水泥的同时修复污染土壤，通过课程的学习，掌握这种技术的原理、影响因素和优点及缺点。

知识准备

1. 技术概述/原理

水泥窑协同处置是将满足或经过预处理后满足入窑要求的固体废物投入水泥窑，在进行水泥熟料生产的同时实现对废物的无害化处置的过程。水泥窑协同处置具有焚烧温度高、停留时间长、焚烧状态稳定、良好的湍流、碱性的环境气氛、没有废渣排出、固化重金属离子、焚烧处置点多和废气处理效果好等特点，其作为一种成熟的处理废物的技术，在国内外均得到了广泛的研究和应用。水泥窑协同处置技术由于受污染土壤性质和污染物性质影响较小，焚毁去除率高和无废渣排放等特点，而成为一项极具竞争力的土壤修复技术。

水泥窑协同处置技术的基本原理是利用水泥回转窑内的高温、气体长时间停留、热容量大、热稳定性好、碱性环境、无废渣排放等特点，在生产水泥熟料的同时，焚烧固化处理污染土壤。

有机物污染土壤从窑尾烟气室进入水泥回转窑，窑内气相温度最高可达 1 800 ℃，物料温度约为 1 450 ℃，在水泥窑的高温条件下，污染土壤中的有机污染物转化为无机化合物，高温气流与高细度、高浓度、高吸附性、高均匀性分布的碱性物料（CaO、$CaCO_3$ 等）充分接触，有效地抑制酸性物质的排放，使硫和氯等转化成无机盐类固定下来；重金属污染土壤从生料配料系统进入水泥窑，使重金属固定在水泥熟料中。水泥窑协同处置技术不宜用于汞、砷、铅等重金属污染较重的土壤；由于水泥生产对进料中氯、硫等元素的含量有限值要求，在使用该技术时需慎重确定污染土的添加量。

2. 技术分类

水泥窑协同处置技术是一项异位修复技术，该技术包括污染土壤储存、预处理、投加、焚烧和尾气处理等过程。在原有的水泥生产线基础上，需要对投料口进行改造，还需要必要的投料装置、预处理设施、符合要求的储存设施和实验室分析能力。水泥窑协同处置主要由土壤预处理系统、上料系统、水泥回转窑及配套系统、监测系统组成。

3. 影响因素

影响水泥窑协同处置效果的因素包括水泥回转窑系统配置、污染土壤中碱性物质含量、重金属污染物的初始浓度、氯元素和氟元素含量、硫元素含量、污染土壤添加量。

(1)水泥回转窑系统配置采用配备完善的烟气处理系统和烟气在线监测设备的新型干法回转窑，单线设计熟料生产规模不宜小于 2 000 t/d。

(2)污染土壤中碱性物质含量。污染土壤为水泥的生产提供了硅质原料，但由于污染土壤中的钾、钠元素含量较高，会使水泥生产过程中中间产品及最终产品的碱当量高，进而影响水泥品质，因此，在进入水泥窑协同处置前，应根据污染土壤中的 K_2O、Na_2O 含量确定污染土壤的添加量。

(3)重金属污染物初始浓度。进入水泥窑的土壤中重金属污染物的浓度应满足相应的要求，以防止带来更大范围的污染。

(4)污染土壤中的氯元素和氟元素含量。为了保证生产出来的水泥质量，投入水泥窑的土壤中氟元素含量不应大于 0.5%，氯元素含量不应大于 0.04%。

(5)污染土壤中硫元素含量。水泥窑协同处置过程中，应控制污染土壤中的硫元素含量，投入水泥窑的物料中硫化物硫与有机硫总含量应该小于 0.014%。从窑头、窑尾高温区投加的全硫与配料系统投加的硫酸盐硫总投加量不应大 3 000 mg/kg。

(6)污染土壤添加量。应根据污染土壤中的碱性物质含量，重金属含量，氯、氟、硫元素含量及污染土壤的含水量，综合确定污染土壤的投加量。

4. 适用范围

水泥窑协同处置技术适用于大部分污染物。

5. 优点及缺点

水泥窑协同处置技术可以把污染土壤进行无害化处理，修复效果好。但是该技术的使用受到水泥生产线的限制，不宜用于汞、砷、铅等重金属污染较重的土壤；由于水泥生产对进料中氯、硫等元素的含量有限值要求，在使用该技术时需慎重确定污染土的添加量。

任务实施

水泥窑协同处置技术主要实施过程

(1)将挖掘后的污染土壤在密闭环境下进行预处理(去除砖头、水泥块等影响工业窑炉工况的大颗粒物质)。

(2)对污染土壤进行检测，确定污染土壤的成分及污染物含量，计算污染土壤的添加量。

(3)污染土壤用专门的运输车转运到喂料斗，为避免卸料时扬尘造成的二次污染，卸料区密封。

(4)计量后的污染土壤经提升机由管道进入投料口。

(5)定期监测水泥回转窑烟气排放口污染物浓度及水泥熟料中污染物含量。

其工艺流程如图 2-1-11 所示。

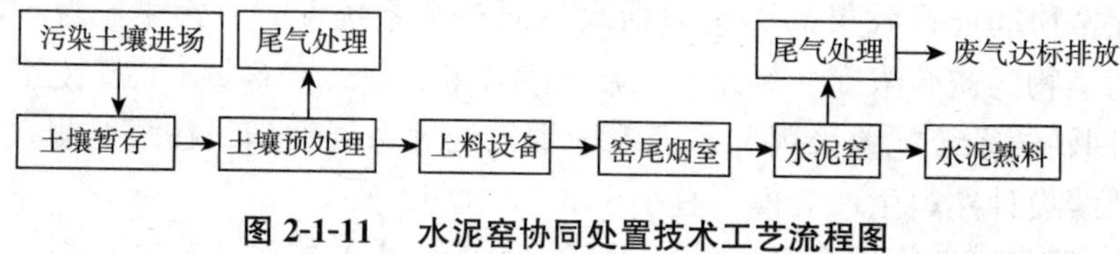

图 2-1-11　水泥窑协同处置技术工艺流程图

反思评价

根据任务的组织准备、任务实施等情况，进行小组讨论，并完成表 2-1-5 的内容，以便下次任务能够更好地完成。

表 2-1-5　水泥窑协同处置技术任务反思评价表

任务程序		任务实施中需要注意的问题	任务表现	
			自评	互评
人员组织				
知识准备				
工具准备				
实施步骤	水泥窑协同处置技术主要实施过程			

拓展阅读

水泥窑协同处置技术包括污染土壤储存、预处理、投加、焚烧和尾气处理等过程。在原有的水泥生产线基础上，需要对投料口进行改造，还需要必要的投料装置、预处理设施、符合要求的储存设施和实验室分析能力。水泥窑协同处置主要由土壤预处理系统、上料系统、水泥回转窑及配套系统、监测系统组成。土壤预处理系统在密闭环境内进行，主要包括密闭储存设施(如充气大棚)、筛分设施(筛分机)、尾气处理系统(如活性炭吸附系统等)，预处理系统产生的尾气经过尾气处理系统处理后达标排放。上料系统主要包括存料斗、板式喂料机、皮带计量秤、提升机，整个上料过程处于密闭环境中，避免上料过程中污染物和粉尘散发到空气中，造成二次污染。水泥回转窑及配套系统主要包括预热器、回转式水泥窑、窑尾高温风机、三次风管、回转窑燃烧器、冷却机、窑头收尘器、螺旋输送机、槽式输送机。监测系统主要包括氧气、粉尘、氮氧化物、二氧化碳、水分、温度在线监测及水泥窑尾气和水泥熟料的定期监测，保证污染土壤处理的效果和生产安全。

任务六　其他修复技术

任务目标

知识目标

1. 掌握物理分离技术的原理。
2. 掌握物理分离技术的应用范围。
3. 掌握阻隔填埋技术的原理及适用范围。

技能目标

能根据实际情况使用具体的修复技术。

素养目标

1. 培养团结协作、严谨负责的职业素养。
2. 提高正确认识问题、分析问题和解决问题的能力。

任务卡片

除前几个任务里介绍的物理修复技术外，还有一些物理修复技术，如物理分离技术、阻隔填埋技术，试分析这些技术的原理及适用范围。

知识准备

1. 物理分离技术

(1)基本原理。物理分离技术源自化学、采矿和选矿工业中。在原理上，大多数污染土壤的物理分离修复基本上与化学、采矿和选矿工业中的物理分离技术一样，主要是根据土壤介质及污染物的物理特征而采用不同的操作方法(图 2-1-12)：

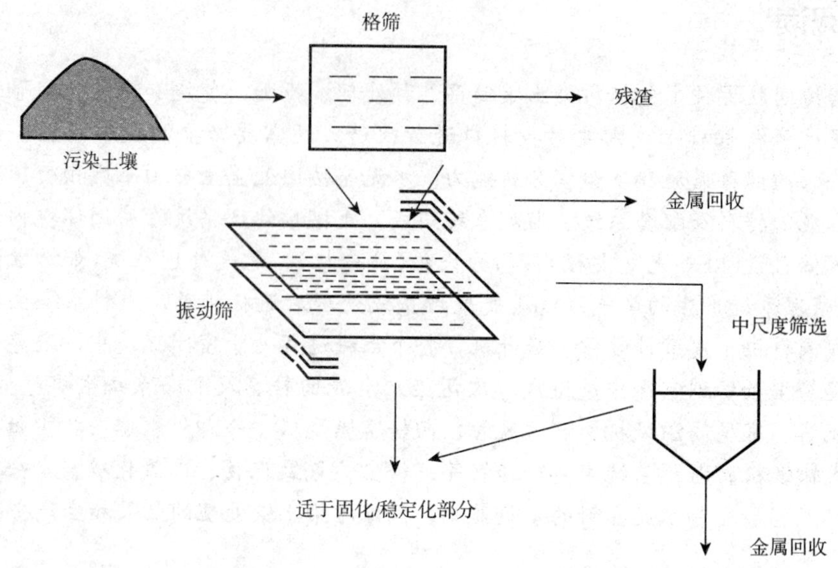

图 2-1-12　物理分离技术示意图

①依据粒径大小，采用过滤或微过滤的方法进行分离。

②依据分布、密度大小，采用沉淀或离心分离。

③依据磁性有无或大小，采用磁分离的手段。

④依据表面特性，采用浮选法进行分离。

物理分离技术包括粒径分离法、水动力学分离法、密度(或重力)分离法、脱水分离法、泡沫浮选分离法、磁分离法等。物理分离的效率与土壤性质密切相关，如土壤粒度分布、颗粒形状、黏土含量、含水量、腐殖质含量、土壤基质的异质性、土壤基质和污染物之间的密度差异、磁性能和土壤颗粒表面的疏水性质等。

①粒径分离法。粒径分离法是针对不同土壤颗粒粒级，通过特定网格大小的编织筛进行分离的过程。粒径分离过程中所需的主要设备有筛子、过滤器和矿石筛(湿或干)。常用的分离方式有摩擦－洗涤、干筛分和湿筛分。在实际操作中，为了防止大颗粒将筛子的筛孔塞住，筛子通常要有一定的倾斜角度，让大颗粒滑下；或者筛子是水平的，采取某种运动方式(如振动、摆动或回旋)，将堵塞筛孔大的颗粒除去。

②水动力学分离法。水动力学分离技术是一种依据颗粒在流体介质中迁移速度的差异，将物质分割成两个或多个部分的分离手段。颗粒的迁移速度由颗粒的尺寸、密度及其形状所决定，而增强流体沿与颗粒行进相反方向的流动，可以有效提升分离的效能。当待分离的颗粒尺寸小于有效筛分阈值(通常为 200 um)时，便会采用水动力学分离法。尽管水动力学分离与筛分技术一样，都依赖于颗粒的尺寸大小，但其独特之处在于它还额外考虑了颗粒的密度因素。

③密度(或重力)分离法。密度(或重力)分离技术是一种依据颗粒间密度差异，在重力及一种或多种与重力相抗衡的力的共同作用下，实现颗粒富集与分离的方法。此技术的效果受到颗粒密度、尺寸及形状的显著影响。一般而言，重力分离在处理粗糙颗粒时展现出

了更高的效率。

④脱水分离法。除了干筛分外，大多数物理分离技术都需要借助水来促进固体颗粒的输送与分离。为了实现水的循环再利用，并考虑到水中可能含有的可溶性或残留态重金属，脱水环节显得尤为重要。常用的脱水技术包括过滤、压滤、离心分离和沉淀等，这些方法的综合应用往往能够取得更佳的脱水成效。

⑤泡沫浮选分离法。泡沫浮选分离技术是一种基于不同矿物表面特性差异的方法，它通过在含有矿物的泥浆中加入特定的化学药剂，以增强矿物的表面性质，从而实现分离。实施这一技术所需的关键设备包括空气浮选室或浮选塔。

⑥磁分离法。磁分离技术是一种利用矿物磁性差异，特别是针对铁质与非铁质材料的有效分离手段。该技术的核心设备包括电磁装置和磁过滤器。实施过程中，通常是将由传送带或转运筒输送的连续移动颗粒流送入强磁场区域，通过磁力的作用实现最终的分离目标。

不同物理分离技术的主要特点见表 2-1-6。

表 2-1-6　物理分离技术的主要特点

技术类别	粒径分离	水动力学分离	密度(或重力)分离	脱水分离	泡沫浮选分离	磁分离
优点	设备简单，成本低，可持续高处理产出	分离效率高、适用范围广	设备简单，成本低，可持续高处理产出	设备简单，成本低，可持续高处理产出	提高了选矿效率和矿物品质	处理效率高，节能环保
缺点	筛孔易被堵塞，干筛会产生粉尘	成本高，维护困难	土壤中黏粒比例较大时，难以操作	土壤中黏粒比例较大时，难以操作	成本高，操作难度大	成本高，维护困难
所需设备	筛子、过滤器和矿石筛	水力旋风分离器、机械粒度分级机	震荡床、螺旋浓缩器	澄清池、水力旋风器	空气浮选室、浮选塔	电磁装置、磁过滤器

(2)适用性。物理分离技术主要应用在污染土壤中无机污染物的修复技术上，它最适合用来处理小范围污染的土壤，从土壤、沉积物、废渣中分离重金属，清洁土壤，恢复土壤正常功能。大多数物理分离技术都有设备简单、费用低、可持续高产出等优点，但是在具体分离过程中，其技术的可行性要考虑各种因素的影响。

物理分离技术在应用过程中还有许多局限性，如用粒径分离时易塞住或损坏筛子；用水动力学分离和重力分离时，当土壤中有较大比例的黏粒、粉粒和腐殖质存在时很难操作；用磁分离时处理费用比较高等。这些局限性决定了物理分离技术只能在小范围内应用，不能被广泛地推广。

2. 阻隔填埋技术

(1)基本原理。土壤阻隔填埋技术(Soil Barrier and Landfill)是将污染土壤或经过治理后的土壤置于防渗阻隔填埋场内，或通过敷设阻隔层阻断土壤中污染物迁移扩散的途径，污染土壤与四周环境隔离，避免污染物与人体接触和随降水或地下水迁移，进而对人体和周围环境造成危害。按其实施方式，阻隔填埋技术可分为原位阻隔覆盖和异位阻隔填埋。

(2)系统构成和主要设备。原位土壤阻隔覆盖系统主要由土壤阻隔系统、土壤覆盖系统、监测系统组成。土壤阻隔系统主要由 HDPE 膜、泥浆墙等防渗阻隔材料组成，通过在污染区域四周建设阻隔层，将污染区域限制在某一特定区域；土壤覆盖系统通常由黏土层、人工合成材料衬层、砂层、覆盖层等一层或多层组合而成；监测系统主要是由阻隔区域上下游的监测井构成。

异位土壤阻隔填埋系统主要由土壤预处理系统、填埋场防渗阻隔系统、渗滤液收集系统、封场系统、排水系统、监测系统组成。其中，填埋场防渗阻隔系统通常由 HDPE 膜、土工布、钠基膨润土、土工排水网、天然黏土等防渗阻隔材料构筑而成。根据项目所在地地质及污染土壤情况需要，通常还可以设置地下水导排系统与气体抽排系统或地面生态覆盖系统。

阻隔填埋技术施工阶段涉及大量的施工工程设备，土壤阻隔系统施工需冲击钻、液压式抓斗、液压双轮铣槽机等设备。土壤覆盖系统施工需要挖掘机、推土机等设备，填埋场防渗阻隔系统施工需要吊装设备、挖掘机、焊膜机等设备；异位土壤填埋施工需要装载机、压实机、推土机等设备，封场系统施工需要吊装设备、焊膜机、挖掘机等设备。阻隔填埋技术在运行维护阶段需要的设备相对较少，仅异位阻隔填埋土壤预处理系统需要破碎、筛分、土壤改良机等设备。

(3)关键技术参数或指标。影响原位土壤阻隔覆盖技术修复效果的关键技术参数包括阻隔材料的性能、阻隔系统深度、土壤覆盖层厚度等。

(4)适用性。该技术适用于重金属、有机物及重金属有机物复合污染土壤。

应用限制条件：不宜用于污染物水溶性强或渗透率高的污染土壤，不适用于地质活动频繁和地下水水位较高的地区。

任务实施

1. 物理分离技术主要实施过程

(1)分析与确定分离目标。分析污染物的性质、含量。

(2)选择适当的物理分离技术。根据污染物的性质选择最合适的物理分离技术。

(3)实施物理分离操作。按照所选的物理分离技术的要求，进行分离操作。

(4)质量检查与评估。对处理后的土壤进行检验，确保其符合预定的标准和要求。

2. 阻隔填埋技术主要实施过程

(1)确定污染阻隔区域边界。对污染土壤进行详细的调查和评估，明确污染的范围和程度，从而确定需要阻隔填埋的区域边界。

(2)设置阻隔系统。在污染阻隔区域的四周，设置由阻隔材料构成的阻隔系统。这个系统的目的是防止污染物扩散到周边环境中，确保污染土壤得到有效控制。阻隔材料的选择应根据污染物的性质、土壤条件及填埋要求来确定，确保其具有良好的阻隔性能。

(3)设置覆盖系统。在污染区域表层设置覆盖系统。覆盖系统的主要作用是防止雨水、地下水等外部水源进入污染区域，减少污染物的迁移和扩散。同时，覆盖系统还能起到一定的保护作用，防止人为活动对污染区域的破坏。

(4)监测与维护。定期对污染阻隔区域进行监测，检查阻隔系统和覆盖系统的完整性及有效性，防止渗漏污染。如果发现任何破损或失效的情况，应及时进行修复和维护，确保阻隔填埋技术的长期稳定运行。

反思评价

根据任务的组织准备、任务实施等情况，进行小组讨论，并完成表 2-1-7 的内容，以便下次任务能够更好地完成。

表 2-1-7　其他修复技术任务反思评价表

任务程序		任务实施中需要注意的问题	任务表现	
			自评	互评
人员组织				
知识准备				
工具准备				
实施步骤	1. 物理分离技术			
	2. 阻隔填埋技术			

拓展阅读

玻璃化修复技术是指通过高强度能力输入，熔化污染土壤，将含有挥发性污染物的蒸汽回收处理，同时污染土壤冷却后成玻璃团块固定。玻璃化修复技术包括原位和异位玻璃化修复两个方面。其中，原位玻璃化修复技术发展于 20 世纪五六十年代核废料的玻璃化修复处理技术，近年来该技术被推广应用于污染土壤的修复治理。

原位玻璃化修复技术是指向污染介质中插入电极，对污染介质的固体组成给予 1 600～2 000 ℃的高温处理，使有机污染物和一部分无机化合物(如硝酸盐、硫酸盐和碳酸盐等)得以挥发或热解而从污染环境中去除的过程。其中，有机污染物热解产生的水分和热解产物由气体收集系统收集进行进一步处理。熔化的污染物废弃物冷却后形成化学惰性的、非扩散的整块坚硬玻璃体，有害无机离子得到固化。原位玻璃化修复技术适用于含水量较低、污染物深度不超过 6 m 的土壤。

异位玻璃化修复技术使用等离子体、电流或其他热源在 1 600～2 000 ℃的高温熔化土壤及其中的污染物，有机物在如此高温下被热解或蒸发去除，有害无机离子得到固化，产生的水分和热解产物则由气体收集系统收集进一步处理。熔化的污染介质冷却后形成化学惰性的、非扩散的整块坚硬玻璃体。

项目习题

1. 简述土壤气相抽提技术的原理及适用范围。
2. 简述土壤热脱附技术的原理及适用范围。
3. 简述固化/稳定化技术的原理。
4. 简述固化/稳定化技术的优点及缺点。
5. 简述影响水泥窑协同处置技术效果的因素。
6. 物理分离技术根据土壤介质及污染物的物理特征有哪些操作方法?

项目二　污染土壤化学修复

主要任务

化学修复技术是指利用化学分解或固定等反应改变污染物的结构或降低污染物的迁移性和毒性的过程。本项目介绍常见的化学修复技术。

任务一　化学氧化还原技术

任务目标

知识目标

1. 掌握化学氧化还原技术的原理。
2. 掌握化学氧化还原技术的影响因素。
3. 掌握化学氧化还原技术的优点及缺点。

技能目标

能选择适合的氧化还原剂。

素养目标

1. 培养团结协作、严谨负责的职业素养。
2. 提高正确认识问题、分析问题和解决问题的能力。

任务卡片

化学氧化还原技术是常见的化学修复技术，通过查阅资料等方式，找出常用的氧化还原剂，以及该技术的优点及缺点。

知识准备

1. 技术概述/原理

化学氧化还原技术简称化学氧化技术，已经在废水处理中应用了数十年，可以有效去除难降解有机污染物，逐渐应用于土壤和地下水修复中。化学氧化技术主要是通过掺进土壤中的化学氧化剂与污染物所产生的氧化反应，污染物快速降解或转化为低毒、低移动性产物的一项修复技术。

2. 系统构成和主要设备

(1)原位化学氧化：由药剂制备/储存系统、药剂注入井(孔)、药剂注入系统(注入和搅拌)、监测系统等组成。其中，药剂注入系统由药剂储存罐、药剂注入泵、药剂混合设备、药剂流量计、压力表等组成。药剂通过注入井注入污染区，注入井的数量和深度根据污染区的大小及污染程度进行设计。在注入井的周边及污染区的外围还应设计监测井，对污染区的污染物及药剂的分布和运移进行修复过程中及修复后的效果进行监测。可以通过设置抽水井，促进地下水循环以增强混合，有助于快速处理污染范围较大的区域。

(2)异位化学氧化：修复系统包括土壤预处理系统、药剂混合系统和防渗系统等。

①预处理系统：对开挖出的污染土壤进行破碎、筛分或添加土壤改良剂等。该系统设备包括破碎筛分铲斗、挖掘机、推土机等。

②药剂混合系统：将污染土壤与药剂进行充分搅拌，按照设备的搅拌混合方式，可分为两种类型：采用内搅拌设备，即设备带有搅拌混合腔体，污染土壤和药剂在设备内部混合均匀；采用外搅拌设备，即设备搅拌头外置，需要设置反应池或反应场，污染土壤和药剂在反应池或反应场内通过搅拌设备混合均匀。该系统设备包括行走式土壤改良机、浅层土壤搅拌机等。

③防渗系统：防渗系统为反应池或是具有抗渗能力的反应场，能够防止外渗，并且能够防止搅拌设备对其损坏，通常做法有两种：一种是采用抗渗混凝土结构，另一种是采用防渗膜结构加保护层。

3. 影响因素

(1)土壤的渗透性。高渗透性土壤因其有利于药剂的均匀分布，成为原位化学氧化/还原技术的优选环境，而低渗透性土壤则因药剂难以穿透可能导致污染物处理后浓度反弹。自然界中土壤渗透性差异显著，其在大尺度和小尺度上的非均质性不仅影响修复效果，还决定了氧化剂的优先渗透区域(如砂土土层)，同时低渗透区域易富集污染物且可能成为未来土壤气体的通道。因此，明确地下污染物的具体分布对于确立修复目标至关重要，特别是当大量污染物位于低渗透区时，单一修复技术难以达到高去除率。此外，土壤渗透系数 k 作为定量指标，对渗流计算至关重要，不同土壤 k 值差异大，化学氧化技术适用于 k 值大于 10^{-9} cm^2 的土壤，但净化过程中 k 值可能因氧化沉淀而降低。土壤的非均质性还影响氧化剂等在土层中的扩散，需调查污染物分布并考虑不同土质的净化效率。同时，化学氧化剂在土壤中的输送扩散受地下水水力梯度影响，而还原态物质与氧化剂反应产生的沉淀可能堵塞土壤微孔，进一步影响氧化剂的输送和扩散。

(2)土壤理化性质。土壤的理化特性对化学氧化法的成效具有显著影响。在理想状况下，所添加的氧化剂能够完全与污染物发生反应。然而，在实际操作中，氧化剂加入后会受到孔隙水稀释效应及其自身消耗的影响，这都会导致氧化效率的降低。这部分由非污染物降解所导致的氧化剂消耗，我们称之为自然氧化需求。土壤中的天然有机物质、Fe^{2+}、Mn^{2+}、S^{-} 等成分均会消耗氧化剂，因此，为了达成修复目标，必须准确测定土壤的自然氧化需求，即确定自然氧化需求量。当污染物紧密吸附于土壤有机质上时，其氧化降解的难度会显著增加。此外，土壤的 pH 值、缓冲能力及氧化还原电位等因素也会影响氧化药剂的活性，只有在适宜的 pH 值和氧化还原条件下，药剂才能展现出最佳的化学反应效果。

(3)污染物种类。不同种类的污染物决定了需要使用不同的药剂来进行处理。污染物自身的性质，特别是其溶解度和有机物的吸附系数，对化学氧化过程有着重要影响。石油烃类污染物通常在水中的溶解度较低，而它们吸附在土壤有机质上的量往往大于其在水中的溶解量。溶解度和有机物的吸附系数可以作为判断污染物在平衡状态下于有机质与水体之间分配比例的依据。化学氧化法在处理具有高溶解度且有机物吸附系数较低的污染物时更为有效。若存在非水相液体，由于氧化剂在溶液中仅能与溶解相中的污染物发生反应，因此这一反应主要发生在氧化剂溶液与非水相液体之间的界面上，从而限制了反应的范围。

(4)氧化剂/还原剂的选择与添加量考量。各类氧化剂与还原剂具备不同的氧化或还原潜能，并且其应用条件也各有差异。在选择合适的氧化剂/还原剂时，必须考虑其特性。当化学氧化剂、催化剂及活化剂被注入土壤的饱和带后，在输送与扩散的流程中，它们会持续地与土壤及地下水中的有机质和还原性成分发生反应，导致自身的消耗。因此，在计算氧化剂的投加量时，必须将这些自然消耗因素，即自然需氧量纳入考虑范围。在应用中，为了确保达到土壤修复的预期目标，通常需要注入的氧化剂量是理论需求量的 3～3.5 倍。

4. 常用氧化剂

最常用的氧化剂是过氧化氢、高锰酸盐、臭氧气体和过硫酸盐等。

(1)过氧化氢和芬顿(Fenton)试剂。过氧化氢的化学式为 H_2O_2，纯过氧化氢是淡蓝色的黏稠液体，可任意比例与水混合，是一种强氧化剂；其水溶液俗称双氧水，为无色透明液体。

(2)高锰酸盐。高锰酸盐又名过锰酸盐，是指所有阴离子为高锰酸根离子(MnO_4^-)的盐类总称。高锰酸盐是一种强氧化剂，常用的有高锰酸钠和高锰酸钾，二者具有相似的氧化性，在使用上有些差别。其中，高锰酸钾是由晶体而来，因此使用最大浓度为 4%，成本较低，便于运输与使用；高锰酸钠是溶液态的供给，可以达到 40%的浓度，成本较高。

高锰酸盐在较宽的 pH 范围内可以使用，在地下反应时间较长，因而能够有效地渗入土壤并接触到吸附的污染物，通常不产生热、蒸汽或其他与健康、安全因素相关的现象。然而，高锰酸盐容易受到土壤结构的影响，因为高锰酸盐的氧化会产生二氧化锰，这在污染负荷高时，会降低渗透性。

(3)臭氧。臭氧(O_3)是氧气(O_2)的同素异形体。在常温下，它是一种有特殊臭味的淡蓝色气体。臭氧主要存在于距地球表面 20～35 km 的同温层下部的臭氧层中。在常温常压下，臭氧稳定性较差，可自行分解为氧气。臭氧具有青草的味道，吸入少量对人体有益，吸入过量对人体健康有一定危害，O_2 通过电击可变为 O_3。O_3 是活性非常强的化学物质，在土壤下表层反应速率较快。

(4)过硫酸盐。过硫酸盐也称为过二硫酸盐，常温常压下为白色晶体，65 ℃熔化并有分解，有强吸水性，极易溶于水，热水中易水解，在室温下慢慢地分解，放出氧气。过硫酸盐具有强氧化性，酸及其盐的水溶液全是强氧化剂，常用作强氧化剂。

5. 适用性

采用化学氧化技术修复有机污染土壤时，针对土壤和污染物特性，首先快速判断化学氧化技术处理目标污染土壤的可行性，然后通过实验室试验，研究各种影响因子，评价化学氧化的技术和经济可行性，进而考察各种设计参数的可靠性，然后充分考虑试运行、调试、运营、监理、监控指标、应急预案等。

(1)原位化学氧化技术。原位化学氧化技术能够有效处理的有机污染物包括挥发性有机物，如二氯乙烯(DCE)、三氯乙烯(TCE)、四氯乙烯(PCE)等氯化溶剂，以及苯、甲苯、乙苯和二甲苯(BTEX)等苯系物；半挥发性有机化学物质，如农药、多环芳烃(PAHs)和多氯联苯(PCBs)等。原位化学氧化技术对含有不饱和碳键的化合物(如石蜡、氯代芳香族化合物)的处理十分高效且有助于生物修复作用。

(2)异位化学氧化技术。异位化学氧化技术可处理石油烃、BTEX(苯、甲苯、乙苯、二甲苯)、酚类、MTBE(甲基叔丁基醚)、含氯有机溶剂、多环芳烃、农药等大部分有机物。异位化学氧化技术不适用于重金属污染土壤的修复，对于吸附性强、水溶性差的有机污染物应考虑必要的增溶、脱附方式。

任务实施

1. 原位化学氧化修复技术

将氧化剂等药剂通过注入井注入污染土壤。在注入井的周边及污染区的外围还应设计监测井，对污染区的污染物及药剂的分布和运移进行修复过程中及修复后的效果进行监测。

2. 异位化学氧化修复技术

(1)将待修复土壤挖出，并进行破碎、筛分等处理。

(2)将处理后的污染土壤与氧化剂等药剂进行充分搅拌。在搅拌过程中，注意设置防渗系统，防止污染土壤及化学药剂渗透出场地。

(3)检验修复效果。若达到修复效果，则将土壤干化、回填。

反思评价

根据任务的组织准备、任务实施等情况，进行小组讨论，并完成表 2-2-1 的内容，以便下次任务能够更好地完成。

表 2-2-1　化学氧化还原技术任务反思评价表

任务程序		任务实施中需要注意的问题	任务表现	
			自评	互评
人员组织				
知识准备				
工具准备				
实施步骤	1. 原理			
	2. 影响因素			

拓展阅读

光催化氧化技术

光催化氧化技术因具有处理效率高、成本相对较低、容易工业化等优点，逐渐成为高级氧化技术的主要方法之一。光催化技术是指在光和光催化剂同时存在的条件下发生的光化学反应，该过程将光能转化为化学能。光催化法是在常温常压下利用半导体材料(常用 TiO_2)作催化剂，在太阳光(紫外光)作用下将污染物降解为 H_2O、CO_2 等无毒物质，无二次污染，可实现对污染物的完全矿化。根据光催化剂形态不同，光催化反应可分为均相光催化和异相光催化，均相光催化剂主要有 Fenton、H_2O_2、O_3、$K_2S_2O_8$ 等，异相光催化剂主要有 TiO_2、铁基材料、ZnO 等。光催化氧化技术可用于修复农用地土壤中的有机磷类农药、有机氯类农药、氨基甲酸酯类农药、拟除虫菊酯类农药及酰胺类、有机氟、杂环类等农药；另外，还能修复农用地土壤中的抗生素、多环芳烃、多氯联苯、重金属。

光催化降解技术虽然在应用中存在一定问题，但仍是一种极具发展前途的降解农药的技术。目前，常用的催化剂是 TiO_2，现阶段对于 TiO_2 光催化降解污染物机理研究尚不成熟。

超临界流体萃取技术

超临界流体是一种温度高于临界温度、压力高于临界压力的流体，如 CO_2 在温度高于 304.2 K、压力高于 7.4 MPa 时，就获得了超临界 CO_2 流体。流体在超临界或亚临界状态下具有很强的扩散能力和溶解能力，通过调节流体温度和压力，可将土壤中的污染物萃取出来。超临界流体萃取是指在超临界状态下，将超临界流体与待分离的物质接触，通过控制体系的压力和温度使其选择性地萃取其中某组分，然后通过温度或压力的变化，降低超临界流体的密度，进而改变萃取物在超临界流体中的溶解度，实现萃取物质的分离，超临界流体进行压缩后可以循环使用。常用的超临界流体和亚临界流体有 CO_2 和 H_2O 等。超临界 CO_2 除具有超临界流体的一般性质外，还具有价格便宜、无毒、无污染、不易燃、循环利用等优点，作为绿色介质被广泛接受。超临界流体的压力和温度是超临界流体萃取中最重要的两个参数。除此之外，污染物、土壤及超临界 CO_2 的性质，也同时影响超临界流体萃取技术去除土壤中污染物的效率。

任务二 溶剂萃取技术

任务目标

知识目标

1. 掌握溶剂萃取技术的原理。
2. 掌握溶剂萃取技术的影响因素。
3. 掌握溶剂萃取技术的优点及缺点。

技能目标

能选择适合的萃取剂。

素养目标

1. 培养团结协作、严谨负责的职业素养。

2. 提高正确认识问题、分析问题和解决问题的能力。

任务卡片

如果土壤中的污染物是有机污染物，则不适合使用化学氧化还原技术，找出它适用的修复技术。

知识准备

1. 技术概述/原理

溶剂萃取是一种利用溶剂来分离和去除污泥、沉积物、土壤中危险性有机污染物的修复技术，这些危险性有机污染物包括多氯联苯(PCBs)、多环芳烃(PAHs)、二噁英、石油产品、润滑油等。这些污染物通常都不溶于水，会牢固地吸附在土壤及沉积物和污泥中，使用一般的方法难以将其去除。而对于溶剂萃取中所用的溶剂，则可以有效地溶解并去除相应的污染物。溶液萃取技术的运行过程如图 2-2-1 所示。

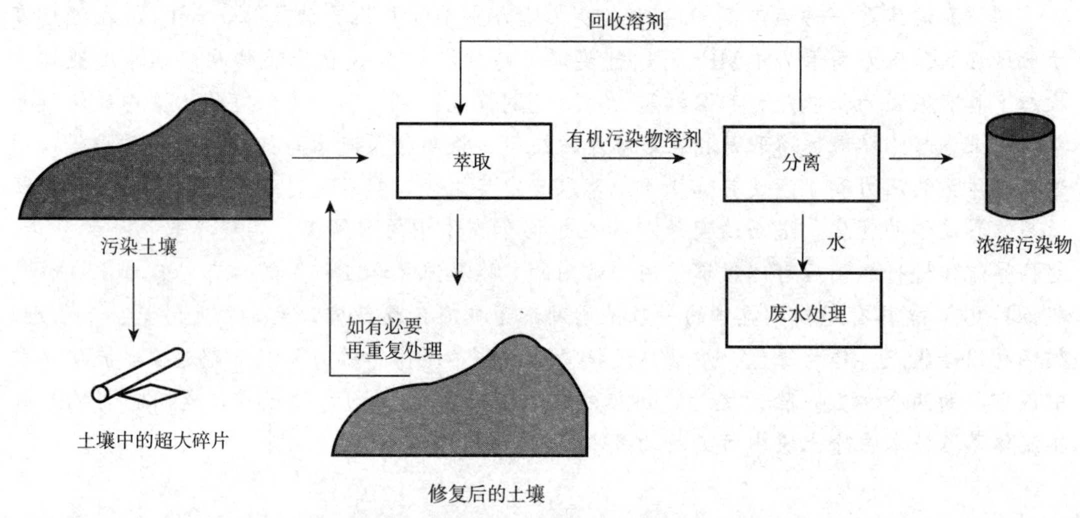

图 2-2-1　溶剂萃取技术

2. 系统构成

溶剂萃取系统构成包括污染土壤收集与杂物分离系统、溶剂萃取系统、油水分离系统、污染物收集系统、萃取剂回用系统、废水处理系统等。

3. 影响因素

在溶剂萃取过程中，对污染物的萃取效率通常会受到很多因素的影响，如溶剂类型、溶剂用量、含水量、污染物初始浓度等。吸收剂必须对被去除的污染物有较大的溶解性，吸收剂的蒸汽压必须足够低，被吸收的污染物必须容易从吸收剂中分离出来，吸收剂要具有较好的化学稳定性且无毒无害，吸收剂摩尔质量尽可能低，使它吸收能力最大化。其他影响因素还有黏土含量、土壤有机质含量、污染物浓度、含水量等。

4. 适用性

溶剂萃取技术是一种利用溶剂将有害化学物质从污染介质中提取出来或去除的修复技术。化学物质如 PCBs、油脂类等是不溶于水的，而倾向于吸附或粘贴在土壤上，处理起来有难度。然而，溶剂萃取技术能够克服这些技术瓶颈，使土壤中 PCBs 与油脂类污染物的处理成为现实。溶剂萃取技术的设备组件运输方便，可以根据土壤的体积调节系统容量，一般在污染地点就地开展，是土壤异位处理技术。

任务实施

1. 预处理

对污染的土壤进行筛分处理以除去较大的石块和植物根茎等杂质。

2. 萃取

将过筛后的土壤加入萃取设备中，溶剂与土壤经过充分混合接触后可使污染物溶解到溶剂中。

3. 污染物与溶剂的分离

通常所用溶剂的类型取决于污染物和污染介质的性质，而且萃取过程也分为间歇、半连续和连续模式。其中在连续操作过程中，通常需要较多的溶剂来使土壤呈流化状态以便于输送；当污染物溶解到溶剂中后需要进行分离处理。通过分离设备的作用，溶剂可实现再生并可重复使用。

4. 土壤中残余溶剂的去除

需要对残余在土壤中的溶剂进行处理。由于所用的溶剂会对人类健康和环境带来一定的危害，所以对于残余在土壤中的溶剂，若处理不当将会引发二次污染问题。

5. 污染物的进一步处理

对于浓缩后的污染物，也可重复利用具有一定经济价值的部分，或者利用其他技术进行进一步的无害化处理。

反思评价

根据任务的组织准备、任务实施等情况，进行小组讨论，并完成表 2-2-2 的内容，以便下次任务能够更好地完成。

表 2-2-2　溶剂萃取技术任务反思评价表

任务程序	任务实施中需要注意的问题	任务表现	
		自评	互评
人员组织			
知识准备			
工具准备			

续表

任务程序		任务实施中需要注意的问题	任务表现	
			自评	互评
实施步骤	1. 原理			
	2. 影响因素			

拓展阅读

溶剂萃取技术是利用溶剂将有害化学物质从污染土壤中提取或去除的技术，属于土壤异位处理。一般先将污染土壤中大块岩石和垃圾等杂质分离去除，然后将污染土壤放置于提取罐或箱中，清洁溶剂从存储罐运送到提取罐，以慢浸方式加入土壤介质，以使土壤污染物全面接触，在其中进行溶剂与污染物的离子交换等反应。溶剂类型和浸泡时间则根据土壤特性及污染物化学结构来确定。根据检测和采样分析判断浸提过程，用泵抽出浸提液并导入恢复系统以再生利用，污染土壤中污染物浓度达到预期指标后就可回填。溶剂萃取技术如果设计和运用得当，是比较安全、快捷、有效、经济和易于推广的技术。该技术适用于多氯联苯、石油类碳水化合物、氯代碳氢化合物、多环芳烃及多氯二苯呋喃等有机污染物。该方法对一些有机农药污染土壤的修复也很有效，一般不适于重金属和无机污染物的修复。由于低温不利于浸提液流动和浸提效果，黏粒含量高则导致污染物被土壤胶体强烈吸附，妨碍浸提溶剂渗透，所以，低温和土壤黏粒含量高不利于溶剂浸提修复。

任务三　化学淋洗技术

任务目标

知识目标

1. 掌握化学淋洗技术的原理。
2. 掌握化学淋洗技术的影响因素。
3. 掌握化学淋洗技术的优点及缺点。

技能目标

能选择适合的淋洗剂。

素养目标

1. 培养团结协作、严谨负责的职业素养。
2. 提高正确认识问题、分析问题和解决问题的能力。

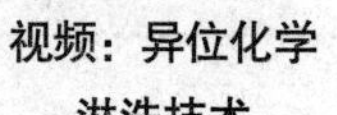

视频：异位化学淋洗技术

视频：原位化学淋洗技术

任务卡片

化学淋洗技术是一种常见的化学修复技术，通过它的原理、影响因素、优点和缺点来分析其适用于怎样的污染土壤。

知识准备

1. 技术概述/原理

土壤淋洗(soil leaching/flushing/washing) 技术是指将能够促进土壤中污染物溶解或迁移作用的溶剂注入或渗入污染土层中，使其穿过污染土壤并与污染物发生解吸、螯合、溶解或络合等物理化学反应，最终形成迁移态的化合物，再利用抽提井或其他手段把包含有污染物的液体从土层中抽提出来，进行处理的技术。土壤淋洗主要包括三个阶段：向土壤中施加淋洗液、下层淋出液收集及淋出液处理。在使用淋洗修复技术前，应充分了解土壤性状、主要污染物等基本情况，针对不同的污染物选用不同的淋洗剂和淋洗方法，进行可处理性试验，才能取得最佳的淋洗效果，并尽量减少对土壤理化性状和微生物群落结构的破坏。

2. 技术分类

土壤淋洗技术按处理土壤的位置可分为原位土壤淋洗和异位土壤淋洗；按淋洗液可分为清水淋洗、无机溶液淋洗、有机溶液淋洗和有机溶剂淋洗四种；按机理可分为物理淋洗和化学淋洗；按运行方式可分为单级淋洗和多级淋洗。

(1)原位土壤淋洗修复技术。原位土壤淋洗通过注射井等向土壤施加淋洗剂，其向下渗透，穿过污染物并与之相互作用。在此过程中，淋洗剂从土壤中去除污染物，并与污染物结合，通过脱附、溶解或络合等作用，最终形成可迁移态化合物。含有污染物的溶液可以用提取井等方式收集、存储，再进一步处理，以再次用于处理被污染的土壤。从污染土壤性质来看，原位土壤淋洗修复技术适用于多孔隙、易渗透的土壤；从污染物性质来看，原位土壤淋洗修复技术适用于重金属、具有低辛烷/水分配系数的有机化合物、羟基类化合物、低分子量醇类和羟基酸类等污染物。原位土壤淋洗修复技术的示意图如图 2-2-2 所示。

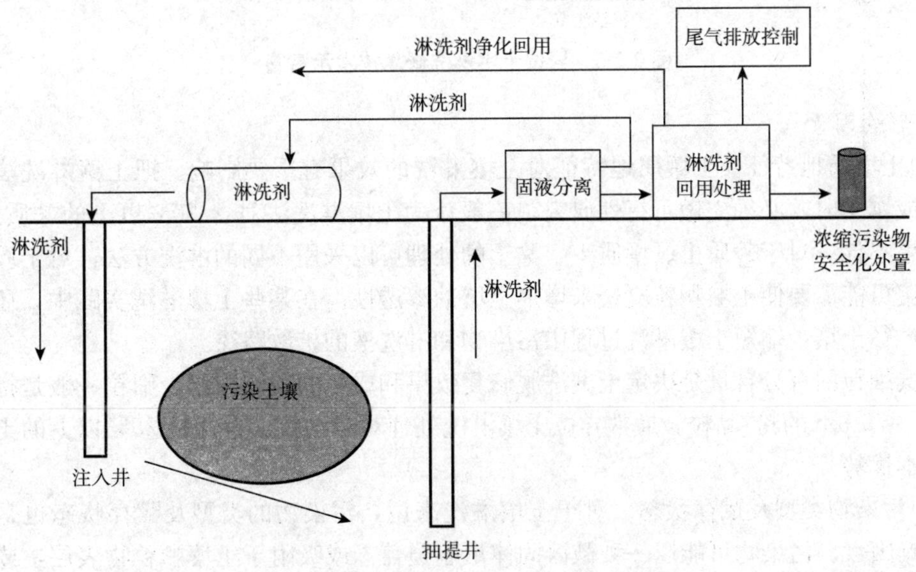

图 2-2-2　原位土壤淋洗修复技术示意图

影响原位淋洗技术的因素很多，起决定作用的是土壤、沉积物或污泥等介质的渗透性。该技术对于均质、渗透性土壤中污染物具有较高的分离与去除效率。其优点包括无需进行污染土壤挖掘、运输；适用于包气带和饱水带多种污染物去除；适用于组合工艺。其缺点包括可能会污染地下水，无法对去除效果与持续修复时间进行预测，去除效果受制于场地地质情况等。

(2)异位土壤淋洗修复技术。异位土壤淋洗是指把污染土壤挖掘出来，通过筛分去除超大的组分并把土壤分为粗料和细粒径>5 cm 的土壤及瓦砾，然后土壤进入清洗处理。由于污染物不能强烈地吸附于砂质土上，所以砂质土只需要初步淋洗；而污染物容易吸附于土壤的细质地部分，所以壤土和黏土通常需要进一步修复处理。然后，是固液分离过程及淋洗液的处理过程。在这个过程中，污染物或被降解破坏，或被分离，最后把处理后的土壤置于恰当的位置。异位土壤淋洗修复技术的示意图 2-2-3 所示。

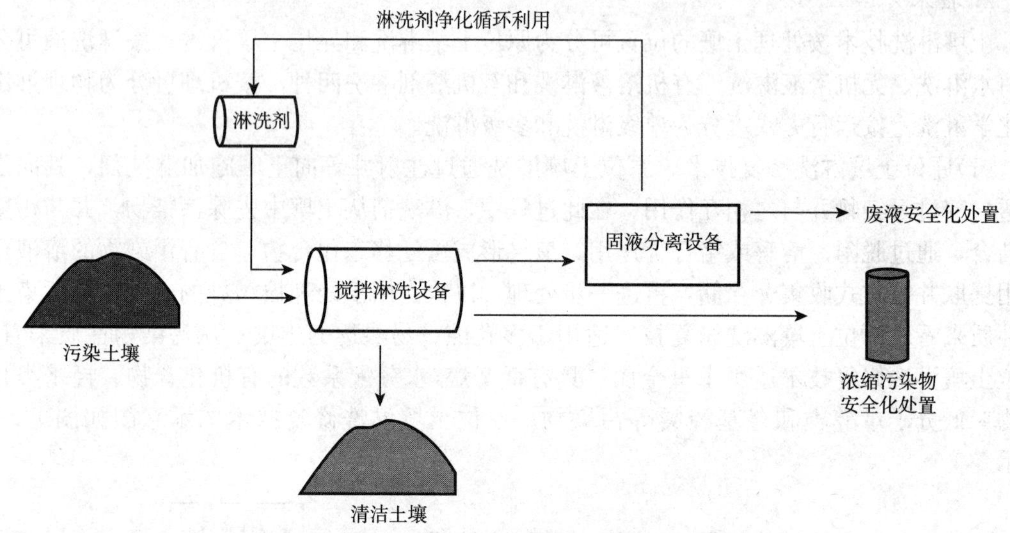

图 2-2-3 异位土壤淋洗修复技术示意图

3. 影响因素

(1)土壤质地特征。土壤质地特征对土壤淋洗的效果有重要影响。把土壤淋洗法应用于黏土或壤土时，必须先做可行性研究，一般认为土壤淋洗法对含 20%以上的黏质土/壤质土效果不佳。对于砂质土、壤质土、黏土的处理可以采用不同的淋洗方法，对于质地过细的土壤可能需要使土壤颗粒凝聚来增加土壤的渗透性。在某些土壤淋洗实践中，还需要打碎大粒径土壤，缩短土壤淋洗过程中污染物和淋洗液的扩散路径。

土壤细粒的百分含量是决定土壤洗脱修复效果和成本的关键因素。细粒一般是指粒径小于 63～75 μm 的粉/黏粒。通常异位土壤淋洗处理对于细粒含量达到 25%以上的土壤不具有成本优势。

(2)污染物类型及赋存状态。对于土壤淋洗来说，污染物的类型及赋存状态也是一个重要影响因素。污染物可能以一种微溶固体形态覆盖于或吸附于土壤颗粒物表层，或通过物理作用与土壤结合，甚至可能通过化学键与土壤颗粒表面结合。土壤内多种污染物的复合存在也是影响淋洗效果的因素之一，因为土壤受到复合污染，且污染物类型多样，存在状态也有差别，常常导致淋洗法只能去除其中某种类型的污染物。

污染物在土壤中分布不均也会影响土壤淋洗的效果。例如，当采集污染土壤时，为了确保所有污染土壤都被处理，必须额外采集污染土壤周围的未污染土壤。有时未搅动系统内污染物的分布对淋洗速率有影响，但是对这个问题面面俱到的研究是很不切实际的，因为这些影响不但与污染物的分布方式有关，还与土壤与淋洗液的接触方式有关。当土壤污染历时较长时，通常难以被修复，因为污染物有足够的时间进入土壤颗粒内部，通过物理或化学作用与土壤颗粒结合，其中长期残留的污染物都是土壤自然修复难以去除的物质，难挥发、难降解。

污染物的水溶性和迁移性直接影响土壤淋洗，特别是增效淋洗修复的效果。污染物浓度也是影响修复效果和成本的重要因素。

(3)淋洗剂的类型及其在质量转移中受到的阻力。土壤污染源可以是无机污染物或有机污染物，淋洗剂可以是清水、化学溶剂或其他可能把污染物从土壤中淋洗出来的流体，甚至是气体。

无机淋洗剂的作用机制主要是通过酸解或离子交换等作用来破坏土壤表面官能团与重金属或放射性核素形成络合物，从而将重金属或放射性核素交换脱附下来，从土壤中分离出来。

络合剂的作用机制是通过络合作用，将吸附在土壤颗粒及胶体表面的金属离子解络，然后利用自身更强的络合作用与重金属或放射性核素形成新的络合体，从土壤中分离出来。

淋洗剂的选择取决于污染物的性质和土壤的特征，这也是大量土壤淋洗法研究的重点之一。酸和螯合剂通常被用来淋洗有机物和重金属污染土壤；氧化剂(如过氧化氢和次氯酸钠)能改变污染物化学性质，促进土壤淋洗的效果；有机溶剂常用来去除疏水性有机物。土壤淋洗过程包括了淋洗液向土壤表面扩散、对污染物质的溶解、淋洗出的污染物在土壤内部扩散、淋洗出的污染物从土壤表面向流体扩散等过程。

(4)淋洗液的可处理性和可循环性。土壤淋洗法通常需要消耗大量淋洗液，而且这一方法从某种程度上说只是将污染物转入淋洗液中，因此有必要对淋洗液进行处理及循环利用，否则土壤淋洗法的优势也难以发挥。有些污染淋洗液可送入常规水处理厂进行污水处理，有些需要特殊处理。Steinle 等对淋洗氯酚污染土壤后的碱液进行厌氧固化床生物反应器处理。Khodadous 等通过改变淋洗液的 pH 值，从有机淋洗液中分离出了多环芳烃，实现了淋洗液的回收利用。Koran 等设计了修复五氯苯酚/多环芳烃污染土壤的两段式结合法，其中第二阶段是利用粒状活性炭流化床处理淋洗土壤后的污染淋洗液，五氯苯酚的去除率达 99.8%，多环芳烃萘和菲的去除率达 86%及 93%。Loraine 发现，零价态离子可以脱去淋洗液中三氯乙烷/五氯乙烷的卤原子，使淋洗液可以循环使用。Wu 等用超临界流体提取含多氯联苯的污染淋洗液，并用银离子双金属混合热柱对出流液进行脱氯处理。

对于土壤重金属洗脱废水，一般采用铁盐+碱沉淀的方法去除水中的重金属，加酸回调后可回用增效剂；有机物污染土壤的表面活性剂洗脱废水可采用溶剂增效等方法去除污染物并实现增效剂回用。

(5)水土比。采用旋流器分级时，一般控制给料的土壤浓度为 10%左右；机械筛分根据土壤机械组成情况及筛分效率选择合适的水土比，一般为(5～10)：1。增效洗脱单元的水土比根据可行性试验和中试的结果来设置，一般水土比为(3～10)：1。

(6)洗脱时间。物理分离的物料停留时间根据分级效果及处理设备的容量来确定；洗脱时间一般为 20 min～2 h，延长洗脱时间有利于污染物去除，但同时也增加了处理成本，因此应根据可行性试验、中试结果及现场运行情况选择合适的洗脱时间。

(7)洗脱次数。当一次分级或增效洗脱不能达到既定土壤修复目标时，可采用多级连续洗脱或循环洗脱。

4. 适用性

土壤淋洗技术能够处理地下水水位以上较深层次的重金属污染，也可用于处理有机物污染的土壤。土壤淋洗技术最适用于多孔隙、易渗透的土壤，最好用于沙地或砂砾土壤和沉积土等，一般来说，渗透系数大于 10^{-3} cm/s 的土壤处理效果较好。质地较细的土壤需要多次淋洗才能达到处理要求。一般来说，当土壤中黏土含量达到25%～30%时，不考虑采用该技术。

但淋洗技术可能会破坏土壤理化性质，使大量土壤养分流失，并破坏土壤微团聚体结构；低渗透性、高土壤含水量、复杂的污染混合物及较高的污染物浓度会使处理过程较困难；淋洗技术容易造成污染范围扩散并产生二次污染。

任务实施

1. 原位土壤淋洗修复技术

原位土壤淋洗修复是在污染现场直接向土壤施加淋洗剂，使其向下渗透，经过污染土壤，螯合、溶解等理化作用使污染物形成可迁移态化合物，并利用抽提井或采用挖沟的办法收集洗脱液，再做进一步处理。原位土壤淋洗修复技术主要用于去除弱渗透区以上的吸附态重金属。

原位土壤淋洗修复技术的一般流程：添加的淋洗剂通过喷灌或滴流设备喷淋到土壤表层；再由淋出液向下将重金属从土壤基质中洗出，并将包含溶解态重金属的淋出液输送到收集系统中，将淋出液排放到泵控抽提井附近；再由泵抽入至污水处理厂进行处理。

2. 异位土壤淋洗修复技术

异位土壤淋洗修复技术与原位土壤淋洗修复技术不同的是，该技术要把受到重金属污染的土壤挖掘出来，用水或其他化学试剂清洗以便去除土壤中的重金属，再处理含有重金属的废液，最后将清洁的土壤回填到原地或运到其他地点。美国联邦修复技术圆桌组织推荐的异位土壤淋洗修复技术主要流程包括以下几个步骤。

(1)污染土壤的挖掘。将需要修复的污染土壤挖掘出来。

(2)土壤颗粒筛分。剔除杂物(如垃圾、有机废弃物、玻璃碎片等)，并将粒径过大的土粒移除，以免损害淋洗设备。

(3)淋洗处理。在一定的液土比下将污染土壤与淋洗液混合搅拌，待淋洗液将土壤污染物萃取出后静置，进行固液分离。

(4)淋洗废液处理。含有悬浮颗粒的淋洗废液经过污染物的处置后，可再次用于淋洗步骤中。

(5)挥发性气体处理。在淋洗过程中产生的挥发性气体经处理后可达标排放。

(6)淋洗后土壤的处置。淋洗后的土壤如符合控制标准，则可以进行回填或安全利用；淋洗废液处理过程中产生的污泥经脱水后可再进行淋洗或送至终处置场处理。

反思评价

根据任务的组织准备、任务实施等情况，进行小组讨论，并完成表 2-2-3 的内容，以便下次任务能够更好地完成。

表 2-2-3　化学淋洗技术任务反思评价表

任务程序		任务实施中需要注意的问题	任务表现	
			自评	互评
人员组织				
知识准备				
工具准备				
实施步骤	1. 原理			
	2. 影响因素			

拓展阅读

土壤吸附重金属的机制分为两类，一是金属离子吸附在固体表面；二是形成离散的金属化合物沉淀。而土壤化学淋洗技术是通过逆转反应过程，土壤固相中的重金属转移到土壤溶液中。添加不同种类的淋洗剂，其修复原理也不同。

无机淋洗剂如水、酸、碱、盐等无机溶液，其作用机制主要是通过酸解、络合或离子交换作用来破坏土壤表面官能团与重金属形成的络合物，从而将重金属交换解吸下来，进而从土壤中溶出。

为了克服无机酸淋洗剂强酸性的危害，越来越多的螯合剂被应用于重金属污染土壤的淋洗修复研究和实践中，且其在土壤淋洗中的地位越来越重要。螯合剂能够通过整合作用与多种金属离子形成稳定的水溶性络合物，重金属从土壤颗粒表面解吸，由不溶态转化为可溶态，从而为土壤淋洗修复创造有利条件。研究表明，螯合剂能在很宽的 pH 值范围内与重金属形成稳定的复合物，不但可以溶解不溶性的重金属化合物，还可解吸被土壤吸附的重金属，是一类非常有效的土壤淋洗剂。

任务四　焚烧修复技术

任务目标

知识目标

1. 掌握焚烧修复技术的原理。
2. 掌握焚烧修复技术的影响因素。
3. 掌握焚烧修复技术的优点及缺点。

技能目标

能够判断污染土壤是否适宜应用焚烧修复技术。

素养目标

1. 培养团结协作、严谨负责的职业素养。
2. 提高正确认识问题、分析问题和解决问题的能力。

任务卡片

如果污染土壤的修复选用焚烧修复技术，那么会存在怎样的优点及缺点?

知识准备

1. 技术概述/原理

焚烧(Incineration)技术是使用870～1 200 ℃的高温，挥发和燃烧（有氧条件下)污染土壤中的卤代及其他难降解的有机成分。高温焚烧技术是一个热氧化过程，在这个过程中，有机污染物分子被裂解成气体或不可燃的固体物质。焚烧方式主要是采用多室空气控制型焚烧炉和回转窑焚烧炉，与水泥窑联合进行污染土壤的修复，是目前国内应用较为广泛的方式。焚烧过程的评分阶段包括废弃物预处理，废弃物给料、燃烧，废气处理及残渣和灰分处理。需要对废物焚烧后的飞灰和烟道气进行检测，防止二噁英等毒性更大的物质产生，并需满足相关标准。焚烧技术通常需要辅助燃料来引发和维持燃烧，并需对尾气和燃烧后的残余物进行处理。在焚烧实践中应把握好“3T”，在焚烧区的时间（Time)、焚烧温度和燃烧气体温度（Temperature)，以及确保更好更充分地与氧气混合接触的强大湍流(Turbulence)。在焚烧处理 PCB 和其他 POP 时应充分鉴定土壤中金属元素，例如，Pb 是 PCBs 污染物中常见的金属，会在大多数焚烧炉中挥发，必须在处理废气排入大气前将 Pb 去除，一般在 850 ℃及 2 s 停留时间可以破坏所有含氯有机物，包括 PCB 和 PCDD/Fs，要求所有废弃物都要通过过热区，但一般难以实现。为获得充分的安全限度，焚烧温度必须超过 1 100 ℃及 2 s 停留时间，而水泥窑可达 1 400 ℃及数秒停留时间。在冷却过程中将面临 PCDD/Fs 形成或全过程合成的难题，为此必须确保废气在 250～500 ℃进行快速冷却或用水骤冷。灰分需进行脱水或固化/稳定化处理。焚烧的烟气应先通过静电除尘、洗涤器或过滤器等处理后排放。

焚烧炉主要有流化床、旋转窑和炉排炉。旋转炉是常用的焚烧炉，反应器温度可达1 200 ℃左右。

2. 优点及缺点

焚烧技术可用来处理大量高浓度的 POP 污染物及半挥发性有机污染物等。对污染物处理彻底，清除率可达 99.99%。常用的焚烧技术与水泥回转窑协同处置效果较好，需要对污染土壤进行分选，并对其中的重金属等成分进行检测，以保证出产的水泥质量符合相关标准。

焚烧技术的缺点：有害废弃物的有机成分可能留在底灰中，需要实施进一步的处理或处置不稳定运行条件较多，如电源、过大颗粒物（石块）、传感器的疲劳、操作失误、技术缺陷等；含水量较大加大了给料处理要求与能源需求，增加 PCDD/Fs 排放，需设置二燃室，成本较高。

反思评价

根据任务的组织准备、任务实施等情况，进行小组讨论，并完成表 2-2-4 的内容，以便下次任务能够更好地完成。

表 2-2-4　焚烧修复技术任务反思评价表

任务程序		任务实施中需要注意的问题	任务表现	
			自评	互评
人员组织				
知识准备				
工具准备				
实施步骤	1. 原理			
	2. 影响因素			

拓展阅读

冰冻修复技术

冷冻剂在工程项目中的应用已经非常广泛，应用时间也比较久。在隧道、矿井及其他一些地下工程建设中，利用冰冻修复技术冻结土壤，以增强土壤的抗荷载力，防止地下水进入而引起事故，或者在挖掘过程中稳定上层的土壤。在一些大型的地铁、高速公路及供水隧道的建设中，冰冻修复技术都有很好的应用效果。

冰冻修复技术通过将温度降低到 0 ℃以下冻结土壤，形成地下冻土层以容纳土壤或地下水中的有害和有辐射性污染物。冰冻修复技术还是一门新兴的污染土壤修复技术。冰冻修复技术通过适当的管道布置，在地下以等间距的形式围绕已知的污染源垂直安放，然后将对环境无害的冷冻剂溶液送入管道从而冻结土壤中的水分，形成地下冻土屏障，防止土壤与地下水中的有害和辐射性污染物扩散。冻土屏障提供了一个与外层土壤相隔离的“空间”。另外，还需要一个冷冻厂或冷冻车间来维持冻土屏障层的温度处于 0 ℃以下。

冰冻修复技术的优点如下：

(1)能够提供一个与外界相隔离的独立“空间”。

(2)其中的介质(如水和冰)是与环境无害的物质。

(3)冻土层可以通过升温融化而去除，也就是说，冰冻土壤技术形成的冻土层屏障可以很容易完全去除，不留任何残留。

(4)如果冻土屏障出现破损，泄漏处可以通过原位注水加以复原。

地上的冷冻厂用于冷凝地下冷冻管道中循环出来的二氧化碳等冷冻气体，交换出来的热量通过换热装置排出系统。另外，还需绝热材料以防止冷冻气体与地表的热量传递，以及覆膜防止降水进入隔离区的土壤内部。通常，冰冻层最深可达 300 m 而安装时无需土石方挖掘。在土层为细致均匀的情况下，冰冻修复技术可以提供完全可靠的冻土层屏障。

项目习题

1. 化学氧化还原技术的常用氧化剂有哪些？
2. 影响化学氧化还原技术修复效果的因素有哪些？
3. 土壤淋洗技术适合修复哪类土壤？
4. 影响土壤淋洗技术修复效果的因素有哪些？
5. 焚烧修复技术的原理是什么？

项目三　污染土壤生物修复

主要任务

生物修复技术是指依靠生物体的自然能力净化环境，利用植物、动物和微生物吸收、降解、转化土壤中的污染物，使污染物的浓度降低到可接受的水平，或将有毒有害的污染物转化为无害的物质，或使污染物稳定化，以减少其向周边环境扩散的方法。生物修复技术一般可分为微生物修复、植物修复和动物修复三种类型；根据生物修复的污染物种类，可分为有机污染的生物修复、重金属污染的生物修复和放射性物质的生物修复等。本项目主要针对生物修复技术中的植物修复技术和微生物修复技术展开分析。

任务一　植物修复

任务目标

知识目标

1. 掌握植物修复的原理。
2. 掌握植物修复的影响因素。
3. 掌握植物修复的优点及缺点。

技能目标

能选择适合的植物进行植物修复。

素养目标

1. 培养团结协作、严谨负责的职业素养。
2. 提高正确认识问题、分析问题和解决问题的能力。

任务卡片

利用植物对重金属污染的土壤和有机污染物污染的土壤进行修复。

知识准备

一、技术概述/原理

植物修复是指以植物忍耐、分解或超量积累某种或某些化学元素的生理功能为基础，利用植物及其根际圈微生物体系的吸收、挥发、降解、萃取、刺激、钝化和转化作用来清除环境中污染物质的一项技术，是一种绿色、低成本的土壤修复技术。具体来说，植物修复就是利用植物本身特有的利用、分解和转化污染物的作用，通过有目的地种植植物，利用植物及其共存土壤环境去除、转移、降解或固定土壤有机污染物，提高对环境中某些无机和有机污染物的脱毒及分解能力，使之不再威胁人类健康和生存环境，恢复土壤系统正常功能的污染环境治理措施。

相对于传统的物理、化学土壤修复技术，植物修复不需要土壤的转移、淋洗和热处理等过程，因而经济性较高，对土壤的扰动小；与微生物修复相比，植物修复更适用于现场修复且操作简单，能够处理大面积面源污染的土壤。因此，植物修复显示出良好的应用前景。

植物修复可用于有机污染土壤和重金属污染土壤的修复及治理。

二、重金属污染土壤的植物修复

重金属污染土壤的植物修复是一种利用自然生长的植物或遗传工程培育的植物来修复金属污染土壤环境的技术总称。通过植物系统及其根际微生物群落来移去、挥发或稳定土壤环境污染物。植物修复的成本仅为常规技术的一小部分，而且能达到美化环境的目的，现已成为一种修复重金属污染土地的经济、有效的方法。正因其技术与经济上优于常规方法和技术，所以该方法被当今世界广泛接受，正在全球应用和发展。近年来，我国在重金属污染农田土壤的植物吸取修复技术已经应用于砷、镉、铜、锌、镍、铅等重金属。这种技术应用的关键在于筛选出高产和高去污能力的植物，摸清植物对土壤条件和生态环境的适应性。

1. 重金属植物修复机制

依据作用过程和修复机制，重金属污染土壤的植物修复技术可分为植物稳定、植物挥发和植物提取三种类型。

(1)植物稳定。植物稳定是利用植物吸收和沉淀来固定土壤中的大量有毒金属，以降低其生物有效性和防止其进入地下水及食物链，从而减少其对环境和人类健康的污染风险。植物稳定的主要功能包括三个方面：一是保护污染的土壤环境不受侵蚀，通过减少土壤渗漏来防止金属污染物的机械淋移；二是通过在根部累积和沉淀或通过根表吸收金属来加强对污染物的固定；三是通过改变根际环境改变污染物的化学形态。在这个过程中，根际微生物(细菌和真菌)也可能发挥重要作用。已有研究表明，植物根可有效地固定土壤中的铅，从而降低污染的风险。植物稳定技术可作为一些高成本且复杂工程技术的替代方法。重金属污染土壤的植物稳定是一项发展中的技术，这种技术与原位化学钝化技术相结合将会具有更大的应用潜力。

(2)植物挥发。植物挥发与植物提取作用有关。植物挥发是将挥发性污染物吸收到植物体内，再转化为气态物质释放到大气中，也就是利用植物的吸取、积累、挥发等生理过程，减少土壤污染物，主要集中在挥发性重金属修复方面，如汞、硒、砷。通过植物或植物-微生物复合代谢，可能会形成甲基砷化物或砷气体。

过去，汞污染曾被认为是一种危害很大的环境灾害。在部分发展中国家的很多区域，含汞废弃物不断产生，因此仍然存在着比较严重的汞污染。工业产生的典型含汞废弃物均具有生物毒性，如离子态汞在厌氧细菌的作用下可以转化为对环境危害最大的甲基汞，在污染点位生存繁殖的细菌体内的酶会将甲基汞和离子态汞转化成毒性小且可挥发的单质汞，该作用机制已被作为一种降低汞毒性的生物途径之一。当今的研究目标是利用转基因植物降解生物毒性汞，即运用分子生物学技术将细菌体内汞的抗性基因(汞还原酶基因)转导进植物(如烟草和郁金香)体中，对汞污染进行植物修复。研究证明，将细菌中的汞的抗性基因转导进入植物体内，让其能够在汞中毒浓度下具有生长能力，还能将从土壤中吸收的汞还原为可挥发的单质汞，这里的汞中毒浓度指的是可使未转入该类基因的植物中毒汞浓度。因此，植物挥发为去除土壤及水体环境中的具有生物毒性汞提供了一种可能性。另一种植物修复汞污染的技术思路可以借鉴硒的植物吸取-挥发，通过对汞的脱毒和活化，单质汞变成离子态汞，滞留在植物体内，然后集中处理。

许多植物可吸收污染土壤中的硒并将其转化成可挥发状态，从而降低硒对土壤生态系统的毒性。因硒与硫在生物化学特性方面有较多类似之处，故通常利用研究硫的方法来研究硒。植物吸收、同化和挥发硒的生化途径的研究结果表明，硒酸根可以通过一种与硫类似的方式被植物吸收和同化。在植物体内，ATP 硫化酶将硫还原为硫化物。有试验证明，在印度芥末体外，硒的还原作用也是由该酶催化的，而且在硒酸根被植物同化成有机态硒的过程中，该酶是主要的转化速率限制酶。由于 ATP 硫化酶基因的过量表达使印度芥末中硒酸根发生代谢转化，转基因印度芥末比野生品种对硒的吸收能力、忍受力和挥发作用更强。在植物挥发硒的过程中，根际细菌不仅能增强植物对硒的吸收，还可以提高硒的挥发率。根际细菌对根须发育有一定的促进作用，增加根表有效的吸收面积。另外，它还能刺激产生一种热稳定化合物，使硒酸根进入根内。有试验表明，灭菌的植株接种根际细菌后，其根内硒浓度增加了 5 倍，植株对硒的挥发作用也增强了 4 倍，这种现象可能与接种的微生物有关。由此可见，植物挥发修复的生物化学、分子生物学和根际微生物学的基础研究是一个国际前沿研究热点。

(3)植物提取。植物稳定和植物挥发修复技术具有其局限性。植物稳定只是利用植物将土壤重金属污染物转变成无毒或毒性较低的形态，是一种原位降低污染元素生物毒性的途径，但并未从土壤中真正去除的方法。植物挥发仅是去除土壤中一些可挥发的污染物，并且其向大气挥发的速度应以不构成生态危害为限。相比较而言，植物提取是一种具永久性和广域性的植物修复途径，也是研究最多、最有发展前景的方法。植物提取是利用一些特殊植物其根系吸收土壤中的有毒有害污染物，特别是有毒金属，并运至植物地上部，通过收割地上部物质带走土壤中污染物的一种方法。这里所说的特殊植物，通常是指超积累植物，它是植物修复的重要组成部分，指的是能超量积累一种或多种重金属元素的植物。

超积累植物与一般植物不同，其地上部重金属含量是普通植物在同一生成条件下的 100 倍以上，植物体内重金属锌、镉、镍临界含量分别为 10 000 mg/kg、100 mg/kg、1 000 mg/kg；根据 Baker 和 Brooks 的参考值，锌和锰的临界含量为 10 000 mg/kg，镉为 100 mg/kg，金为 1 mg/kg，铜、铅、镍、钴均为 1 000 mg/kg。超积累植物的地上部重金属含量大于根部相应重金属含量。在重金属含量高生境下可正常生长，没有明显毒害症状，能正常完成生活史。据报道，现已发现镉、钴、铜、铅、镍、硒、锰、锌超积累植物 400 余种，其中 73%为镍-超积累植物。超积累植物大多分布于野外，分布不均匀，富含重金属矿区周围居多，大多数重金属的超积累植物的首次发掘都是在矿山地区。例如，镍的超积累植物主要分布在南欧、古巴、美洲西部、津巴布韦。从植物分类系统角度来讲，十字花科和石竹科的超积累植物较多。另外，超积累植物的一个重要来源是农田的杂草。由于杂草的环境适应能力强、生物量大、生命力强，从杂草中挑选出超积累植物对植物修复的研究具有重要意义。

为了保持铅、锌、铜、镉在土壤中的溶解状态，可以利用土壤改良剂 EDTA 络合这些元素，以提高植物提取的效率，增加植物茎叶对重金属的积累量，降低土壤中金属的浓度。植物提取技术的成本较低，并且可回收和出售植物中的金属，进而使植物修复的成本更低。

2. 影响重金属植物修复的因素

影响植物修复重金属污染土壤效果的因素很多，主要有重金属在土壤中存在的形态、植物的品种和环境因素等。

(1)重金属在土壤中存在的形态对重金属植物修复的影响。植物对重金属离子的吸收与重金属的形态有关。土壤污染物中常见的重金属形态有可交换态、碳酸盐结合态、铁锰氧化物结合态、有机态、残渣态等。

①可交换态重金属能通过离子交换和吸附作用结合在颗粒表面，其浓度与重金属在介质中的浓度和介质颗粒表面的分配常数有关。可交换态重金属易于迁移转化，能被植物吸收。

②碳酸盐结合态重金属的植物修复与土壤 pH 值有关。pH 值升高，游离态重金属会形成碳酸盐共沉淀，不易被植物吸收；pH 值降低，沉淀的重金属会重新释放出来而进入环境中，易被植物吸收。植物根系的分泌物能够影响根际微域土壤 pH 值，进而影响植物对重金属的吸收。

③铁锰氧化物作为土壤中的主要矿物元素，在当前的土壤污染修复中发挥着十分关键的作用。铁锰氧化物的比表面积较大，对金属离子有很强的吸附能力，可以有效地控制重金属污染物的迁移和富集。在适当的条件下，其中的铁锰氧化物会载带金属离子共同沉淀，因为它是较强的离子键结合的化学形态，所以不容易释放。如果土壤中重金属的铁锰氧化物占有效态比例较大，一般情况下可利用性不高。

④有机结合态是以重金属为中心离子，以有机质活性基团为配位体的结合或是硫离子与重金属生成难溶于水的物质。这类重金属在氧化条件下，部分有机物分子会发生降解作用，导致部分金属元素溶出，有助于植物对重金属离子的吸收。

⑤残渣态重金属一般存在于硅酸盐、原生和次生矿物等土壤的晶格中，它们的性质稳定，在自然界正常条件下不易释放，能长期稳定在土壤中，不易被植物吸收。

(2)植物的品种对重金属植物修复的影响。目前，植物修复大多采用超积累植物，采用较多的是 Baker 和 Brooks 提出的参考值，即把植物叶片或地上部(干重)中含镉达到 100 pg/g，含钴、铜、镍、铅达到 1 000 μg/g，含锰、锌达到 10 000 μg/g 的植物称为超积累植物。

目前，我国对植物富集重金属镉的研究较多。黄会一报道了一种旱柳品系可富集大量的镉，最高富集量可达 47.19 mg/kg。魏树和等的研究发现，全叶马兰、蒲公英和鬼针草地上部对镉的富集系数均大于 1，且地上部镉含量大于根部含量，他们还首次发现龙葵是镉超积累植物，在镉浓度为 25 mg/kg 的条件下，龙葵茎的镉含量为 103.8 mg/kg，叶片的镉含量为124.6 mg/kg，地上部镉的富集系数为2.68。刘威等发现，宝山堇菜也是一种镉超积累植物，在自然条件下地上部镉平均含量可达1 168 mg/kg，最高可达2 310 mg/kg,而在温室条件下平均可达4 825 mg/kg。除对植物富集镉的研究外，对砷超积累植物的研究也有一定的成果。陈同斌等发现蜈蚣草对砷具有很强的富集作用，其叶片含砷高达5 070 mg/kg；在含9 mg/kg砷的正常土壤中，蜈蚣草地下部和地上部对砷的植物富集系数分别达71和80。韦朝阳等发现了另一种砷的超积累植物——大叶井口边草，其地上部平均砷含量为418 mg/kg，最高砷含量可达694 mg/kg，其富集系数为1.3～4.8。鸭跖草是铜的超富集植物。李华等指出，虽然地上部铜的富集水平未达到超积累植物的要求，但由于其生物量大，植株铜总富集量较高，仍可用于铜的污染土壤修复。杨肖娥等通过野外调查和温室栽培发现了一种锌超积累植物——东南景天，天然条件下东南景天的地上部锌的平均含量为4 515 mg/kg，营养液培养试验表明其地上部最高锌含量可达19 674 mg/kg。薛生国等通过野外调查和室内分析发现，商陆对锰具有明显的富集特性，叶片中锰的含量最高可达19 299 mg/kg，填补了我国锰超积累植物的空白。

(3)环境因素对重金属植物修复的影响。环境因素会影响土壤中重金属形态，进而影响植物修复效果。

①pH值。许多研究发现，pH值对植物吸收、迁移镉的影响较大。莴苣、芹菜各部位镉的浓度与pH值的关系，基本遵循随土壤pH值升高而下降的规律。我国南方的稻田大多是酸性土壤，酸性土壤有利于镉的吸收。

②氧化还原电位。土壤中重金属的形态、化合价和离子浓度都会随土壤氧化还原状况的变化而变化。当土壤被水淹时，往往形成还原环境。在还原环境中，一些重金属离子容易形成难溶性的硫化物，导致土壤溶液中游离的重金属离子的浓度大大降低，进而影响植物修复。而当土壤被风干时，会形成氧化环境，此时难溶的重金属硫化物中的硫，易被氧化成可溶性的硫酸根，游离重金属离子浓度增大。因此，通过调节土壤的氧化还原电位来改变土壤中重金属的存在形态，可有效提高植物修复的效率。

③营养物质浓度。用Hoagland's营养液做试验证明，重金属在植物体内的迁移与营养液的浓度有关。在镉污染的溶液里，营养液浓度越小，富集在植物各部分的镉浓度就越高。因为许多重金属离子如铁离子、铜离子等，进入植物细胞的离子通道与营养元素进入植物细胞的离子通道是相同的。所以，在镉污染的土壤中适当增加营养物质浓度能够影响植物对镉离子的吸收。

三、有机物污染土壤的植物修复

重金属植物修复需要利用能超积累重金属的植物，将金属离子从环境中转移至植物特定部位，再对植物进行处理，或者利用植物吸收和沉淀来固定有毒金属阻止污染进一步扩散。而植物修复有机物污染的机理要复杂得多，过程可能包括吸附、吸收、转移、降解、挥发等。与其他土壤有机污染修复技术相比，植物修复过程中常伴随土壤有机质的积累和肥力的提高，净化后的土壤更适合作物生长；植物修复中植物根系的生长发育对防止水土流失具有积极生态学意义。由于植物修复技术是绿色、低价的污染治理方法，所以已成为近年来修复土壤非常有效的方法之一。

植物修复也有一定的局限性。植物修复过程缓慢，周期长，且对土壤肥力、含水量、

pH 值及气候条件等有较高的要求；植物对不同的有机污染物耐受或积累能力不同，并且一般每种植物修复有机污染物的类型比较单一，而土壤中的有机污染物的种类通常比较复杂，会对植物修复的效率产生一定影响；另外，植物在生长过程中也会受到自然因素的影响，如病虫害等，进而影响植物修复的效果；植物超积累有机污染物部分的处理不当也可能在一定程度上产生二次污染。

1. 有机污染物植物修复机制

植物修复有机物污染土壤的机制有两种：植物吸收转运和根际降解。

(1)植物吸收转运。土壤中有机污染物的植物吸收一直受到关注。研究表明，PCBs、PAHS、有机溶剂(TCE 等)、总石油烃类(TPH)、杀虫剂和爆炸物(TNT 等)等疏水性有机污染物易被根表吸附而进入植物体内。植物吸收该类有机物后，挥发、代谢或矿化作用使其转化为二氧化碳和水，或转化成为无毒性的中间代谢物(如木质素)，存储在植物细胞中，达到去除土壤环境中有机污染物的目的。

植物对有机污染物的吸收主要有两种途径：一是植物根部吸收并通过植物蒸腾作用沿木质部向上，转运至地上部；二是以气态形式扩散或大气颗粒物沉降等方式被植物的叶片吸收。有试验证明，植物对低挥发性有机污染物的吸收积累主要是通过根部吸收的方式，而对高挥发性有机污染物的吸收积累则主要是通过植物叶片的吸收富集。

(2)根际降解。根际降解包括植物根系分泌物、根际微生物、根际微生物与植物相互作用对有机污染物的降解作用。

根系分泌物是植物根系释放到周围环境中各种物质的总称。植物根系分泌到根际的酶可直接参与有机污染物降解的生化过程，提高降解效率。有研究表明，玉米根系分泌物可以明显提高土壤中芘的降解率，根际微生物在分泌物作用下也促进了芘的降解。根系分泌物与脱落的根冠细胞一起能为根际微生物提供丰富的营养和能源，促进根际微生物的生长和繁殖，提高微生物数量和代谢活力，增强微生物对有机污染物的降解能力，并且其中有些分泌物也是微生物共代谢的基质，同时，微生物的活动也会促进根系分泌物的释放。

根际是植物-土壤-微生物与环境条件相互作用的场所。有机污染物的根际修复主要是植物-微生物的协同修复。根际微生物对土壤中有机污染物的降解有重要作用，如土壤中多氯联苯的降解与芦苇等植物根际微生物的作用有关。另外，根际微生物对有机污染物的降解效率与植物的年龄、根毛数量的多少、不同植物种类根际微生物的活性、种群特征及不同生长阶段有关。

2. 影响有机污染物植物修复的因素

影响有机污染物植物修复的因素主要包括污染物的物理化学特性和污染物种类、形态、浓度及滞留时间，以及用于污染修复的植物种类、叶片面积、营养状况、植物生长的土壤类型、土壤水分、环境中风速和湿度等。

(1)有机污染物的物理化学特性。在有机污染物的各项物理化学特性中，能对植物修复产生影响的因素包括辛醇-水分配系数、有机物的亲水性、极性、分子量、分子结构等。

辛醇-水分配系数小于 1.0 的亲水性有机污染物不易被根吸收或主动通过植物的细胞膜，与植物吸收呈负相关，即有机物亲水性越强，进入土壤溶液的机会越小，被植物吸收的量越少。有机污染物的水溶性越强，通过植物根系内表皮硬组织带进内表皮的能力则越小，但是进入内表皮后，水溶性大的物质更容易随植物体内的蒸腾作用向上迁移。辛醇-

水分配系数为 1.0～3.5 的有机污染物较容易被植物吸收、转运。而辛醇-水分配系数大于 3.5 的疏水性有机污染物则会被根表面或土壤颗粒强烈吸附，不易向上迁移。此类物质主要以气态形式通过叶片气孔或角质层被植物吸收。植物根对有机物的吸收与有机物的相对亲脂性有关，某些化合物被吸收后，有些以一种很少能被生物利用的形式存在于植物组织中，某些有机污染物的代谢产物可能黏附在植物的组分中。有机污染物的分子量会影响植物修复效率。植物根系一般容易吸收分子量小于 50 的有机化合物，如在石油污染的土壤中，短链分子量小的有机物更容易被植物-微生物体系降解。相反，分子量较大的非极性有机物因其被根表面强烈吸附而不易被植物所吸收。分子结构与植物修复有关，如随着多环芳烃环数的增加，其抗生物降解能力也增加。

(2)植物种类的影响。植物对有机污染物的吸收分为主动吸收和被动吸收。被动吸收的动力主要来自蒸腾拉力，可看作是污染物在土壤固相—土壤水相、土壤水相—植物水相、植物水相—植物有机相之间一系列分配过程的作用导致的。不同植物的蒸腾作用强度不同，对污染物的吸收转运能力也不同。另外，由于组织成分不同，植物积累、代谢污染物的能力也不同，例如，脂质含量由高到低的花生、大豆、燕麦和玉米四种作物，对亲脂性的有机污染物艾氏剂和七氯的吸收能力从大到小的顺序：花生＞大豆＞燕麦＞玉米。

植物不同部位积累污染物的能力不同。对大多数植物来说，根系积累污染物的能力大于茎叶和籽实。另外，植物的生命代谢活动会随着季节的变化而变化，其吸收污染物的能力也会发生变化。根系类型也会影响污染物的吸收。由于须根的比表面积比主根大，且须根在土壤中的深度较浅，通常处于土壤表层，而表层污染物较下层多，所以须根吸收污染物的量更多。

(3)土壤性质对修复的影响。土壤作为植物和污染物的载体，其质量优劣直接影响植物生长状况，进而影响植物修复污染物效果。土壤理化性质对植物吸收污染物具有显著影响。如土壤颗粒组成、土壤酸碱性等理化性质会影响植物吸附有机物的能力。在碱性条件下，土壤中部分腐殖质由螺旋态转变为线形态，此时的结合位点变多，降低了有机污染物进入植物体的可能性；在 pH＜6 的酸性条件下，被土壤颗粒吸附的有机污染物会重新回到土壤水溶液中，随植物根系吸收进入植物体。

四、植物修复的优点及缺点

植物修复技术与物理化学修复技术相比，其具有良好的美学效果和简单的操作工艺，成本低，适合与其他技术联合使用；植物资源的丰富性为开发和应用超积累植物技术提供了保障；植物修复技术是治理土壤污染的有效途径，是一种绿色环保技术，其能耗较低，同时可防止水土流失，创造生态效益和经济效益，符合可持续发展战略的理念。

植物修复技术具有不确定性，其中间代谢产物不仅复杂，代谢产物的转化过程很难观测，而且有些污染物在降解过程中产生的代谢产物可能有毒；用于修复污染的植物受气候或季节等环境条件和病虫害影响，可能会减缓修复效果，使修复期延长；一些有毒物质对植物的生长有抑制作用，因此植物修复大多只用于低污染水平的区域，并且有毒物质可能会沿植物进入食物链，对修复后的植物要合理处理；植物修复的土壤深度受到植物根长的限制，对于污染深度大于植物根长的土壤修复较困难。

五、常用于土壤修复的植物种类

1. 重金属土壤污染

利用植物修复重金属污染土壤具备很多优点，这些优点不仅体现在环境修复的效果上，还体现在经济成本、社会接受度及可持续性等多个方面。

首先，从环境修复的角度来看，植物修复技术是一种绿色、环保的治理方式。与传统的物理、化学修复方法相比，植物修复不需要大量的化学药剂或机械设备，因此不会产生二次污染。同时，植物通过根系吸收、转运和富集重金属，可以逐步降低土壤中的重金属含量，达到修复土壤的目的。此外，植物的生长还能改善土壤结构，增加土壤有机质含量，提高土壤的肥力和生态功能。

其次，植物修复技术具有较低的经济成本。虽然植物修复可能需要较长的时间周期，但其在整个修复过程中不需要大量的资金投入。与高昂的物理、化学修复费用相比，植物修复技术的成本效益更高，尤其适合在资金有限的情况下进行大规模土壤修复。

再者，植物修复技术具有较高的社会接受度。由于植物修复是一种自然、生态的修复方式，不会对人体健康产生负面影响，因此更容易得到公众的接受和支持。同时，植物修复还能美化环境，提升景观价值，为当地居民创造更好的生活环境。

最后，植物修复技术具有可持续性。植物在生长过程中能够不断吸收和转化重金属，因此可以持续地进行土壤修复。此外，通过合理的植物配置和轮作制度，还可以实现土壤生态系统的自我恢复和持续发展。这种可持续性的修复方式不仅有助于解决当前的土壤污染问题，还能为未来的土壤保护和利用提供有力保障。

在实践操作中，利用植物修复技术来治理重金属污染的土壤，我们面临着三项主要任务。首要任务是在尽可能短的时间内恢复植被覆盖与景观美感，这一步骤对于遏制重金属污染的进一步扩散至关重要。它要求我们不仅要迅速减轻对周边生态环境的负面影响，还要有效减少水土流失现象，确保土壤的稳定性与生态安全。紧接着，我们需要将土壤中重金属元素的含量降低至一个生态安全的阈值内，这是实现土壤重金属彻底清除的最终目标。通过科学的方法与持续的努力，我们力求让土壤恢复到可以安全利用的状态，为后续的生态恢复与农业生产奠定坚实基础。在成功应对上述两大挑战的基础上，我们还需进一步提升土壤的养分含量，以此提高土地的利用价值与生产力。这不仅有助于促进植物的健康成长，还能为农业、林业等产业的发展提供有力支撑。

因此，在垃圾填埋场、重金属尾矿等污染严重的污染土壤治理项目中，通常采取覆土、客土及土壤改良等一系列措施。这样既可以降低污染土壤的重金属含量、改良土壤的理化性质，还可以拓宽用于修复的植物种类范围，为植物修复技术的广泛应用提供了更多可能性。

应用于植物修复的种类可以根据其原理和适用范围分为积累与超积累植物、先锋植物及生态-经济型植物等。这些植物种类各具特色，它们在重金属吸收、耐受性及生态经济效益方面展现出的独特优势，为植物修复技术的发展注入了新的活力与希望。

(1)积累与超积累植物。积累与超积累植物在环境修复领域，特别是重金属污染土壤的治理中，扮演着至关重要的角色。

积累植物：通常指那些能够吸收并积累一定量重金属的植物，但其积累量尚未达到超积累植物的标准。这类植物在重金属污染土壤治理中同样具有一定的应用价值，但相比之下，其修复效率和效果可能不如超积累植物显著。

超积累植物：是指那些能够超量吸收和积累重金属，且地上部分对重金属的吸收量比普通植物高 10 倍以上的植物。世界上至今为止共发现的超积累植物有 500 余种，见表 2-3-1。

表 2-3-1　重金属的超累积植物

重金属元素	超累积植物名称
铜(Cu)	荸荠(*Heleocharis dulcis*)
	鸭跖草(*Commelina communis*)
	蓖麻(*Ricinus communis*)
锰(Mn)	垂序商陆(*Phytolacca americana*)
	水蓼(*Polygonum hydropiper*)
	短毛蓼(*Polygonum pubescens*)
	人参木(*Chengiopanax fargesii*)
	土荆芥(*Chenopodium ambrosioides*)
	木荷(*Schima superba*)
	杠板归(*Polygonum perfoliatum*)
	菲岛福木(*Garcinia subelliptica*)
镉(Cd)	吊兰(*Chlorophytum comosum*)
	蜀葵(*Althaea rosea*)
	龙葵(*Solanum nigrum*)
	商陆(*Phytolacca acinosa*)
	球果蔊菜(*Rorippa globosa*)
	壶瓶碎米荠(*Cardamine hupingshanensis*)
铬(Cr)	狼尾草(*Pennisetum alopecuroides*)
	假稻(*Leersia japonica*)
	扁穗牛鞭草(*Hemarthria compressa*)
	李氏禾(*Leersia hexandra*)
铅(Pb)	羊茅(*Festuca ovina*)
	白莲蒿(*Artemisia sacrorum*)
	圆锥南芥(*Arabis paniculata*)
	荞麦(*Fagopyrum esculentum*)
	兴安毛连菜花(*Picris hieracioides*)
	圆叶无心菜(*Arenaria orbiculata*)

续表

重金属元素	超累积植物名称
铅(Pb)	白背枫(*Buddleja asiatica*)
	小鳞苔草(*Carex gentiles*)
	马蔺 (*Iris lactea*)
	肾蕨 (*Nephrolepis auriculata*)

超积累植物通常具有以下特点：

①重金属含量高：地上部分的重金属含量远高于根部，且对特定重金属的积累量通常超过一定阈值(如 Ni、Pb、Co 等积累量在 1 000 mg/kg 以上，Cd 积累量在 100 mg/kg 以上，Mn、Zn 积累量在 10 000 mg/kg 以上)。

②生物富集系数大：植物体内重金属元素的含量远高于土壤中该元素的含量，表明植物对重金属具有较强的吸收和富集能力。

③转运系数高：植物地上部分的重金属含量高于根部，显示出植物能够将重金属从根部有效转运到地上部分。

④生长迅速：超积累植物通常具有较快的生长速度和较大的生物量，这有助于在短时间内吸收和积累大量的重金属。

⑤适应性强：这类植物能够在重金属浓度较高的土壤中良好生长，且一般不会发生毒害现象。

超积累植物种类繁多，广泛分布于世界各地。例如，在印度芥菜中发现了对铯、铅、硒、镉等多种金属污染物具有超积累效果的品种；向日葵、杨树、西洋樱草(欧洲报春花)等也对某些重金属具有显著的富集作用。此外，在中国境内还发现了如蜈蚣草(超富集砷)、东南景天(超富集锌)等具有特定重金属超积累能力的植物。

超积累植物是重金属污染土壤修复的重要工具。通过种植超积累植物，可以逐步降低土壤中的重金属含量，恢复土壤的生态功能和肥力。除此之外，超积累植物还可以作为环境监测的指示植物。由于其对重金属的敏感性和高积累性，可以通过监测植物体内重金属的含量来评估土壤污染程度和变化趋势。超积累植物体内积累的重金属可以作为一种资源进行回收和利用。通过收割和处理超积累植物的地上部分，可以提取出有价值的重金属元素，实现资源的循环利用。

然而，需要注意的是，超积累植物在实际应用中仍面临一些挑战。例如，已知的超积累植物很多为野生型稀有植物，分布区域性强，且易受环境条件限制。此外，大多数超积累植物只能积累某种或某几种重金属，而土壤污染往往是多种重金属的复合污染。因此，在筛选和应用超积累植物时，需要充分考虑其生态适应性、重金属积累特性及修复效率等因素。

(2)先锋植物。本土的耐重金属污染先锋植物，指的是那些具备强大抗逆性，能在重金属污染环境中自然生长的植物。表 2-3-2 所列出的积累型和超积累型植物同样属于此类先锋植物，尽管它们的重金属富集能力相较于超积累植物稍逊一筹，但在恢复受污染区域的植被覆盖、抑制侵蚀、保护表层土壤及防止水土流失方面扮演着重要角色。这些抗重金属污染的本土先锋植物主要涵盖了草本植物、灌木及乔木等不同类型。

表 2-3-2 先锋植物

类型	重金属元素	植物名称
草本	铜(Cu)	蜈蚣草(*Eremochloa ciliaris*)、节节草(*Equisetum ramosissimum*)
	锰(Mn)	白茅(*Imperata cylindrica*)、飞蓬(*Erigeron acer*)、耳草(*Hedyotis auricularia*)、苍耳(*Xanthium sibiricum*)
	铅(Pb)、锌(Zn)	五节芒(*Miscanthus floridulus*)、截叶铁扫帚(*Lespedeza cuneata*)、芨芨草(*Achnatherum splendens*)、莎草(*Cyperus rotundus*)、香根草(*Chrysopogon zizanioides*)
	铀(U)	一年蓬(*Erigeron annuus*)、牛筋草(*Eleusine indica*)、狗尾草(*Setaria viridis*)、野菊花(*Dendranthema indicum*)
灌木	铅(Pb)、锌(Zn)、锰(Mn)	野桐(*Mallotus japonicus*)、铁扫帚(*Inddigofera bungeana*)、紫穗槐(*Amorpha fruticosa*)、玫瑰(*Rosa rugosa*)、女贞(*Ligustrum lucidum*)、黄荆(*Vitex negundo*)、珍珠梅(*Sorbaria sorbifolia*)
乔木	锰(Mn)、铜(Cu)	木荷、黑松(*Pinus thunbergii*)、马尾松(*Pinus massoniana*)、黑杨(*Populus nigra*)、刺槐(*Robinia pseudoacacia*)、大叶章(*Deyeuxia langsdorffii*)、构树(*Broussonetia papyrifera*)、泡桐(*Paulownia fortunei*)、棕榈(*Trachycarpus fortunei*)
	铅(Pb)、锌(Zn)	枫香(*Liquidambar formosana*)、盐肤木(*Rhus chinensis*)、旱柳(*Salix matsudana*)、蒙自桤木(*Alnus nepalensis*)

(3)生态-经济型植物。生态-经济型植物的上部富集重金属含量普遍较低，但由于较大的生物量使其去除土壤重金属总量较大。表 2-3-3 列出了部分生态-经济型植物。

表 2-3-3 生态-经济型植物

植物类型	植物名称
用材植物	刺槐、马尾松、黑松、泡桐、大叶樟、松树(*Pinus*)、三球悬铃木(*Platanus orientalis*)、栾树(*Koelreuteria paniculata*)、白蜡树(*Fraxinus chinensis*)、桦树(*Betula*)、黑杨、柏木(*Cupressus funebris*)、枫树(*Acer*)、圆叶决明(*Chamaecrista rotundifolia*)、芦苇(*Phragmites australis*)、阔瓣含笑(*Michelia platypetala*)、黄杨(*Buxus sinica*)、香樟(*Cinnamomum camphora*)
工业原料与药用植物	刺槐、棕榈、野桐、鸭跖草、盐肤木、芦竹(*Arundo donax*)、紫竹梅(*Setcreasea purpurea*)、迷迭香(*Rosmarinus officinalis*)、五加(*Acanthopanax gracilistylus*)、欧洲山杨(*Populus tremula*)、龙须藤(*Bauhinia championii*)、苎麻(*Boehmeria nivea*)、蒲公英(*Taraxacum mongolicum*)、海桐(*Pittosporum tobira*)、甜高粱(*Sorghum dochna*)、紫苏(*Perilla frutescens*)、丁香罗勒(*Ocimum gratissimum*)、艾蒿(*Artemisia argyi*)、加拿大一枝黄花(*Solidago canadensis*)

续表

植物类型	植物名称
能源植物	黄连木(*Pistacia chinensis*)、大豆(*Glycine max*)、薄荷(*Mentha haplocalyx*)、甘蔗(*Saccharum officinarum*)、花生(*Arachis hypogaea*)、亚麻(*Linum usitatissimu*)、白檀(*Symplocos paniculata*)、乌桕(*Sapium sebiferum*)
景观植物	鸭跖草、木荷、山矾(*Symplocos sumuntia*)、月季(*Rosa chinensis*)、紫罗兰(*Matthiola incana*)、夹竹桃(*Nerium indicum*)、金银花(*Lonicera japonica*)、玫瑰、珍珠梅、六道木(*Abelia biflora*)、蟛蜞菊(*Wedelia chinensis*)、金叶女贞(*Ligustrum vicaryi*)、羽衣甘蓝(*Brassica oleracea*)、复羽叶栾树(*Koelreuteria bipinnata*)、球核荚蒾(*Viburnum propinquum*)、变叶芦竹(*Arundo donax*)、杜英(*Elaeocarpus decipiens*)、杜鹃(*Rhododendron simsii*)、白雪姬(*Tradescantia sillamontana*)、千头柏(*Platycladus orientalis*)

2. 盐碱土壤污染

盐碱土是对盐土与碱土的总称。土壤的盐碱化现象不仅削弱了土壤的生产能力，还催生了一系列生态环境难题。鉴于土地资源愈发紧张的现状，寻找并实施有效的盐碱土壤防治与改良策略变得迫在眉睫，其中，植物修复因其兼具生态效益与经济效益而备受推崇。采用盐生植物进行土壤改良展现出广阔的应用前景，当前已培育出众多耐盐植物品种，这些植物能够有效用于盐碱地的治理与改善。常见的植物有柽柳(*Tamarix chinensis*)、小果白刺(*Nitraria sibirica*)、盐地碱蓬(*Suaeda salsa*)、刺儿菜(*Cirsium setosum*)、匙荠(*Bunias cochlearioides*)、二色补血草(*Limonium bicolor*)、罗布麻(*Apocynum venetum*)、红蓼(*Polygonum orientale*)、旋覆花(*Inula japonica*)、碱菀(*Tripolium vulgare*)、益母草(*Leonurus artemisia*)、苣荬菜(*Sonchus arvensis*)等。

任务实施

1. 资料收集与分析

收集污染场地和污染物情况等资料。

2. 判断能否应用植物修复技术

(1)判断污染场地能否应用植物修复技术。

(2)判断土壤污染物类型是否适合。

(3)确定修复场地的植物类型。

(4)判断其他条件是否影响植物修复。

3. 在工程中应考虑的因素

(1)土壤的理化性质。土壤的理化性质直接影响植物修复效果。土壤酸碱性条件不同，会使土壤适宜生长的植物种类有所差异，还会影响到土壤颗粒对不同污染物的吸附能力。

土壤颗粒组成直接关系到土壤颗粒比表面积的大小，从而影响其对持久性有机污染物的吸附。土壤水分能抑制土壤颗粒对污染物的表面吸附能力，促进生物可给性。但土壤水分过多时，会造成根际氧分不足，从而减弱对污染物的降解。

(2)共存有机物。当前植物修复大多针对单一污染物，而在实际应用中往往同时存在多种污染物。因此，需要充分考虑其他污染物的影响作用。

(3)植物种类的筛选。植物种类的选择要根据所要修复的土壤理化性质、污染物种类及其浓度来综合确定。对于有机污染物的植物修复来说，要求植物生长速率快，并能够在寒冷的或干旱的气候等恶劣环境下生存，能够利用土壤蒸发蒸腾所损失的大量水分，并能将土壤中的有毒物质转化成为无毒或低毒的产物。选择植物必须坚持适地适树的原则，即选择那些在生理上、形态上都能够适应污染环境要求，并能够满足人们对污染水体和污染土壤修复的目的，在有条件的情况下还可以选择具有一定经济价值的植物。

(4)定期检查。植物是植物修复的主体，因此定期检查管理在植物修复中十分重要，直接关乎修复结果。如果修复植物生长状况好，通常修复效果也会更好。因此要进行常规的检查管理，例如浇水、施肥、使用农药等。此外，为了防止人为或昆虫动物对植物的破坏，还应该在可能造成破坏的修复区域设立栅栏等对修复植物进行保护。

反思评价

根据任务的组织准备、任务实施等情况，进行小组讨论，并完成表 2-3-4 的内容，以便下次任务能够更好地完成。

表 2-3-4　植物修复技术任务反思评价表

任务程序		任务实施中需要注意的问题	任务表现	
			自评	互评
人员组织				
知识准备				
工具准备				
实施步骤	1. 原理			
	2. 影响因素			
	3. 在工程中应考虑的因素			

拓展阅读

清远市龙塘镇农田重金属土壤修复项目(四阶段)

阶段四：二年期植物修复措施——第一轮修复植物种植。

此阶段主要包括植物种植前准备，第一轮水稻、玉米、东南景天及蜈蚣草的种植及养护收割。

本项目对清远市龙塘镇金沙村因电子垃圾处置引起的农田土壤重金属污染进行修复和治理；在对修复地块进行采样分析监测的基础上，针对不同程度重金属污染，采用农田土壤表层淋洗-深层固定技术、深耕翻土技术、植物修复技术、固定钝化技术，以及化学-生物联合修复技术等进行修复和治理。通过比较不同修复技术对金沙村受电子垃圾处置污染农田重金属修复治理效果，获得适合本地且经济高效的土壤重金属污染修复治理方案，为龙塘镇乃至广东省重金属污染土壤治理修复工作提供有力的技术支撑，起到示范带头作用。

项目概况：修复标的地位于清远市龙塘镇金沙村，受电子垃圾污染农田面积约 80 亩。沿线均有村道通过，交通便捷。

任务二　微生物修复

任务目标

知识目标

1. 掌握微生物修复的原理。
2. 掌握微生物修复的影响因素。
3. 掌握微生物修复的优点及缺点。

技能目标

能选择适合的微生物进行土壤修复。

素养目标

1. 培养团结协作、严谨负责的职业素养。
2. 提高正确认识问题、分析问题和解决问题的能力。

任务卡片

利用微生物对重金属污染的土壤和有机污染物污染的土壤进行修复。

知识准备

一、技术概述/原理

微生物是土壤最活跃的成分。从定植于土壤母质的蓝绿藻开始，到土壤肥力的形成，土壤微生物参与了土壤发生、发展、发育的全过程。土壤微生物在维持生态系统整体服务功能方面发挥着重要作用，常被比拟为土壤 C、N、S、P 等养分元素循环的“转化器”、环境污染物的“净化器”、陆地生态系统稳定的“调节器”。土壤微生物是土壤生态系统的重要生命体，它不仅可以指示污染土壤的生态系统稳定性，还具有巨大的潜在环境修复功能。为此，污染土壤的微生物修复理论及修复技术便应运而生。微生物修复是指利用天然存在的或所培养的功能微生物群，在适宜环境条件下，促进或强化微生物代谢功能，从而达到降低有毒污染物活性或降解成无毒物质的生物修复技术。微生物修复技术已成为污染土壤生物修复技术的重要组成部分和生力军。

二、重金属污染土壤的微生物修复

(1)修复机制。重金属对生物的毒性作用常与它的存在状态有密切的关系，这些存在形式对重金属离子的生物利用活性有较大影响。重金属存在形式不同，其毒性作用也不同。不同于有机污染物，金属离子一般不会发生微生物降解或化学降解，并且在污染以后会持续很长时间。金属离子的生物利用活性(Bioavailability)在污染土壤的修复中起着至关重要的作用。根据 Tessier 的重金属连续分级提取法可以将土壤中的重金属分为水溶态与交换态、碳酸盐结合态、铁锰氧化物结合态、有机结合态和残渣态五种存在形式。不同存在形态的重金属其生物利用活性有极大区别。处于水溶态与交换态、碳酸盐结合态和铁锰氧化物结合态的重金属稳定性较弱，生物利用活性较高，因而危害强；而处于有机结合态和残渣态的重金属稳定性较强，生物利用活性较低，不容易发生迁移与转化，因而所具有的毒性较弱，危害较低。土壤中的微生物可以对土壤中的重金属进行固定或转化，改变它们在土壤中的环境化学形态，达到降低土壤重金属污染毒害作用的目的。

(2)影响重金属污染土壤微生物修复的因素。

①菌株。不同类型的微生物对重金属的修复机理各不相同，如原核微生物主要通过减少重金属离子的摄取，增加细胞内重金属的排放来控制细胞内金属离子浓度。细菌的修复机理主要在于改变重金属的形态，从而改变其生态毒性。而真核微生物能够减少破坏性较大的活性游离态重金属离子，其原理是其体内的金属硫蛋白(Metallothionein，MT)可以螯合重金属离子。不同类型的微生物对重金属污染的耐性也不同，通常认为：真菌＞细菌＞放线菌。

②其他理化因素。pH 值是影响微生物吸附重金属的重要因素之一。在 pH 值较低时，水合氢离子与细菌表面的活性点位结合，阻止了重金属与吸附活性点位的接触；随着 pH 值的增加，细胞表面官能团逐渐脱质子化，金属阳离子与活性电位结合量增加。pH 值过高也会导致金属离子形成氢氧化物而不利于菌体吸附金属离子。

三、有机污染土壤的微生物修复

近二十年来，随着工业、农业生产的迅速发展，农业污染特别是土壤受污染的程度日趋严重。据粗略统计，我国受农药、化学试剂污染的农田达到 6 000 多万 hm^2，污染程度达到了世界之最。有机物污染土壤的修复及治理已经成为环境科学领域的热门话题之一。

(1)修复机制。微生物降解和转化土壤中有机污染物，主要依靠氧化作用、还原作用、基团转移作用、水解作用及其他机制进行。

(2)影响有机污染土壤微生物修复的因素。影响微生物修复有机污染土壤效果的因素很多，除有机污染物自身的特性外，还包括土壤中微生物的种类、数量及生态结构、土壤中的环境因子等。

①有机污染物的理化性质。有机污染物的生物降解程度取决于其化学组成、官能团的性质及数量、分子量大小等因素。通常来说，饱和烃最容易被降解，其次是低分子量的芳香族烃类化合物，高分子量的芳香族烃类化合物，而石油烃中的树脂和沥青等则极难被降解。

②微生物种类和菌群对修复的影响。微生物在生物修复过程中既是石油降解的执行者，又是其中的核心动力。土壤中微生物的种类及构成是影响有机污染土壤微生物修复的重要因素。因此，寻找高效污染物降解菌是当前微生物修复技术的研究热点。用于生物修复的微生物有土著微生物、外来微生物和基因工程菌三类。

③环境因素对有机污染物生物降解的影响。微生物对有机污染物不同组分的降解能力是不同的，同时，微生物对有机污染物的降解受到环境因素的影响，这种影响对有机污染物的降解往往具有决定性的作用。某种石油烃在一种环境中能长期存在，而在另一种环境中，相同的烃化合物在几天甚至几小时内就可被完全降解。影响有机污染物生物降解的因素主要有 pH 值、O_2 含量、温度、营养物质含量和盐浓度。

④表面活性剂在土壤有机污染物微生物修复中的作用。由于有机污染物特别是石油烃中含有大量的疏水性有机物，它们具有黏性高、稳定性好，生物可利用性低的特点，这些高分子有机物，严重限制了生物修复的效果和速度。

四、微生物修复技术方法

1. 添加表面活性剂

微生物对污染物的生物降解主要通过酶的催化作用进行，但大多数发挥降解作用的酶都是胞内酶。为了提高降解效率，通常通过向污染土壤环境中添加表面活性剂，从而增加污染物与微生物细胞的接触率，促使污染物得到分解。在含煤焦油、石油烃和石蜡等污染物的土壤修复中，使用添加表面活性剂能取得较好的效果。在选择表面活性剂时，要注意选择那些易于生物降解、对土壤中的生物无毒害作用且不会引起土壤物理性质恶化的表面活性剂。

2. 添加营养物

微生物的生长不仅需要有机物质提供碳源，还需要其他营养物质，可以通过向污染土壤中添加微生物生长所必需的营养物质，来改善微生物生长环境，促进污染物的降解和转化。此外，使用营养盐的效果随环境不同而不同。

3. 接种微生物

由于微生物的种类繁多、代谢类型多样，可作为营养物质的来源广，凡自然界存在的物质都能被微生物利用、分解、代谢。例如，假单胞菌属的某些种，能分解 90 种以上的有机物，可利用其中的任何一种作为唯一碳源和能源进行代谢，并将其分解。土壤中的微生物种类繁多，但对于受污染的土壤而言，不一定存在能够降解相应污染物质的微生物。为提高污染土壤中污染物的降解效果，需要接种具有某些特定降解功能的微生物，并使之成为其中的优势微生物种群。接种的微生物通常为土著微生物、外来微生物和基因工程菌三类。

(1)土著微生物。当土壤受到有毒有害物质的污染后，土著微生物会出现一个自然驯化适应的过程。不适应污染土壤的微生物逐渐死亡；适应环境的微生物则在污染物的诱导作用下，逐渐产生能分解某些特异污染物的酶系，在酶的催化作用下使污染物得到降解、转化。因此，通过接种驯化后的土著微生物优势菌，具有缩短微生物生长迟缓期、保持微生物活性的优点。

(2)外来微生物。为解决土著微生物生长速度缓慢、代谢活性低或因污染物的影响引起土著微生物的数量下降等问题，可接种对污染物有较高降解作用的优势菌种。该菌种可缩短微生物的驯化期、克服降解微生物的不均匀性、加速污染物的生物降解、恢复微生物区系等作用。在修复受五氯酚(PCP)污染的土壤时，添加黄孢原毛平革菌进行堆肥修复的效果优良，经过60 d的堆肥，五氯酚基本得到降解，降解率达94%以上。

(3)基因工程菌。自然界中的土著菌对环境中的污染物具有一定的净化功能，而且有的降解效率十分高，但是对于日益增多的人工合成的化合物，土著菌就显得有些无能为力。随着分子生物学技术的不断发展，可以利用DNA的体外重组、原生质体融合技术、质粒分子育种等遗传工程手段，构建基因工程菌。采用基因工程技术，将能降解某些化合物的质粒转移到能适应土壤污染环境的菌种当中，构建高效降解污染物的工程菌。这些工程菌对于解决土壤中的有机物污染具有重要的实际意义。

20世纪70年代以来，人们陆续发现了许多具有特殊降解能力的细菌，这些细菌的降解能力是由质粒上的功能基因决定的。自然界天然存在的能降解有机物污染的质粒多达30多种。使用基因工程技术改造现有微生物可以解决很多现有微生物无法解决的问题。例如，可以构建新的微生物、创造新的分解代谢途径，进行以往不能进行的高效和高速的转化等。然而，要将这些基因工程菌应用于实际的污染治理中，最重要的是要解决工程菌的安全问题。用基因工程菌来治理土壤或其他环境污染，势必要将这些工程菌释放到自然环境中，如果对这些基因工程菌的安全性没有绝对的把握，就不能将它们应用到实际中去，否则会对环境造成更严重的后果。

五、微生物共代谢

共代谢指微生物利用营养基质将同一介质中的污染物降解。美国得克萨斯大学的利德贝特等最早发现了共代谢现象，并命名为共氧化，其含义为微生物能氧化污染物却不能利用氧化过程中的产物和能量维持生长，必须在营养基质的存在下才能够维持细胞的生长。大部分难降解有机物是通过共代谢途径进行降解的。在共代谢过程中，微生物通过共代谢来降解某些能维持自身生长的物质，同时也降解了某些非生长必需物质。共代谢过程的主要特点可以概括为：微生物利用一种易于摄取的基质作为碳和能量的来源，用于生长；有机污染物作为第二基质被微生物降解，此过程是需能反应，能量来自营养基质的代谢；污染物与营养基质之间存在竞争现象；污染物共代谢的产物不能作为营养被同化为细胞质，有些对细胞有毒害作用。

进一步研究发现，共代谢反应是由有限的几种活性酶决定的，又称为关键酶，不同类型微生物所含关键酶的功能都是类似的。例如，好氧微生物中的关键酶主要是单氧酶和双氧酶。关键酶控制着整个反应的节奏，其浓度由第一基质诱导决定，微生物通过关键酶提供共代谢反应所需的能量。

由于共代谢过程具有以上特点，使微生物的降解过程更为复杂。鉴于维持共代谢的酶来自第一基质，共代谢也就只能在初级基质消耗时发生。第二基质也可以和酶的活性部位结合，从而阻碍了酶与生长基质的结合。这样，在一个同时存在着两种基质的系统内，必然存在着代谢过程中酶的竞争作用，两种基质的代谢速率之间也就存在着相互作用，反应动力学将变得更为复杂。在研究苯酚三氯乙烯(TCE)的共代谢降解时，甲苯、甲烷、氨气、苯酚和丙烷等一系列物质可以作为共代谢的第一基质即生长基质，在生长基质的存在下，微生物可以降解第二基质，即开始降解苯酚三氯乙烯。

六、在实际应用中的问题

微生物修复是一种原位修复方法，该法可以在污染现场进行，具备很多优点，例如，可节省很多治理费用；环境影响小，最终产物不会形成二次污染；能够最大限度地降低污染物浓度；原地治理方式对污染位点的干扰及破坏达到最低标准；可同时处理土壤和地下水；经济环保，具有广泛的应用前景。但同时，该法也具有一定的局限性，如原位修复法条件苛刻，耗时长；并非所有进入环境的污染物都能被生物利用。所以说，微生物修复是一项复杂的系统工程。

由于微生物代谢活动具有易受环境条件变化的影响，特定微生物只能吸收利用降解转化特定类型的化学物质，施用条件苛刻等特点，使得目前微生物技术在污染土壤修复应用中较为受限。

目前微生物修复技术还存在以下诸多问题：

(1)菌株资源匮乏。分离和筛选到的具有高效降解特性的菌株资源还相对贫乏，没有高效降解菌的种子资源库。在菌种适应性、降解能力及降解范围方面还有极大的提高空间，尚需结合基因工程技术手段对现有菌种进行改良或创建新的菌株

(2)基础原理研究不足。在微生物体内降解酶的酶学研究方面还不够充足。

(3)应用场景有限。在尝试多种修复技术结合的联合修复方面还有待加强。同时，在微生物制剂的规模化、产业化生产及田间应用条件的实践研究方面也表现出乏力的现象。

任务实施

1. 资料收集与分析

收集污染场地和污染物情况等资料。

2. 判断能否应用微生物修复技术

(1)判断污染场地能否应用微生物修复技术。

(2)判断土壤污染物类型是否适合。

(3)确定修复场地的微生物种类。

(4)判断其他条件是否影响微生物修复。

反思评价

根据任务的组织准备、任务实施等情况，进行小组讨论，并完成表 2-3-5 的内容，以便下次任务能够更好地完成。

表 2-3-5　微生物修复技术任务反思评价表

任务程序		任务实施中需要注意的问题	任务表现	
			自评	互评
人员组织				
知识准备				
工具准备				
实施步骤	1. 原理			
	2. 影响因素			
	3. 微生物修复技术方法			

拓展阅读

一、微生物修复机制

微生物(Microorganism)是指包括细菌、病毒、真菌、原虫等在内的一大类生物群体。通常它们个体非常微小，肉眼看不到或看不清楚，需要借助显微镜才能观察到。由于微生物体积极其微小，所以相对面积较大，物质吸收快、转化快。

微生物在生长与繁殖上非常迅速，而且适应性强。从寒冷的冰川到极酷热的温泉，从极高的山顶到极深的海底，微生物都能够生存。微生物适应性强，又容易在较短时间内积聚非常多的个体，因此容易筛选并分离到突变株，容易得到微生物突变株的性质。

二、动物修复技术

生物修复技术包括植物修复技术、微生物修复技术和动物修复技术，其中前两者更为常见。动物修复技术主要是通过土壤动物群来修复受污染的土壤，分为直接作用和间接作用。直接作用包括吸收、转化和分解；间接作用是通过动物改善土壤的理化性质，提高土壤的肥力，促进植物和微生物的生长。常用的动物主要有蚯蚓、白蚁、蚂蚁等。

1. 蚯蚓

蚯蚓被称为“生态系统工程师”，全世界已记录的陆栖种类约有 4 000 种，在中国有 300 余种。蚯蚓喜潮湿，在排水和通气状况良好的肥沃土壤中数量巨大，每公顷可达几十万至上百万条，活动深度可达 2 m 以上。蚯蚓分布广泛，地球上绝大部分生态系统中都有蚯蚓存在，温带土壤中生物量极大。土壤中的蚯蚓数量可以看作土壤质量的标志，若密度在 5～10 条/m^2说明土壤健康状况良好。

蚯蚓在土壤中具有多种生态功能，主要包括以下几个方面。

(1)改善土壤物理性质。蚯蚓在土壤中进行运动和取食的过程会不断搅动和疏松土壤，进而改变土壤结构和土层排列。其粪便堆积在地表和土层内，有利于土壤物质的紧密结合，形成疏松多孔的良好结构，显著增加土壤通气性和排水保水功能。

(2)影响分解和物质循环。蚯蚓可通过粉碎和消化作用直接影响分解过程，也可通过影响微生物的活动来间接影响分解作用。蚯蚓以腐烂的植物和泥沙为食，每 24 h 的消耗量相当于自身体重，只要蚯蚓数量足够多，可把每年产生的枯枝落叶在 2～3 个月内混合到土壤中，加快土壤物质循环。

(3)环境指示作用。蚯蚓主要以土壤颗粒和土壤中的有机质为食，处于陆地生态系统食物链的底部，对某些污染物比许多其他土壤动物更为敏感。土壤中的大部分杀虫剂和重金属都极易在蚯蚓体内富集，这些被富集的化学物质可能并不对蚯蚓造成严重伤害，但可能影响食物链中更高级的生物。因此，利用蚯蚓作为土壤环境的指示生物，可为保护整个土壤动物区系提供一个较高的安全阈值。

2. 白蚁和蚂蚁

白蚁是被称作“生态系统工程师”的另一大类土壤无脊椎动物，主要生活在热带和亚热带地区，目前已发现的种类超过 2 000 种。白蚁覆盖了地球上 2/3 以上的陆地面积，在气候温暖、雨水充沛、木材资源丰富的地区白蚁极其丰富。白蚁主要取食富含纤维素的食料，如朽木、植物残体和新鲜植物组织，有的种类甚至取食纸张、布匹、牛粪等含有纤维素的物质。白蚁的居所由地上部的巢穴和地下部的通道组成，其巢穴在地上部高达 1～2 m，通在地下部长达 20～30 m。蚂蚁分布广泛，热带地区种类繁多，目前已发现的种类超过 1 万种。蚂蚁属杂食性动物，主要以节肢动物特别是昆虫为食，也有的蚂蚁采集植物种子、植物汁液、真菌和其他蚂蚁的卵或幼虫为食。蚂蚁的巢穴建在地下，由独立的穴室和纵横交错的通道组成。

白蚁和蚂蚁在土壤中的生态功能主要包括以下几个方面。

(1)改善土壤结构和物理性质。在富含白蚁与蚂蚁的土壤中，它们的巢穴、洞室及地下通道极为繁多，显著地重塑了土壤的物理构造。尤其是白蚁，在筑巢过程中会将唾液、排泄物与矿物质土壤混合并胶合，生成一种极为坚固的物质。即便白蚁群落消失许久，其巢穴仍能保持良好状态，长期地对土壤的多孔结构、透气性、渗透性及排水性能产生作用，进而减小土壤的紧密度。

(2)影响土壤养分分布。白蚁和蚂蚁在筑巢和开挖通道时会把大量富含有机质的表层土壤运往下层，同时又将深层较为黏重的矿质土壤搬运至地表，导致养分在土壤剖面中的分布发生改变。

(3)不利影响。白蚁与蚂蚁均被视为农业害虫，它们能直接通过进食活动来损害农作物及其他植物。此外，在构建巢穴的过程中，白蚁和蚂蚁会从地面移走大量的有机废弃物，与土壤竞争关键养分，进而妨碍作物的正常生长。这种行为还会造成地表覆盖物的减少，暴露出土壤表层，易于遭受侵蚀，最终加剧水土流失问题。

3. 线虫

线虫是土壤动物群落中数量和功能类群最为丰富的一类多细胞动物，多呈透明丝状，是土壤生物区系中最重要的组成部分。线虫生活在海洋、淡水和土壤中，数量极其丰富。土壤中的线虫主要集中在表层，密度可达每平方米 10 万条，疏松、多孔、容重小、有机质含量高的土壤中线虫更为丰富。线虫食性广泛，可分为腐食性、植食性、捕食性、食真菌、食细菌和食藻类线虫，常常引起多种植物根部病害。

线虫在土壤中的生态功能主要包括以下几个方面。

(1)参与有机质分解。线虫一般不直接对有机质分解起作用，但可通过多种方式间接影响分解过程，如通过取食真菌和细菌来调节土壤微生物群落结构和大小，调节有机复合物转化为无机物的比例，影响植物共生体的分布和功能等。

(2)维持生态系统稳定。线虫在土壤生态系统中占有多个营养级，同时存在捕食、竞争、共生、寄生等多种现象，与其他土壤动物形成复杂的食物网，可有效控制其他土壤动物和微生物的种群数量，维持生态系统平衡。

(3)影响碳、氮循环。食细菌线虫最有活力时每天可吞食自身体重 6.5 倍的食物，其捕食速率的变化可显著改变土壤碳、氮循环过程。

(4)指示功能。线虫世代周期较短，对环境因子的变化十分敏感，可在短时间内对环境变化做出响应。线虫的群落组成反映它们的食物资源，并可提供土壤食物网机能方面的信息。因此，线虫被普遍用作土壤指示生物，在评价生态系统的土壤生物学效应、土壤健康水平、生态系统演替或受干扰的程度等方面作用尤为突出。

4. 原生动物

土壤原生动物是一类缺少真正细胞壁的真核生物，是最简单、最低等的单细胞动物，其种类繁多，数量巨大，主要分布在细菌集中的表层土壤，根际土壤中尤为丰富，一般每克土壤为 1 万～10 万个，多时为 100 万～1 000 万个，是土壤中的重要动物类群。

原生动物在土壤中的生态功能主要包括以下几个方面。

(1) 影响土壤结构。原生动物不能对土壤结构产生直接影响，但可通过吞食固体食物，选择性地取食细菌来调节细菌数量，改变土壤微生物群落结构，利用与细菌和真菌的相互作用来间接影响土壤结构。

(2)参与土壤物质循环。原生动物在土壤氮素循环中起着非常重要的作用，可将固持在细菌体内的氮素释放出来。原生动物在土壤中捕食细菌时，有 1/3 细菌生物量氮被转化为原生动物生物量氮，1/3主要由细菌细胞壁和细胞器组成，不能被原生动物消化而被分泌成为土壤有机氮，另外 1/3 则直接以氨的形式分泌到土壤中。

(3)环境指示功能。原生动物对多种农药反应敏感，能产生抑制效应。农药的大量使用可导致土壤中敏感物种减少或消失，耐污物种数量相对增加。重金属污染则可导致土壤原生动物群落组成、结构和物种多样性发生变化。因此，可将土壤原生动物用作土壤中残留有机污染物、农药及重金属等的污染诊断。

项目习题

1. 简述重金属污染土壤的植物修复技术的类型。
2. 简述植物稳定的功能。
3. 简述影响重金属植物修复的因素。
4. 简述植物修复有机污染物的机制。
5. 简述影响有机污染物植物修复的因素。
6. 简述影响重金属污染土壤微生物修复的因素。
7. 简述有机污染土壤的微生物修复机制。
8. 简述影响有机污染土壤微生物修复的因素。

项目四　污染土壤联合修复

主要任务

联合修复技术与单一的物理、化学和生物修复技术相比，可以实现单一修复技术难以实现的目标，修复速率高、修复效果强、修复成本更低，在修复严重污染土壤的同时不产生二次污染。联合修复技术已经成为土壤修复技术中的重要研究内容。本项目选取了其中具有代表性的联合修复技术，进行简单介绍。

任务　认识联合修复技术

任务目标

知识目标

1. 掌握联合修复法的原理。
2. 掌握常用的联合修复法。
3. 掌握联合修复法的优点及缺点。

技能目标

能选择适合的联合修复法对污染土壤进行修复。

素养目标

1. 培养团结协作、严谨负责的职业素养。
2. 提高正确认识问题、分析问题和解决问题的能力。

任务卡片

利用几种联合修复技术对重金属污染的土壤和有机污染物污染的土壤进行修复。

知识准备

联合修复法是将物理-化学修复法、生物修复法联合在一起的修复方法，可以实现单一技术难以达到的目标，降低修复成本。美国超级基金（Superfund）修复行动报道，在1982—2002年，土壤气相抽提技术（Soil Vapor Extraction，SVE）占总修复技术的42%，生物修复技术占20%，其余的固化/稳定化、中和法、原位热处理分别占14%、6%、14%。下面在已有应用的修复技术组合中，重点介绍几种常见的联合修复技术。

(1)电动力学修复+植物修复：可用来处理无机物污染的土壤，先采用电动力学修复技术对土壤中的污染物进行富集和提取，对富集的部分单独进行回收或处理。然后利用植物对土壤中残留的无机物进行处理，可将高毒的无机污染物变为低毒的无机污染物，或者利用超累积植物对土壤中污染物进行累积后集中处置。

(2)气相抽提+氧化还原：可用来处理挥发性卤代和非卤代化合物污染的土壤，先采用气相抽提法将土壤中易挥发的组分抽取至地面，对于富集的污染物可利用氧化还原的方法进行处理，或者采用活性炭或液相炭进行吸附，对于吸收过污染物的活性炭和液相炭采用催化氧化等方法进行回收利用。

(3)气相抽提+生物降解：适用于半挥发卤代化合物的处理，可采用气相抽提法将污染物进行富集，富集后的污染物可集中处理。由于半挥发卤代化合物的特性，使其可能在土壤中残留，从而影响气相抽提的处理效率。所以，在剩余的污染土壤中通入空气和营养物质，利用微生物对污染物的降解作用处理其中残留的污染物，从而达到修复的目的。

(4)土壤淋洗+生物降解：适用于燃料类污染土壤的处理，一般先采用原位土壤淋洗技术进行处理，待污染物降解到一定程度后，将淋洗液抽出处理后排放。由于燃料类污染物遇水易形成 NAPL，易在土壤孔隙中残留，无法通过抽取的方法从土壤中去除。所以，在形成 NAPL 的位置通入空气和营养物，采用生物降解的方法对其中残留的污染物进行处理，进而达到清除的目的。

(5)氧化还原+固化/稳定化：适用于无机物污染土壤的处理。无机污染物，特别是重金属类污染物的毒性与价态相关，在自然界的各种作用下其价态可发生变化。此联合方式是先采用氧化还原的方法将高毒的无机物氧化还原成低毒或无毒的无机物，为避免逆反应的发生，需在处理后加入固化剂等物质降低污染物的迁移性，从而保证污染土壤的处理效果。

(6)空气注入+土壤气相抽提：适用于土壤和地下水中挥发性有机物的处理。在土壤和地下水污染处设置曝气装置，一方面通过增加氧气含量促进微生物降解，另一方面利用空气将其中的挥发性污染物汽化进入包气带。利用土壤气相抽提系统将汽化的污染物抽至地面集中处理。这是一种较好的修复技术组合方法。

(7)有机污染土壤的生物联合修复技术——微生物/动物-植物联合修复技术：结合使用两种或两种以上修复方法，形成联合修复技术，不仅能提高单一土壤污染的修复速度和效果，还能克服单项技术的不足，实现对多种污染物形成的土壤复合/混合污染的修复，已成为研究土壤污染修复技术的重要内容。微生物（如细菌、真菌）-植物、动物（如蚯蚓）-植物、动物（如线虫）-微生物联合修复是土壤生物修复技术研究的新内容。

任务实施

1. 资料收集与分析

收集污染场地和污染物情况等资料。

2. 判断能否应用联合修复技术

(1)判断污染场地能否用联合修复技术。

(2)判断土壤污染物类型是否适合。

(3)确定修复场地的联合修复种类。

反思评价

根据任务的组织准备、任务实施等情况，进行小组讨论，并完成表 2-4-1 的内容，以便下次任务能够更好地完成。

表 2-4-1　联合修复技术任务反思评价表

任务程序		任务实施中需要注意的问题	任务表现	
			自评	互评
人员组织				
知识准备				
工具准备				
实施步骤	1. 原理			
	2. 影响因素			

拓展阅读

陕西凤县农田土壤修复案例

该修复场地位于陕西省凤县的东岭锌业股份有限公司北侧兴隆场村涂家崖。项目区地处凤县的小峪河流域，当地土壤主要类型为褐土。监测结果表明土地重金属镉(Cd) 污染严重——镉的浓度呈现从该地块东南方向向西北方向扇形分布，属于典型的冶炼废气沉降污染。采用以植物修复为主，辅以化学修复，配合一定的农艺措施。修复植物种类以三叶鬼针草、串叶松香草等草本植物及德国杨树等乔木为主，化学药剂主要是 EDTA、柠檬酸等螯合剂和石灰等钝化剂。修复至符合国家土壤环境质量三级标准。将该土地进行流转后种植树木和园林观赏植物。修复示范面积 10 亩，辐射 200 亩。修复年限 3～5 年。

项目习题

1. 简述常用的联合修复技术的方法。
2. 简述联合修复技术的优势。

模块三　污染土壤修复工程实施与管理

主要任务

污染土壤修复工程的实施是土壤修复理论和技术的实例化。首先要选择恰当的修复技术，再进行正确的工程实施、管理，才能获得理想的修复效果。本模块主要包括污染土壤修复技术筛选、污染土壤修复工程实施、污染土壤修复工程管理三方面内容。

任务一　污染土壤修复技术筛选

任务目标

知识目标

1. 了解修复技术筛选的原理。
2. 理解修复技术筛选的基本程序。
3. 掌握常用的修复技术筛选方法。

技能目标

能根据污染土壤类型等条件，进行修复技术筛选。

素养目标

1. 培养团结协作、严谨负责的职业素养。
2. 提高正确认识问题、分析问题和解决问题的能力。

任务卡片

根据工程的实际情况，筛选出适合污染土壤的修复技术。

知识准备

1. 技术概述/原理

在完成场地修复行动目标、修复范围并建立场地概念模型之后，应进行修复技术的筛选。污染场地修复技术的选择一般要考虑三方面的因素：安全性，落实场地的风险，进行风险评估；适用性，符合场地的条件和要求，考虑非风险因素；可操作性，所筛选出的技术方案能够在场地中运行。

筛选值(Soil Screening Levels)，国内文献常常翻译为土壤修复基准、土壤质量标准、土壤质量指导值、修复指导值。筛选值包含大量的科学理论假设，如模型参数假设、管理决策、可接受风险水平、用途类别、是否包括生态毒性、暴露途径假设等。筛选值主要用于风险的初步筛选，减少不必要的调查资源的浪费，其不作为质量标准制定的依据。筛选值≠基准头质量标准。土壤修复标准是被技术和法规所确定、确立的土壤清洁水平，即通过土壤修复或利用各种清洁技术手段，土壤环境中污染物的浓度降低到对人体健康和生态系统不构成威胁的技术及法规可接受的水平。

2. 修复技术筛选的基本程序

(1)建立污染场地概念模型，根据场地环境调查确定修复区域与待修复介质的体积。

(2)识别可能的修复技术。

(3)对现有的修复技术进行特性分析，评价每种技术的效果、可行性和处理成本等。

(4)初步选择具有代表性的修复技术。

(5)制订不同技术的修复方案，进行方案筛选。

(6)确定最佳修复技术及备选技术。

3. 修复技术筛选步骤

修复技术筛选一般要考虑污染物的特征、场地水文地质条件及修复技术特点等。

(1)不适宜技术的剔除。首先列出目前可用于污染场地修复的技术清单，对各种技术进行剔除排查，剔除明显不符合目标场地修复要求的技术。主要考虑污染物特性(污染类型、污染程度与范围)、污染场地的水文地质条件(含水层的渗透性、厚度、埋深、含水层及包气带的非均质性、地下水流速等)。例如，地下水埋深大可排除 PRB 技术，重金属污染场地可排除微生物修复技术。

(2)可选择技术的评估。将不适宜技术剔除后，产生具体可供选择的技术清单，建立评估体系，对污染修复技术进行评估分析。技术筛选研究中常用的评价方法包括专家评价法、层次分析法 (AHP)、生命周期评价法 (LCA) 和环境技术评价法(EnTA)。

4. 修复技术筛选的基本原则

(1)场地修复技术方案的目标是保障人体健康，使场地土壤中污染物的环境风险降低到可以接受的水平，因此必须充分考虑修复技术对目标污染物的有效程度。

(2)将具有不同类型污染物和不同风险值的土壤区别对待，分别处置。

(3)在技术上，场地修复技术方案选择可以达到目标的最简化的途径或方法，而不单纯追求技术的先进性。技术越成熟，修复进程越易操控，修复目标也越容易实现。

(4)在经济上，场地修复技术方案兼顾考虑目前在修复费用方面的实际承受能力和今后的经济发展，综合考虑土壤质地、污染物种类、污染浓度和范围及处理目标等因素，使得不仅在目前，而且从较长远来看，修复技术方案都是合适的。

(5)在可行性上，修复技术方案从我国目前的水平出发，充分考虑我国现有场地修复队伍的能力和现有固体污染物处置设施，修复技术必须安全可靠，在达到修复目标的同时，保证工作人员的生命安全及防止环境的二次污染。

(6)在可操作性上，建议的修复方案应该在目前的政策、政府管理体制、经济机制和技术水平等方面都是可以操作运行的。

(7)修复技术应被绝大多数公众所接受，在修复过程中，产生的噪声、造成生活的不便及对景观的影响等应在公众可接受的范围内。

5. 修复技术选择步骤与方法

(1)场地特征。场地特征主要是确定场地工程特质及污染特性，为修复目标的确定、修复技术的选择和工程设计与运行提供必要的参数，场地特征资料的获取可以查询场地调查资料、风险评估资料及环境影响评价等资料。如果这些数据资料缺乏，则需进行场地环境调查。

(2)修复目标确定。污染场地修复的目的是使污染物的含量降低或去除，减除污染物对人体健康或生态安全的危害。现如今国际上通行的做法是根据人体健康风险评估确定场地筛选值和修复目标值；但是，对于 POPs 污染场地的修复，我国目前还没有相应的修复标准；而《土壤环境质量 农用地土壤污染风险管控标准(试行)》(GB 15618—2018) 中只对 POP 物质中的 DDT 做了限制；因此，我国急需出台相应的污染场地修复标准。部分 POPs 的目标值可以参考《污染场地风险评估技术导则》(征求意见稿)。

(3)修复技术初筛及可行性研究。每种污染场地修复技术都有各自的适用性、优点及缺点。修复技术选择的主要任务就是全面衡量各种技术的优点及缺点，并充分考虑经济、技术发展水平和环境保护的需要，找出对于特定场地最适用的技术或技术组合。对 POPs 污染场地修复技术的筛选主要从三大方面进行考虑：技术可行性，这是基本前提，如技术上不可行，就谈不上对场地的修复；经济可行性，在满足技术可行性的前提下，要尽量选取低成本的技术；健康与环境因素。这三个方面的因素每个又包括次级指标筛选因子，从而能较全面地对一个技术进行评价，不仅能从经济上考虑，还要从技术与环境等方面统筹考虑，并列出考虑这些不同因素的矩阵系统。每个因素可采用相同的权重，也可根据具体场地的需要采用不同的权重。在这个筛选矩阵评价系统中，技术得分越低，说明在某场地上使用该技术越好。场地拥有者或负责场地修复技术筛选的管理人员通过完成该筛选矩阵即可获得某场地最合适的修复技术。每个指标还可乘以代表该指标重要性的“权重”。每个技术指标的得分乘以依据特征场地制订的权重，就可获得各修复技术之间比较的分值，从而选择出某一场地合适的修复技术。每个指标的权重根据场地不同可以调高或调低。目前，对于指标权重的确定没有一个统一的方法，各场地拥有者或修复决策者可根据场地特征或当地政策法规等情况进行定值。

由于场地污染物浓度分布大多数情况是不均一的，所以，通常采用两项或多项技术进行联合才能更有效地对污染场地进行修复。这些技术可被集成一个技术过程或采用多种技术过程按次序处理来实现修复目标。在多数情况下，采用联合技术比单一技术更可能达到修复目标，或以更低的成本达到修复目标。

6. 修复技术筛选方法

目前，修复技术筛选中常用的评价方法主要包括专家评价法、层次分析法 (Analytic Hierarchy Process，AHP)、生命周期评价法和环境技术评价法等。其中，层次分析法将多目标决策和模糊理论相结合，把定性与定量相融合，对于解决多层次多目标的决策系统优化选择问题行之有效，是目前应用最为广泛的综合评价方法。

(1)生命周期评价法。生命周期评价法 (LCA) 是单从环境收益及支出的角度进行修复技术筛选，即以较少的环境代价实现场地修复，如荷兰的 REC 系统。20 世纪 90 年代早期 REC 就已开始应用，REC 是风险削减(Risk Reduction)、环境效益 (Environmental Benefit)和费用(Cost)的缩写。该决策支持系统通过风险、环境和费用三者之间的权衡来确定最佳的修复技术。

①风险削减考虑的因素：人体、生态系统和敏感受体的暴露情况，通过清理可以降低风险的情况。即随着时间推移，通过修复带来的风险减少量。风险削减量由风险模型计算。

②环境效益：用一个指标体系进行评价，指标反映了土壤修复过程中的环境代价和收益情况。考虑的指标有土壤质量改善情况、地下水质量改善情况、地下水的污染情况、清洁地下水消耗、清洁土壤消耗、常规能源消耗、空间使用、空气污染、水污染、废渣10项指标的权重由专家给出，评分由加和计算各备选修复技术的环境效益指标得分。

③费用：包括构建费用、操作费用、处理费用和管理费用。费用支出按年进行计算，并且根据修复年限进行折现。

(2)层次分析法。层次分析法目前应用最为广泛。层次分析法把定性与定量融合，将人的主观性依据用数量的形式表达出来，避免了由于人的主观性导致权重预测与实际情况相矛盾的现象发生，对于解决多层次、多目标的决策系统优化选择问题行之有效。对修复技术的筛选可通过技术成熟度、技术可获得性、修复周期、运行成本、资源消耗、二次污染、周围影响等进行评估。

任务实施

(1)根据场地环境调查确定修复区域与待修复介质的体积，建立污染场地概念模型。

(2)识别可能的修复技术。

(3)对现有的修复技术进行特性分析，评价每种技术的效果、可行性和处理成本等。

(4)初步选择具有代表性的修复技术。

(5)制订不同技术的修复方案，进行方案筛选。

(6)确定最佳修复技术及备选技术。

反思评价

根据任务的组织准备、任务实施等情况，进行小组讨论，并完成表3-1-1的内容，以便下次任务能够更好地完成。

表3-1-1　污染土壤修复技术筛选任务反思评价表

任务程序		任务实施中需要注意的问题	任务表现	
			自评	互评
人员组织				
知识准备				
工具准备				
实施步骤	1. 原理			
	2. 筛选方法			

拓展阅读

费用-效益分析

制订场地土壤修复方案后，为了检验和比较各个方案的可行性与可操作性，可以通过费用-效益分析、修复后场地环境承载力分析、方案可行性分析与目标可行性分析，对修复方案进行综合评价，从而为最佳修复方案的选择与决策提供科学依据。

实施场地土壤修复方案，一方面需要投入和代价，另一方面会直接获得环境功能的恢复和改善，从而修复环境污染，弥补土壤资源破坏带来的损失。对于这种环境效益和相应的投入的代价，在选择不同修复方案时，最直接的思想类似一般活动的经济分析，通过费用-效益分析的方法进行。

传统上，费用-效益分析是用于识别和度量一项活动或一个方案的经济效益及费用的系统方法，其基本任务就是分析计算活动方案的费用和效益，然后通过比较评价从中选出净效益最大的方案提供决策。它是一个典型的经济决策分析框架。将其引入场地土壤修复方案评估中，可作为一项工具手段以进行方案评估的决策分析。

费用-效益分析的基本程序如下：

(1)明确修复目标。费用-效益分析在场地土壤修复方案评估中运用时首要工作是明确修复目标。对于一个修复方案，就是在明确的修复目标指导下，结合当下可行的修复技术及管理体系对污染场地进行合理的修复。也就是说，判断一个修复方案好坏的重要依据之一就是能否完成修复目标。因此，费用-效益分析需要以修复目标为前提。

(2)备选方案的环境影响分析。不同的修复方案对应着不同的环境效果或环境效益，伴随修复方案的改变，相应的环境效益也会随之变化。因此，针对不同的修复方案进行改善环境质量的定量化影响评估或估算是环境效益计算的前提。

(3)备选方案的费用-效益分析。为了使修复方案影响效果具有可比性，费用-效益分析方法采取了将修复方案的定量化效益或损失统一为货币形式的表达方式。从决策分析的角度看，费用-效益分析的货币化过程，实质上是将决策的多目标统一为单一经济目标的过程。通常，修复方案的制订中投资、运行费及有关经济费用构成了费用-效益分析的计算内容，而对于修复方案的非经济效益，则需要借助货币化技术进行估算。

(4)备选方案的费用-效益分析评价。当完成备选方案费用-效益货币化计算后，就可通过适当的评价标准进行不同方案的对比，完成最佳方案的筛选。

任务二　污染土壤修复工程实施

任务目标

知识目标

1. 了解修复工程设计与方案。

2. 掌握修复工程的实践。

技能目标

能进行修复工程方案的设计与实施。

素养目标

1. 培养团结协作、严谨负责的职业素养。

2. 提高正确认识问题、分析问题和解决问题的能力。

任务卡片

根据工程的实际情况，设计修复工程方案。

知识准备

1. 修复工程设计与方案

修复工程设计与施工是污染场地修复的具体实施阶段。工程设计应根据场地条件，按照修复技术方案，明确场地修复的具体施工过程。修复工程设计包括方案设计、初步设计和施工图设计三个阶段。修复工程施工要根据不同的土壤污染对象、污染种类、污染程度及场地特性和条件等，按照既定的修复方案及工程设计方案，采用对应的污染修复工程技术装备，实施修复工程。

修复工程设计与施工必须满足一定的要求。例如，美国纽约州的修复规范中规定修复设计与施工须依据联邦和州政府法规，方案通过审批后，具备场地准入及施工许可后进行施工，同时需要制订保障施工人员与周围居民健康和安全的计划。在施工过程中要有详细的记录，应尽量防止污染物在环境介质之间的转移。若修复工程对其他生物资源产生影响，应制订详细的保护措施。需要制订初步的运行、监测和维护计划，并设计和建立监测系统。修复工程的运行、维护与监测贯穿整个修复过程，以确保修复的有效性和修复目标的实现。其主要包括运行、维护修复工程系统，定期检查评估场地修复状况，监测并报告修复系统的运行情况，为系统出现的故障提供预报、预警，并采取应急的修复措施等。美国纽约州根据场地修复时间的长短（以 18 个月为限），将污染场地分为两类：应急或短期修复场地和长期修复场地。对长期修复场地需要制订详细的运行、监测和维护手册及正式的监测计划。其包括性能监测、有效性监测、趋势监测等。根据不同监测目的，选择适当的监测布点采样方法，确定有效的采样频率。丹麦在场地修复过程中进行项目运转及修复效应的评估，主要是检查特定修复技术的修复效果。在评估之前先确定评估所需测定的参数。评估系统制订了工作报告的次数及形式，在此前提下继续进行项目运转及修复效应的评估，确保获得预期的修复效果。修复过程中需要及时向环境主管部门汇报修复工作进展情况，定期提交阶段性修复报告。加拿大西北辖区规定，修复责任方和修复技术人员应按期实施加拿大野生生物及经济发展部（RWED）批准的修复行动计划，并在预先制订的时间表内提交监测报告；如实际操作中的修复行动与获得认可的修复行动计划有所偏差，修复责任方必须通知 RWED；RWED 在对新的行动计划进行评估后作出响应；当修复行动计划中的预期目标未能实现时，修复责任方必须重复制订和完善修复行动计划。

2. 修复工程实践

承担修复工程的技术单位应根据污染场地土壤修复工程施工管理方案，由专人负责，制订工程管理流程图，并建立完善的组织、管理体系。污染场地修复过程应建立严格的过程记录和档案管理体系，可采取多媒体、照片、文字等多种记录形式。过程管理主要内容包括施工方的环境过程管理、第三方的监理和环境保护部门的督查。

污染场地修复过程应由具有工程监理或建设项目环境保护竣工验收资质的单位作为环境监理机构。监理的重点是修复范围的核定、修复过程中污染防治措施的实施和污染土壤处置过程的监理等过程。监理的主要工作内容：各类技术方案的审核和建议，包括设计文件、施工方案等；现场处置工程进度的跟踪；处置工地现场质量检查和测量；检查报告编写和汇报；施工过程的合理化建议；配合第三方监测单位验收。

任务实施

设计污染土壤异位修复工程实施方案。

(1)清挖运输。重金属及复合污染土壤严格按照验证后的拐点坐标进行测量定位、标识和清挖，清挖完成后运输至预处理车间。

(2)污染土壤预处理。污染土壤的预处理在密闭大棚内进行，大棚底部采用混凝土防渗地坪。

对污染土壤进行预处理，使处理后的土壤含水量、粒径大小等指标达到修复技术的要求。例如，若采用水泥窑协同修复技术，则需要土壤含水量≤30%、粒径≤50 mm。

(3)污染土壤修复。采用筛选出的修复方法进行污染土壤修复。

(4)土壤检测。对修复后的污染土壤进行检测，确保达到修复目标。若未达到修复目标，再继续采用适当的方法进行污染土壤修复，直至检测结果达到修复目标为止。

反思评价

根据任务的组织准备、任务实施等情况，进行小组讨论，并完成表 3-1-2 的内容，以便下次任务能够更好地完成。

表 3-1-2　污染土壤修复技术实施任务反思评价表

任务程序		任务实施中需要注意的问题	任务表现	
			自评	互评
人员组织				
知识准备				
工具准备				
实施步骤	1. 原理			
	2. 实施			

拓展阅读

重金属污染农田修复工程实施

2001年，某县因洪水冲击引发尾矿库垮坝事故，使下游近万亩农田受到严重污染。调查显示，农田面积1 280亩，土壤主要污染物为砷、铅、锌、镉、铜等重金属。砷、铅和锌主要集中分布在土壤表层0～30 cm。多种重金属污染的同时，农田还存在含硫尾矿的酸污染问题，pH值最低为2.5。

根据修复目标及污染特点、污染场地特点，该修复工程选择了技术成本低、操作简单、环境友好、无二次污染、能够大面积应用的植物修复技术。修复工程周期为2年。

在污染土壤中种植对砷具有超常富集能力的蜈蚣草，蜈蚣草可在生长过程中快速萃取、浓缩和富集土壤中的砷，通过定期收割蜈蚣草去除土壤中的砷，可实现修复土壤的目的，收割的蜈蚣草按环保要求无害化处置。

修复工程实施步骤如下：

(1)调查土壤重金属污染程度和污染物的空间分布，分析植物修复技术的可行性。

(2)进行蜈蚣草快速繁育。

(3)移栽蜈蚣草幼苗。

(4)利用植物萃取，采用超富集植物并与经济作物间套作等技术。

(5)用田间辅助措施提高蜈蚣草对土壤中重金属的去除能力。

(6)评价植物修复效率，并评估污染土壤再利用的安全性。

(7)对收获的蜈蚣草进行焚烧处理，焚烧灰渣填埋处置。

土壤修复工程实施过程中的药剂

1. 稳定固化药剂

固化/稳定化技术突破了将污染物从土壤中分离出来的传统思维，将污染物固定在土壤介质中或改变其生物有效性，以降低其迁移性和生物毒性。该技术实质上分为固定化和稳定化两种技术，为了达到较好的修复效果，在实际工作中通常将两者联合使用，例如在固定化处理前加入药剂使土壤中的重金属稳定化。该技术的关键问题是固定剂和稳定剂的选择，目前最常用的固化/稳定化剂包括水泥、碱激发胶凝材料、有机物料及化学稳定剂等。

(1)水泥。水泥是目前应用最多的固定剂之一，其对污染土壤的固化/稳定化，一般通过在水泥水化过程中所产生的水化产物对土壤中的有害物质通过物理包裹吸附，化学沉淀形成新相，以及离子交换形成固溶体等方式进行，同时其强碱性环境也对固化体中重金属的浸出性能有一定的抑制作用。其类型一般可分为普通硅酸盐水泥、火山灰质硅酸盐水泥、矿渣硅酸盐水泥、矾土水泥及沸石水泥等。其最明显缺点就是增容很大，一般可达1.5～2，且水泥固化/稳定化污染土壤只是一种暂时的稳定过程，属于浓度控制，而不是总量控制，若在酸性填埋环境下，其长期有效性无法保证。

(2)碱激发胶凝材料。碱激发胶凝材料种类较多，包括石灰、粉煤灰、高炉渣、明矾浆、钙矾石、沥青、钢渣、稻壳灰、沸石、土聚物等碱性物质或钙镁磷肥、硅肥等碱性肥料，能提高系统的pH值，可与重金属反应产生硅酸盐、碳酸盐、氢氧化物沉淀。

(3)有机物料。有机物料因对提高土壤肥力有利，且取材方便、经济实惠、在土壤重金属污染改良中应用广泛。腐殖酸对土壤重金属离子有显著的吸附作用，并具有很好的配合性能，有机物质在刚施入土壤时可以增加重金属的吸附和固定，降低其有效性，减少植物的吸收，但是随着有机物质的矿化分解，有可能导致被吸附的重金属离子在第 2 年或第 3 年重新释放，增加植物的吸收。所以有机肥料选择不当不但起不到应有的效果，甚至还会产生副作用。因此，利用有机物料改良重金属污染土壤存在一定的风险。

(4)化学稳定剂。一般通过化学药剂和土壤所发生的化学反应，使土壤中所含有的有毒有害物质转化为低迁移性、低溶解性及低毒性物质。药剂一般可分为有机稳定药剂和无机稳定药剂两大类，根据污染土壤中所含重金属种类，最常采用的无机稳定药剂有硫化物、氢氧化钠、铁酸盐及磷酸盐等。有机稳定药剂一般为整合型高分子物质，例如乙二胺四乙酸二钠盐(EDTA)，它可以与污染土壤中的重金属离子进行配位反应从而形成不溶于水的高分子配合物，进而使重金属得到稳定。相比一般无机沉淀剂，有机硫和重金属形成的沉淀在酸碱环境中都更为稳定。

2. 化学淋洗药剂

化学淋洗技术是借助能促进土壤中污染物溶解或迁移作用的溶剂，通过水力压头推动淋洗剂，将其注入污染土壤中，使污染物从土壤相转移到液相，然后再把含有污染物的液相从土壤中抽提出来，从而达到土壤中污染物的减量化处理。淋洗剂可以是清水，也可以是包含增效剂助剂的溶液，一般有机污染选择的淋洗剂为表面活性剂，重金属污染选择的淋洗剂为无机酸、有机酸、螯合剂等，对于有机物和重金属复合污染，一般可考虑两类淋洗剂的复配。

(1)无机淋洗剂。包括清水、无机酸、碱、盐等。无机淋洗剂的作用机制主要是通过酸解、络合或离子交换等作用来破坏土壤表面官能团与重金属形成的络合物，从而将重金属交换解吸下来，从土壤中分离出来。

(2)人工合成螯合剂。人工合成螯合剂多为氨基多羧酸类大分子有机物，如乙二胺四乙酸(EDTA)、氨基三乙酸(NTA)、二亚乙基三胺五乙酸(DTPA)、乙二胺二琥珀酸(EDDS)等，作用机制是通过络合作用，将吸附在土壤颗粒及胶体表面的金属离子与有机物解络，然后利用自身更强的络合作用与污染因子形成新的络合体，从土壤中分离出来。

(3)天然有机螯合剂。常用的有机酸有柠檬酸、草酸、苹果酸、乙酸、胡敏酸、丙二酸、腐殖酸及其他类型天然有机物等，有机酸能通过与金属离子形成可溶性的络合物促进金属离子的解吸作用，增加金属离子的活动性。天然有机酸通过与重金属离子形成络合物，改变重金属在土壤中的存在形态，使其由不溶态转化为可溶态。

(4)化学表面活性剂。化学表面活性剂是指少量加入就能显著降低溶剂表(界)面张力，并具有亲水、亲油和特殊吸附等特性的物质。表面活性剂可通过强化增溶和卷缩作用，卷缩就是土壤吸附的油滴在表面活性剂的作用下从土壤表面卷离，它主要靠表面活性剂降低界面张力而发生，一般在临界胶束浓度以下就能发生；增溶就是土壤吸附的难溶性有机污染物在表面活性剂作用下从土壤解吸下来而分配到水相中，它主要靠表而活性剂在水溶液中形成胶束相，溶解难溶性有机污染物，表面活性剂可增强土壤污染物在水相的溶解度和流动性，进而影响有机物在水体表面的挥发及其在土壤、沉积物、悬浮颗粒物上的吸附与解吸作用。

(5)生物表面活性剂。生物表面活性剂是由植物、动物或微生物产生的具有表面活性的代谢产物。生物表面活性剂包括许多不同的种类，可分为糖脂、脂肽和脂蛋白、脂肪酸和磷脂、聚合物和全胞表面本身五大类，其通过两种方式促进土壤中重金属的解吸，一是与土壤液相中的游离金属离子络合；二是通过降低界面张力使土壤中重金属离子与表面活性剂直接接触。

(6)复合淋洗剂。由于土壤中可能同时存在多种污染物，单独使用一种清洗剂往往不能去除所有的污染物，这就要求联合使用或者依次使用多种淋洗剂，多种淋洗剂复合应用可以提高淋洗剂的淋洗效果，同时可减少淋洗剂对土壤的破坏作用。

3. 化学氧化还原药剂

化学氧化还原技术是向污染土壤/地下水中添加氧化剂或还原剂，通过氧化或还原作用，使土壤中的污染物转化为无毒或相对毒性较小的物质。化学氧化技术可以处理石油烃、含氯有机溶剂、多环芳烃、农药等大部分有机物；化学还原技术可以处理重金属类(如六价铬)和氯代有机物等。常见的氧化剂包括高过氧化氢、芬顿试剂、锰酸盐、过硫酸盐和臭氧等，氧化还原电位越高，氧化能力越强。常见的还原剂包括硫化氢、亚硫酸氢钠、硫酸亚铁、多硫化钙、零价铁等，氧化还原电位越低，还原能力越强。

4. 生物修复药剂

在生物修复中首先需考虑适宜微生物的来源及其应用技术。其次，微生物的代谢活动需在适宜的环境条件下才能进行，而天然污染的环境中条件往往较为恶劣，因此必须提供适于微生物起作用的条件，以强化微生物对污染环境的修复作用。

(1)土著微生物。微生物具有降解有机化合物和转化无机化合物的巨大潜力，是微生物修复的基础。土壤中存在着各种各样的微生物，在遭受有毒有害的有机物污染后，实际上就自然地存在着一个驯化选择过程，一些特异的微生物在污染物的诱导下产生分解污染物的酶系，进而将污染物降解转化。

通常土著微生物与外来微生物相比，在种群协调性、环境适应性等方面都具有较大的竞争优势，因而常作为首选菌种。当处理含有多种污染物(如直链烃、环烃和芳香烃)的复合污染时，单一微生物的能力通常很有限。土壤微生态试验表明，很少有单一微生物具有降解所有这些污染物的能力。通常，有机物的生物降解通常是分步进行的，在这个过程中包括了多种酶和多种微生物的作用，一种酶或微生物的产物可能成为另一种酶或微生物的底物。因此在污染物的实际处理中，必须考虑要激发当地多样的土著微生物。环境中微生物具有多样性的特点，任何一个种群只占整个微生物区系的一部分，群落中的优势种随温度等环境条件及污染物特性而发生变化。

(2)外来微生物。在废水生物处理和有机垃圾堆肥中已成功地用投菌法来提高有机物降解转化的速度和处理效果，因此，在天然受污染的环境中，当合适的土著微生物生长过慢，代谢活性不高，或者由于污染物毒性过高造成微生物数量反而下降时，可人为投加一些适宜该污染物降解及与土著微生物有很好相容性的高效菌。目前用于生物修复的高效降解菌大多是多种微生物混合而成的复合菌群，其中不少已被制成商业化产品。

(3)基因工程菌。自然界中的土著菌，通过以污染物作为其唯一碳源和能源或以共代谢等方式，对环境中的污染物具有一定的净化功能，有的甚至达到效率极高的水平，但是对于日益增多的大量人工合成化合物，就显得有些不足。采用基因工程技术，将降解性质粒转移到一些能在污水和受污染土壤中生存的菌体内，定向地构建高效降解难降解污染物的工程菌的研究具有重要的实际意义。

(4)用于生物修复的其他微生物。这些生物包括藻类和微型动物等。在污染水体的生物修复中，通过藻类的放氧，使严重污染后缺氧的水体恢复至好氧状态，这为微生物降解污染物提供了必要的电子受体，使好氧性异养细菌对污染物的降解能顺利进行。微型动物则通过吞噬过多的藻类和一些病原微生物，间接对水体起净化作用。

任务三　污染土壤修复工程管理

任务目标

知识目标

1. 了解修复工程管理的内容。
2. 掌握修复工程的实践。

技能目标

能进行修复工程的管理。

素养目标

1. 培养团结协作、严谨负责的职业素养。
2. 提高正确认识问题、分析问题和解决问题的能力。

任务卡片

根据工程的方案，进行工程管理。

知识准备

一般工程项目管理的主要工作内容包括进度管理、质量管理和费用管理等。污染土壤修复工程项目管理包括上述三个方面，但由于污染土壤修复工程的特殊性，土建、安装等施工内容相对较少，设施一次性运行工作内容相对较多，相当于建设并运行一座短期运营的工厂；所以其具体工作内容有所不同，在项目组织结构、施工组织及过程管理、物流组织、安全保障、二次污染控制及监理等方面，与一般工程项目管理存在较大差异。

一、项目组织结构

项目实施前应基于污染土壤修复工程项目实施的特点，建立完善的项目组织结构。明确各级人员职责、权利和义务。在现场设施建设安装完成之后，设计经理及各专业工程师还应在现场设施运营期间对设施运营操作进行专业技术服务。

二、施工组织及过程管理

1. 进度计划管理

污染土壤修复工程现场物流组织中的“物”，即物流组织的对象，主要为不同污染类型、不同污染浓度的渣土和土壤、修复处理后的净化土壤、外来净土、土壤修复耗材(包括修复药剂和辅助材料)及污染土壤修复废弃物等污染场地，污染土壤修复工程实施过程中的物流严格意义上来说属于工程物流的范畴，相对于传统物流来说，具有短时效性、不稳定性、高风险性、非标准化等特点，且一般为“第三方物流”。

但另一方面，由于物流对象的特殊性，土壤修复过程中的物流又不同于一般意义上的工程物流，除具有一般工程物流的上述特点外，受工程规模、场地条件、实施周期、工艺水平和设备能力等基本条件的制约，以及自然环境、气候条件、社会稳定性的因素的影响，污染土壤修复工程实施过程中的物流组织还具有现场物流量大、涉及因素多、物流防护要求高等特点。

2. 物流组织在污染土壤修复过程中的重要性分析

正是由于污染土壤修复工程实施过程中物流的上述特点，物流组织方案的设计与优化对于污染土壤修复工程的实施极其重要。

(1)由于污染土壤修复工程既要保证工艺各环节的有效进行，又要保证实施工期，合理的物流组织可对污染土壤的处理在时间和空间上进行有效设计，对于保证污染土壤修复工程各环节的有序实施尤为重要。

(2)通过合理的物流组织可减少污染土壤在转移过程中与不相关因素的交叉接触，有效防止修复现场的重复污染和修复过程的二次污染。

(3)施工现场人员的人身安全和健康防护也是污染土壤修复工程的重要环节，通过合理的物流组织设计，将危险源根据不同的安全等级与施工人员有效隔离，可有效保护现场人员的健康安全。

总体来说，合理的物流组织对于保证污染土壤修复工程的安全有序实施并保障实施效果具有重要意义。

3. 土壤修复过程中物流组织的工作内容

污染土壤修复工程项目实施过程中的物流组织应根据场地的污染类型、污染状况所采用的修复工艺、土壤修复设施处理能力、现场条件及工程实施周期等因素进行综合考虑。

根据修复过程中污染土壤的转移状态的不同，污染土壤修复工程可分为原地修复、原地异位修复和异地修复。其中，原地修复基本不涉及污染土壤的挖掘和转运，物流组织的工作主要是现场标识和施工器具及修复材料的组织，因此，原地修复的物流组织相对简单，本书主要探讨的是原地异位修复和异地修复的物流组织。

4. 原地异位修复的物流组织

原地异位修复是在污染场地内合适的区域设置或建设污染土壤修复处理设施，所有的污染土壤均通过挖掘后在现场进行处理。原地异位修复涉及的物流组织工作包括场地内的污染区域、临时堆场与处理设施的标识，污染土壤转运路线设置及标识，污染土壤的场内转运，处理后土壤的转运与回填等。污染区域、污染土临时堆场、处理设施和净化土(或外来净土)临时堆场是现场物流组织的主要节点，现场物流对象主要在这四个节点之间进行，污染区域的标识应根据污染类型和污染程度等因素分区标识，临时堆场的位置和暂存能力、处理设施的位置应基于污染区域的分布，结合污染土壤处理工艺路线，并充分考虑现场条件合理设置，以利于场内转运路线的设置及转运工作量最小为原则，同时要兼顾现场物流过程通畅与安全。

原地异位修复工程场内物流路线的设计是现场物流组织的关键环节，路线设计应注意以下原则。

(1)与上述"四个节点"有效配合，要保证各种类型的物流对象能在"四个节点"之间有效通达，尽可能提高转运效率，减少停留和等待的时间，最好形成高效的循环路线。

(2)尽可能避免不同物流对象转运路线的交叉，尤其要避免污染土壤转运路线与净化土壤及外来净土转运路线在时间和空间上的交叉，至少不能同时交叉，以避免因不同污染类型土壤之间的交叉污染及污染土壤与净土之间的交叉污染。

(3)对于各转运路线应按不同的属性进行有效标识，以利于现场物流调度控制和现场的安全防护。

(4)转运路线的设计还要注意考虑施工人员的安全防护。非转运工作人员的工作区域应尽量避开转运路线。

污染土壤及净土的场内转运是现场物流组织的主要内容。该工作主要包括以下三个方面。

(1)根据转运对象的类型和转运量进行合理的车辆配置，包括车辆型号和车辆数量等，如对于转运量较小、转运距离较短的工程，可选用小型运输车辆。

(2)严格按照转运路线进行转运，在转运过程中还应对转运车辆进行防护，防止扬尘和洒落。对于具有挥发性的污染土壤，还应采取措施防止有害物质挥发造成大气污染。

(3)对于不同类型和不同污染程度的污染土壤及净土，应分类分批有序转运，在一个区块土壤挖掘转运完毕并进行检测之后再进行该区块的净土转运回填和下一区块的挖掘转运。

5. 异地修复的物流组织

异地修复和原地异位修复的主要区别在于异地修复的污染土壤处理设施位于污染场地以外。对于异地修复来说，污染土壤需经外部转运至场外的处理设施，处理后的净化土壤也有可能运回原污染场地，因此，相对于原地修复来说，异地修复的物流组织更复杂，要求更加严格。

异地修复的物流组织包括场内物流组织和场外物流组织。其中，场内物流组织主要有污染区域、污染土临时堆场和净化土(或外来净土)临时堆场三个节点。场内物流组织的工作内容与原地修复一样，包括场地内的污染区域、临时堆场与处理设施的标识，污染土壤转运路线设置及标识，污染土壤的场内转运，处理后土壤的转运与回填等，详细工作内容与上述原地修复一样，不再赘述。

异地修复场外物流组织的工作内容主要包括外部转运路线的设计、污染土壤及净化土的外部转运、污染土壤的外部处理及转运过程监控等。外部转运路线应基于污染土壤外部处理场地选址、污染土壤处理量和土壤修复工艺技术要求，结合场外道路运输条件和当地渣土运输管理规定进行设计。很多污染土壤修复场地为城市扩建后老厂房搬迁造成的遗留场地，这些场地一般位于城区以内，污染土壤的外部转运需经过城区，因此这些转运路线的设计应尽量减少或避免土壤转运对周边环境的影响，尽量缩短位于城区的转运路线。

污染土壤及净化土的外部转运与场内转运不同，会受到场外条件和当地渣土运输管理规定的限制，主要工作包括以下几个方面。

(1)应结合污染土壤和净化的转运量及当地渣土运输管理规定进行转运车辆的配置。一般采用污染土壤专用运输车或大型渣土运输车，根据车辆运输能力、工程项目实施周期要求和允许的运输时间确定运输车辆的数量。

(2)确定车辆配置后，施工单位首先应到当地城管部门办理渣土运输相关手续。只有获得当地城管部门批准，转运污染土壤及净化的车辆才具备在城区指定路线上行驶的条件。

(3)污染土壤及净化土的场外运输过程中应进行严格的防护，车辆满载率一般不超过90%，并进行封闭覆盖，在运输过程中要严格防止扬尘和洒落，对于挥发性污染土壤要进行特殊防护，严防二次污染。

(4)应对污染土壤及净化土壤的转运进行全过程监控，每一辆车的土壤来源、运输过程和运输去向都应有详细的监控与记录。一般可采取联单制度，在运输车辆进出污染场地及异地修复场地进行联单记录；也可通过在运输车辆上安装行车记录仪和 GPS 定位系统进行全过程的监控与记录，有条件的可采用物联网技术进行系统监控。

6. 物流组织的其他工作内容

技术经济性是工程项目可行性的重要环节。虽然环境治理工程的首要目标是恢复环境功能、保障环境安全，但工程技术经济性也不可忽视，尤其是对于大型、工程进度较紧的污染土壤修复项目，应通过计算机软件进行物流过程动态模拟推演，明确各时间节点的物流进行状态，并基于模拟结果利用相关物流组织设计技术进行优化，确定最优方案，既有利于工程实施过程的整体控制，又有利于节约工程实施成本。在工程实施前应建立有效的物流管理组织结构和管理制度，制订物流人员的详细配置计划，对相关人员应进行工作培训，尤其是要进行环境安全与人身安全的培训，确保污染土壤修复工程实施的质量和效果。

在工程实施过程中，应对物流过程做好详细的记录，包括单据记录、电子文件记录等，以备项目管理分析和后续追查。

三、安全保障

土壤污染物对于施工人员的潜在危害较大，因此污染土壤修复工程实施过程中，应严格保障施工安全。在污染土壤修复工程实施过程中，应以“系统安全”的思想为核心，采用系统、结构化的管理模式，即从工程整体出发，把管理重点放在事故预防的整体效应上，实行全员、全过程、全方位的安全管理，在现场设施建设安装期和修复设施运营期，应结合现场条件及施工状态，进行联防联控，使工程项目达到最佳安全状态。

安全生产采取防、管结合，专职管理和群众管理结合的办法，加强预防、预测，做到安全生产，杜绝重大伤亡事故，保证工程项目的安全生产保持在正常的、可控的状态下运行。开展全员安全教育，以提高全员安全技术素质、强化安全意识为中心，抓好施工全过程的安全管理基础工作。从项目经理部到施工生产班组，层层签订《安全生产责任书》，将各项事故指标、控制对策、安全措施横向展开、层层落实，并根据施工过程中的变化，针对薄弱环节，选择课题开展群众性的质量安全竞赛活动，以达到控制和预防事故的目的。

四、二次污染控制

污染土壤修复工程实施过程中潜在的二次污染危害较大，必须采取严格的二次污染控制措施，严格保障二次污染达标控制。

首先应根据环境管理体系，制订内部审核计划，组织内审员参加实施计划，审核要形成审核报告和不合格报告，并跟踪验证不合格纠正、预防措施的实施情况，制订月度检查监督工作计划，列出监督检查重点并实施，确保环境管理体系运行得到控制。

在体系运行过程中，加强与相关方的信息交流，不断发现体系运行过程中存在的问题并及时对文件进行修订。

指定专人负责施工环境保护管理工作，收集当地行政管理部门对施工环境保护的要求文件；加强对施工人员的教育，提高环境保护意识。

施工过程中应严格按照施工组织方案要求，减少施工过程中的废气、废水及周体废弃物的排放，严格控制二次污染排放。

五、监理

污染土壤修复工程监理包括工程监理和环境监理。工程监理是受项目法人委托，依据国家批准的工程项目建设文件，有关工程建设的法律法规和工程建设监理合同及其他工程建设合同，对工程建设实施监督管理，控制工程建设的投资、建设工期和工程质量，以实现项目的经济和社会效益。工程监理的对象主要是修复工程本身及与工程质量、进度、投资等相关的事项。工作内容包括“三控制、二管理、协调”，即质量、进度、投资控制；合同管理和信息收集、分类、处理、反馈的管理；对业主、修复施工单位等各方之间的协调组织。

环境监理是受污染场地责任主体委托，依据有关环境保护法律法规、场地环境调查评估备案文件、场地修复方案备案文件、环境监理合同等，对场地修复过程实施专业化的环境保护咨询和技术服务，协助和指导建设单位全面落实场地修复过程中的各项环保措施，以实现修复过程中对环境最低程度的破坏、最大限度的保护，环境监理的对象主要是工程中的环境保护措施、风险防范措施及受工程影响的外部环境保护等相关事项。工作内容是监督修复工程是否满足环境保护的要求，协调好工程与环境保护及业主与各方的关系。

任务实施

1. 土壤异位修复工程环境监理

(1)清挖环节。可在污染区域边界、侧壁、坑底采样，根据检测数据确定清挖是否达到边界，以避免修复验收阶段发现问题后再次返工，监测点布置可参照异位修复验收技术要求布点；严格控制开挖过程中有机物气味扩散，采取喷洒气味抑制剂等措施避免污染土壤对周边环境产生影响，并在清挖区域周边设置大气监测点进行监测；监督污染土壤外运过程中的封闭措施，避免遗洒等情况产生；监督清挖后土壤堆放地面的防渗情况，对于具有异味的有机污染物应检查存储设施密闭情况，并在存储设施周边进行布点监测，监测布点方式具体参照《建设用地土壤污染风险管控和监测技术导则》(HJ 25.2—2019)。

(2)修复环节。

①重金属污染土壤修复。监督场地地面防渗设施和措施；监督修复工程是否按照实施方案技术参数实施；对修复后土壤进行采样，初步确定修复效果，监督修复后土壤的堆存以备验收，可根据修复工程批次处理量进行采样检测；修复过程中对添加的药剂等可能产生的二次污染进行监督和管理。

②有机污染与复合污染土壤修复。其包括上述重金属污染土壤修复监理要点，并需要对处理设施密闭情况、尾气收集处理情况等进行监理，在修复工程周边及场界设置大气环境监测点，周边环境影响监测布点方式具体参照《建设用地土壤污染风险管控和监测技术导则》(HJ 25.2—2019)。

(3)回填/外运环节。对修复后土壤的回填/外运过程进行监督管理。监督回填土壤是否根据土地利用规划合理回填；监督固化/稳定化技术处理土壤的基坑防渗和地表阻隔措施是否完善。

2. 土壤原位修复工程环境监理

需对修复区域边界进行严格监督管理，并在周边区域设置采样点，避免修复工程对周边土壤和地下水产生影响。

反思评价

根据任务的组织准备、任务实施等情况，进行小组讨论，并完成表 3-1-3 的内容，以便下次任务能够更好地完成。

表 3-1-3　污染土壤修复技术管理任务反思评价表

任务程序		任务实施中需要注意的问题	任务表现	
			自评	互评
人员组织				
知识准备				
工具准备				
实施步骤	1. 过程管理			
	2. 监理			

拓展阅读

修复工程监理的信息管理

信息对监理工作有着重要的作用。首先，信息是监理决策的依据。决策是修复监理的首要职能，它是否正确，直接影响工程项目修复总目标实现及监理单位的信誉。修复监理决策是否正确又取决于各种因素，其中最主要的因素之一就是信息。没有可靠、充分、系统的信息作为依据，就不能做出正确的决策。其次，信息是监理工程师实施控制的基础。控制的首要任务是把计划执行情况与计划目标进行比较，找出差异，对比较的结果进行分析，排除和预防产生差异的原因，使总体目标得以实现。为了进行有效控制，监理工程师必须得到充分、可靠的信息。为了进行比较分析及采取措施来控制修复工程项目和投资目标、质量目标与进度目标，监理工程师首先应该掌握有关修复项目三大目标的计划值及控制依据；另外，监理工程师还应该了解三大目标的执行情况。只有充分掌握这两方面的信息，监理工程师才能正确地实施控制工作。最后，信息是监理工程师进行修复工程项目协调的重要媒介，修复项目的协调是监理工程师的首要任务，项目协调包括人际关系的协调。

信息管理是指信息的收集、整理、处理、储存、传递、应用等一系列的总称。修复项目施工监理信息管理的内容包括建立信息编码系统。编码是指设计代码，而代码指的是代表事物名称、属性和状态的符号与数字。使用代码既可以为事物提供一个精确而不含糊的记号，又可以提高数据处理的效率，明确信息流程。信息流反映了修复项目施工修复过程中各参加部门、各单位间的关系，为保证监理工作的顺利进行，必须使监理信息在修复项目管理的上下级之间、内部组织与外部环境之间流动，称为“信息流”。在监理过程中一般有三种信息流，即由上而下的信息流、自下而上的信息流和横向间的信息流。

监理管理工作的好坏很大程度上取决于原始资料的全面性和可靠性，因此，必须建立一套完善的信息采集制度。信息的收集工作必须把握信息的来源，做到收集及时、准确。监理信息的处理一般包括收集、加工、传输、存储、检索、输出六项内容。

项目习题

1. 简述土壤异位修复实施程序。
2. 修复技术筛选方法主要有哪些？
3. 简述修复技术筛选的基础程序。
4. 土壤修复过程中如何避免二次污染？

参 考 文 献

[1]周启星，宋玉芳．污染土壤修复原理与方法[M]．北京：科学出版社，2004.

[2]邓仕槐．环境保护概论[M]．成都：四川大学出版社，2014.

[3]范拴喜．土壤重金属污染与控制[M]．北京：中国环境科学出版社，2011.

[4]洪坚平．土壤污染与防治[M]. 2 版．北京：中国农业出版社，2005.

[5]胡宏祥，邹长明．环境土壤学[M]．合肥：合肥工业大学出版社，2013.

[6]金均．污染场地调查与修复[M]．郑州：河南科学技术出版社，2017.

[7]李登新．环境工程导论[M]．北京：中国环境科学出版社，2015.

[8]李亮．土壤环境的新型生物修复[M]．天津：天津大学出版社，2017.

[9]刘冬梅．生态修复理论与技术[M]．哈尔滨：哈尔滨工业大学出版社，2017.

[10]施维林．土壤污染与修复[M]．北京：中国建材工业出版社，2018.

[11]吴启堂．环境土壤学[M]．北京：中国农业出版社，2015.

[12]吴桐．电动修复铬污染高岭土及铬渣污染土试验研究[D]．北京：中国地质大学，2013.

[13]许丽萍．污染土的快速诊断与土工处置技术[M]．上海：上海科学技术出版社，2015.

[14]杨宝林．农业生态与环境保护[M]．北京：中国轻工业出版社，2015.

[15]张乃明．环境土壤学[M]．北京：中国农业大学出版社，2013.

[16]田胜尼．土壤污染修复技术与方法[M]．北京：中国农业出版社，2021.

[17]熊敬超，宋自新，崔龙哲，等．污染土壤修复技术与应用[M]. 2 版．北京：化学工业出版社，2022.

[18]李晓勇．污染场地评价与修复[M]．北京：中国建材工业出版社，2020.

[19]庄国泰．土壤修复技术方法与应用(第一辑)[M]．北京：中国环境科学出版社，2011.

[20]庄国泰．土壤修复技术方法与应用(第二辑)[M]．北京：中国环境科学出版社，2012.

[21]聂麦茜．土壤污染修复工程[M]．西安：西安交通大学出版社，2021.

[22]神奇荣．土壤肥料通论[M]．北京：高等教育出版社，2007.

[23]崔龙哲，李社锋．污染土壤修复技术与应用[M]．北京：化学工业出版社，2016.

[24]王夏晖，刘瑞平，何军，等．土壤污染防治规划技术方法与实践[M]．北京：中国环境出版社，2021.

[25]杨景辉．土壤污染与防治[M]．北京：科学出版社，1995.

[26]龚宇阳．污染场地管理与修复[M]．北京：中国环境科学出版社，2012.

[27]严金龙，全桂香，崔立强．土壤环境与污染修复[M]. 北京：中国科学技术出版社，2021.
[28]王红旗，杨艳，花菲，等．污染土壤植物-微生物联合修复技术及应用[M]. 北京：中国环境出版社，2015.
[29]施维林，等．场地土壤修复管理与实践[M]. 北京：科学出版社，2016.
[30]张乃明，等．重金属污染土壤修复理论与实践[M]. 北京：化学工业出版社，2017.
[31]宋立杰，安淼，林永江，等．农用地污染土壤修复技术[M]. 北京：冶金工业出版社，2019.